CONSTRUCTION MÉCANIQUE

CONSTRUCTION MÉCANIQUE

Introduction à la conception mécanique

Jean-François Ferrot

Presses polytechniques et universitaires romandes

La Fondation des Presses polytechniques et universitaires romandes (PPUR) publie principalement les travaux d'enseignement et de recherche de l'Ecole polytechnique fédérale de Lausanne (EPFL), des universités et des hautes écoles francophones.
PPUR, EPFL-Rolex Learning Center, CP 119, CH-1015 Lausanne,
ppur@epfl.ch, tél. : +41 21 693 21 30 ; fax : +41 21 693 40 27.

www.ppur.org

Première édition

ISBN 978-2-88915-217-9

Imprimé en Italie

TABLE DES MATIÈRES

5 TECHNIQUES DE FABRICATION

6 TECHNIQUES D'ASSEMBLAGE

7 CONSEILS PRATIQUES POUR LE PROJET

8 FONCTIONS MÉCANIQUES

9 ASSEMBLAGES MÉCANIQUES

10 EXERCICES

1 INTRODUCTION

1.1 Préambule

Les sciences techniques couvrent de nombreux domaines et les connaissances de l'ingénieur font appel à une grande quantité de compétences, de savoir-faire et de savoir être. Depuis la nuit des temps, le besoin de comprendre et d'inventer anime les humains en quête d'innovations apportant confort, sécurité et prospérité. La communication est un élément important permettant une avance significative dans le développement.

La réussite d'un projet dépend de nombreux facteurs. La qualité de l'établissement d'un dossier pour l'élaboration d'une simple pièce mécanique, ou d'une machine complexe, est prépondérante pour la vie (parfois pour la survie) du produit. La notion de qualité du transfert des données prend alors tout son sens. C'est une composante de première importance, et c'est l'essence même de la connaissance des éléments de construction.

1.2 Pourquoi un cours de construction mécanique

Le cours de construction mécanique introduit plusieurs connaissances permettant de comprendre les moyens graphiques utilisés en mécanique. Ces connaissances sont également relatives aux méthodes et outils utilisés lors de la conception des différents éléments mécaniques. L'étudiant doit se familiariser avec le dimensionnement de ces éléments mécaniques de base. La méthode traditionnelle, papier et crayon, s'utilise afin de mettre en place les connaissances de base et assurer une bonne pratique avant de procéder à des réalisations sur ordinateur en DAO.

C'est à la réalisation du premier projet de construction que l'on se rend compte de l'importance de la maîtrise de toutes les notions nécessaires pour y parvenir. Décider de construire un socle en bois pour son ordinateur portable implique quelques choix et calculs de dimensionnement avant d'acheter la planche et les clous, ou les vis à bois, ou encore la colle à bois...

La problématique des choix existe et reste incontournable. Il y a une grande quantité de possibilités inhérentes à une décision correcte. Chaque étudiant a une perception différente, ce qui implique un respect rigoureux des codes de conduite utilisés dans la construction mécanique.

Le présent ouvrage sert de fil conducteur à l'avancement dans le programme de construction. L'***Extrait de normes*** donne des indications ponctuelles sur tous les points rencontrés dans la construction classique. Il est également une référence pour la recherche de la désignation d'un élément ou pour son numéro normalisé, indication souvent demandée. Il est recommandé de connaître la structure de l'*Extrait de normes* et de savoir y trouver les différentes informations utiles pour l'établissement d'un dossier de construction.

Les travaux pratiques se font sur ordinateur à l'aide d'un logiciel de dessin performant. Il est important de ***sauvegarder fréquemment les travaux*** en cours de réalisation et de les stocker de manière simple et accessible.

1.3 Normalisation

La nécessité d'une normalisation permet de simplifier les processus de fabrication et d'utilisation de tous les produits conçus dans différents pays. Elle permet d'exécuter rationnellement une tâche répétitive. La normalisation a les différents buts suivants :

Faciliter la compréhension réciproque.

Unifier les formats, les représentations des différents documents, les dessins techniques, les tolérances de fabrication, les symboles d'usinage, etc.

Diminuer les éléments de machines, les types d'éléments, les sortes et les genres, les outillages, les processus de fabrication, les matières.

Supprimer les investigations et travaux de recherche inutiles.

1.4 Structure organisationnelle de la normalisation

Au niveau mondial, il existe l'Organisation internationale de normalisation qui est connue sous l'acronyme ISO. Cette organisation fut créée en 1947 et son siège se trouve à Genève. Elle regroupe les organisations nationales des différents pays membres, qui sont au nombre de 162. Ci-dessous, le sigle de l'organisation internationale de normalisation.

ISO **Organisation internationale de normalisation**

Son but est de produire des normes dans des domaines aussi nombreux que variés. Tous les domaines du génie humain sont concernés par la normalisation. Ce sont les ***normes ISO***. Par exemple, voici quelques-unes de ces différentes normes :

ISO 31	Grandeurs et unités	ISO 9000	Assurance de la Qualité
ISO 216	Format des papiers d'écriture	ISO 14000	Normes environnementales
ISO 646	Codes de caractères graphiques	ISO 14043	Interprétation du cycle de vie
ISO 3166	Code des pays	ISO 26000	Responsabilité sociétale
ISO 4217	Code des monnaies du monde	ISO 31000	Management du risque
ISO 8601	Représentation des dates et des heures	ISO 50001	Management de l'énergie

Il existe environ 19000 normes ISO actives à ce jour…

Les normes ISO sont utiles à l'industrie et à l'économie, quel qu'en soit le type. Elles sont utiles aux différents gouvernements, aux organismes dirigeants de l'économie, aux professionnels responsables d'évaluer la conformité des produits, des services et des prestations de toutes natures. Elles concernent le secteur public comme le secteur privé. Finalement, elles sont indispensables au citoyen, en tant que consommateur de biens et de prestations.

1.5 Normes nationales

L'Organisation internationale de normalisation ISO chapeaute l'ensemble des organes de normalisation nationaux. Dans notre pays, c'est l'Association suisse de normalisation qui coordonne le développement de la normalisation. Son abréviation est ***SNV*** (*Schweizerische Normen-Vereinigung*) ou ***VSM,*** Association suisse des fabricants de machines. La terminologie courante consiste à parler des ***normes VSM***, sans pour autant que ce soit une appellation officiellement reconnue.

La SNV (ou VSM) en sa qualité d'association reconnue fait partie de l'ISO et également du ***CEN*** (Comité européen de normalisation). Elle participe aux travaux des différents comités et s'emploie à diffuser les résultats de ces travaux au niveau national. L'activité de la SNV est directement impliquée dans l'économie du pays en fournissant des bases de travail dans un cadre légal strictement défini et précis.

Des secteurs d'activité particuliers de la normalisation font partie de la SNV; il y a la ***FNB*** (*Fachnormen-bereich*) comptant plusieurs entités. Citons également l'***INB*** (*Interdiziplinärer Normenbereich*). Leurs attributions sectorielles sont les suivantes:
- FNB Bâtiment et génie civil
- FNB Industrie chimique
- FNB Électrotechnique
- FNB Industrie des machines, des métaux et des plastiques
- FNB Domaine routier et circulation
- FNB Industrie horlogère
- INB Secteur interdisciplinaire de normalisation

Il convient encore d'ajouter, à titre de membres, quelque 350 associations professionnelles diverses, institutions publiques et entreprises.

1.6 Impact de la normalisation

Une fois les structures faîtières de la normalisation mises en place, la question se pose de savoir en quoi consiste une normalisation. Le chemin vers la normalisation, au sens large, a été long et parsemé d'embûches. Autrefois, lorsqu'un produit était mis sur le marché, son utilisation était très locale et ne posait pas de problème de compatibilité. L'expansion du commerce, puis plus tard de l'industrie, obligea les fabricants à adopter des standards assurant la reconnaissance et l'interchangeabilité. Les unités de mesure ont été à la base des différentes réformes conduisant à la normalisation.

Un exemple actuel de normalisation avec différentes unités est le pneumatique pour véhicules. Le diamètre de la jante et sa largeur sont en pouces, la largeur du pneumatique est en millimètres, et la hauteur du pneumatique est en pourcentage du diamètre de la jante, c'est-à-dire que « série 40 » signifie une hauteur de 40 % du diamètre de la jante…

Les prises électriques sont un casse-tête pour les exportateurs de matériel électrique et les voyageurs du fait que la normalisation n'est propre qu'à un pays ou un petit groupe de pays ayant choisi le même standard. Voici quelques exemples de prises électriques parmi les très nombreux modèles courants. Cette liste n'est de loin pas exhaustive.

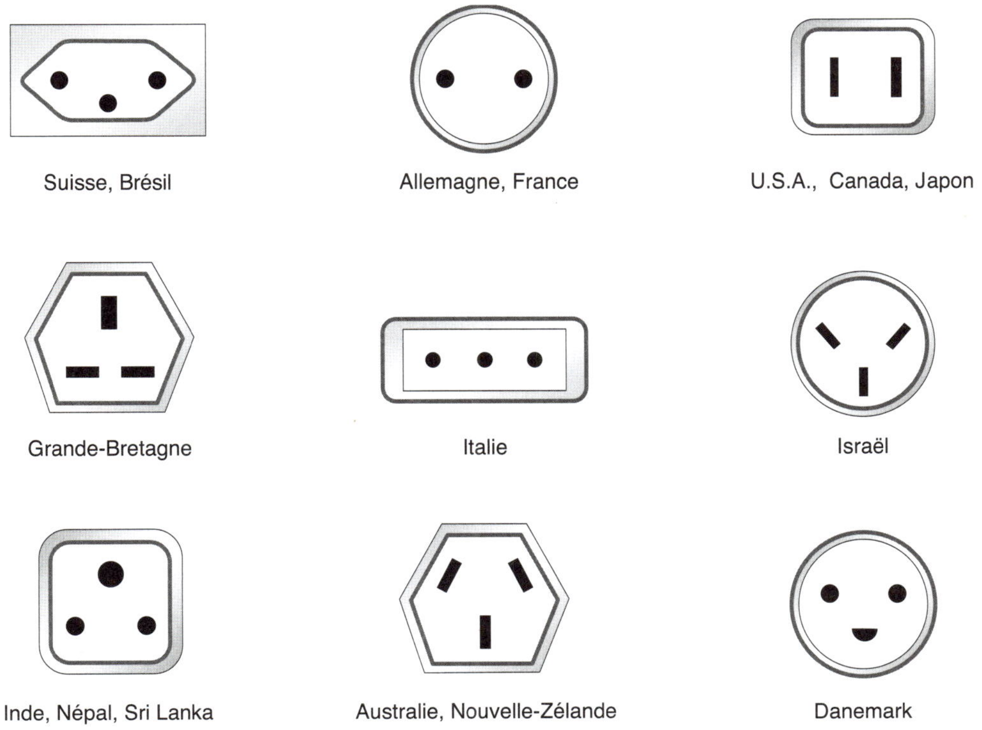

Le cas des ampoules électriques est aussi un exemple de l'application d'une normalisation ayant débuté il y a plus d'un siècle. À part les ampoules à fixation à baïonnette ou à pins comme les halogènes à basse tension, le standard retenu est celui du culot vissé de type *Edison*. Il existe en plusieurs diamètres, indépendamment du type d'ampoule, de la puissance ou de la forme.

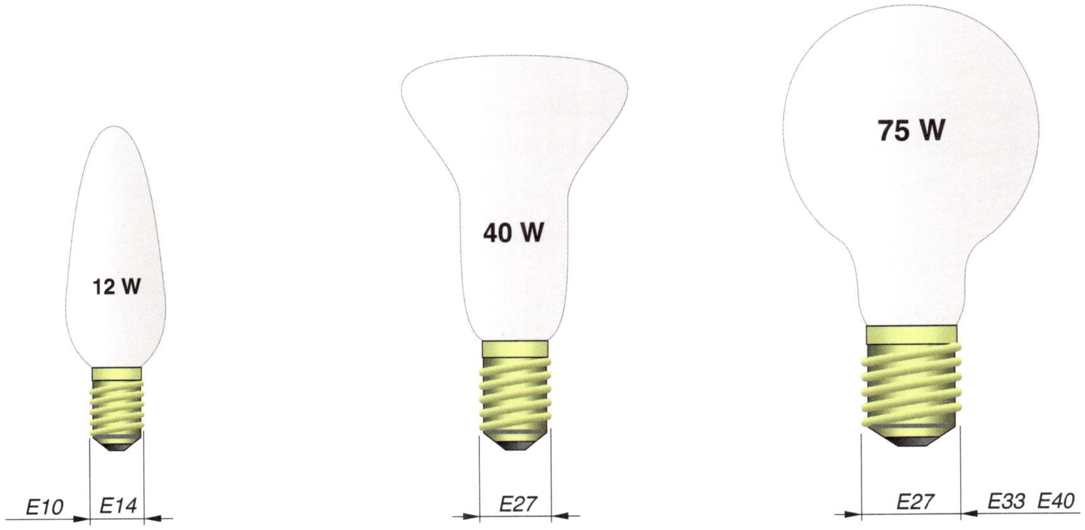

Plus proche de la matière nous concernant, soit la construction mécanique, l'utilisation d'éléments de construction directement disponibles dans le commerce, matériaux, outillage, visserie, etc. nécessite l'emploi d'une normalisation stricte et précise. Dans l'outillage, les clés à fourche ont une ouverture millimétrique pour s'adapter à la visserie courante.

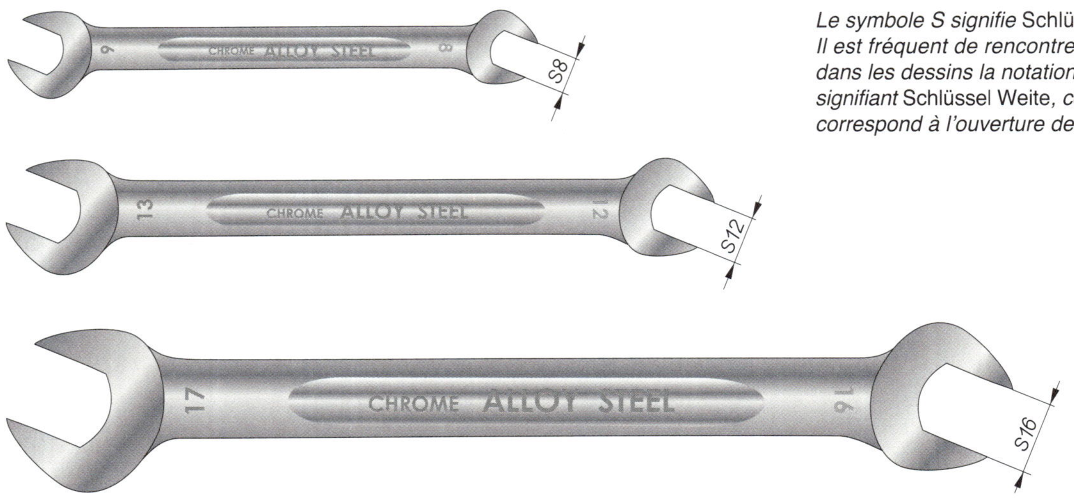

Le symbole S signifie Schlüssel*. Il est fréquent de rencontrer dans les dessins la notation SW signifiant* Schlüssel Weite*, ce qui correspond à l'ouverture de clé.*

Les machines et outillages provenant du monde anglo-saxon utilisent les dimensions en pouces (inches). Ce n'est qu'en 1985 qu'il y a eu officiellement passage au système métrique.

Certains cas de coopération internationale ont débouché sur des erreurs catastrophiques ayant pour cause la confusion des unités entre les deux systèmes. Un bras articulé servant à la manipulation des éléments en soute dans la navette spatiale, développé par une entreprise canadienne, a eu quelques soucis lorsque le robot ne pouvait pas s'adapter aux éléments conçus par l'Agence Spatiale Européenne…

Un assemblage mécanique utilisant de la visserie nécessite la connaissance des dimensions nécessaires au montage. Une vis avec écrou et rondelle plate sont des éléments normalisés avec des dimensions précises pouvant être reproduits par les différents fabricants. Le souci d'interchangeabilité est primordial, assurant la qualité constante d'un assemblage.

L'unité de la dimension utilisée en construction mécanique et microtechnique est le ***millimètre***.

La maîtrise des éléments d'assemblage rencontrés fréquemment est un préalable nécessaire pour atteindre les objectifs d'efficacité. La reconnaissance de tels éléments d'assemblage normalisés s'effectue en s'aidant de l'***Extrait de normes.***

Exercice 1.1

Donner un nom aux différents éléments d'assemblage représentés ci-dessous. Ce sont quelques éléments d'assemblage de base. Citer uniquement le nom courant.

1) 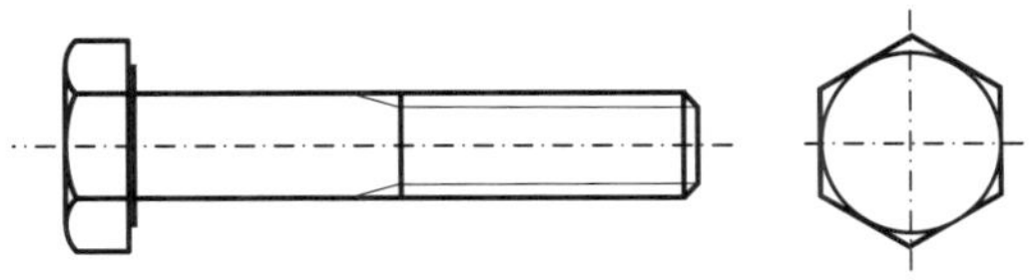

2) 

3) 

4) 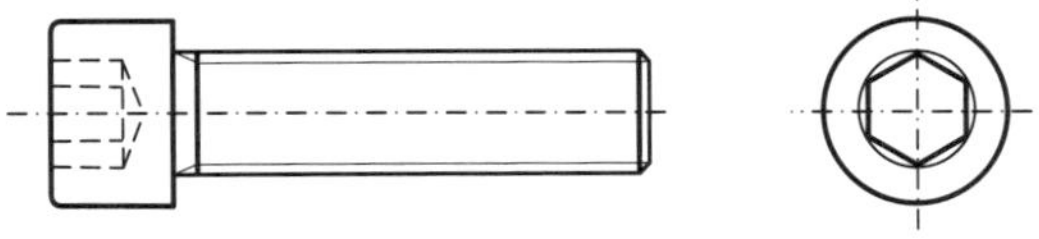

5) 

6) 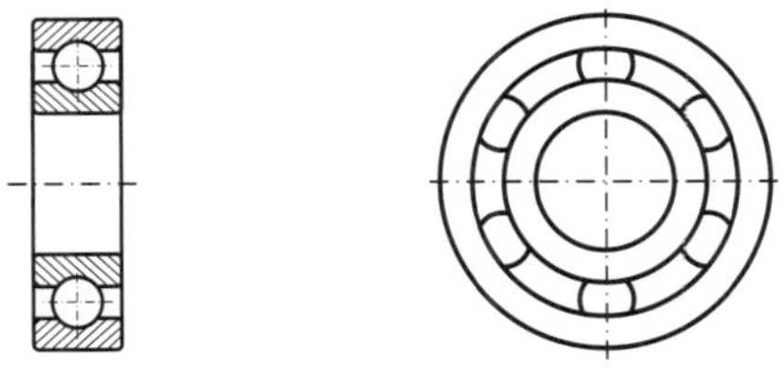

7) 

8) 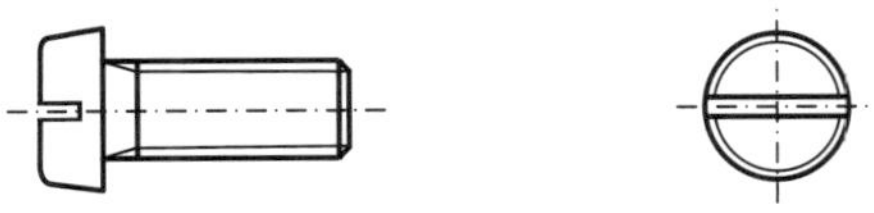

9) 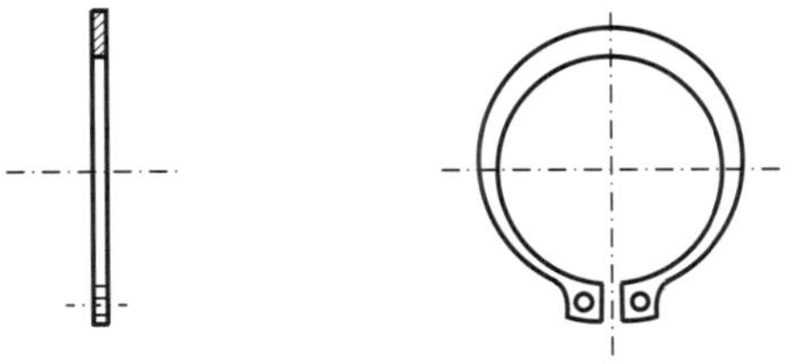

10) 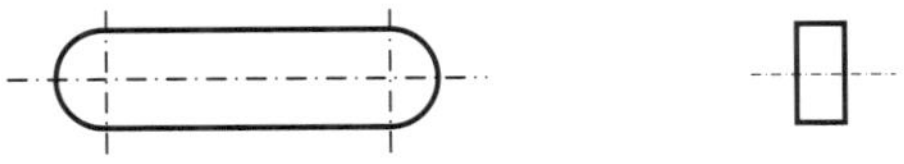

Exercice 1.2

Sur la représentation ci-dessous, les deux éléments S_1 et S_2 à assembler ont une épaisseur totale de 40 mm. Donner la désignation abrégée avec le numéro de la norme pour chacune des trois pièces représentées nécessaire à la réalisation de cet assemblage. Ce montage comprend une vis à tête six pans, un écrou et une rondelle plate. Cette recherche s'effectue à l'aide de l'***Extrait de normes***. Le diamètre nominal de la vis est de 10 mm.

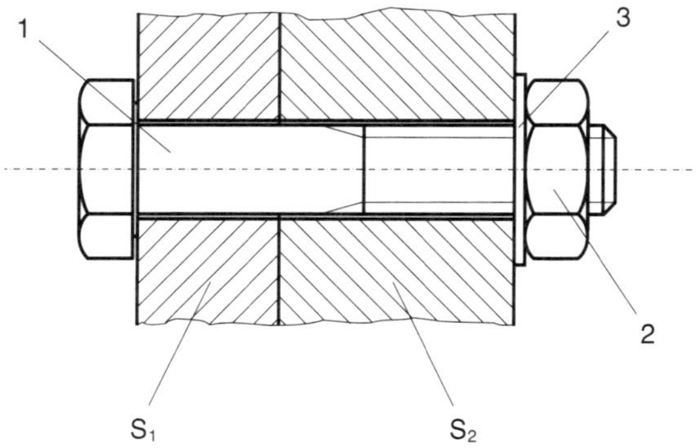

1 ....

2 ....

3 ....

Exercice 1.3

Voici la représentation de huit vis à tête conique ayant la même fonction. Trouver, à l'aide de l'***Extrait de normes***, la dénomination exacte de ces vis (du moins pour les quatre premières).

1 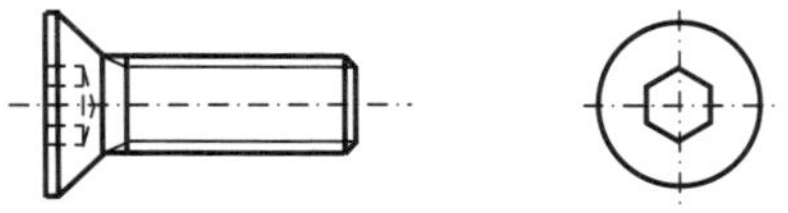

2 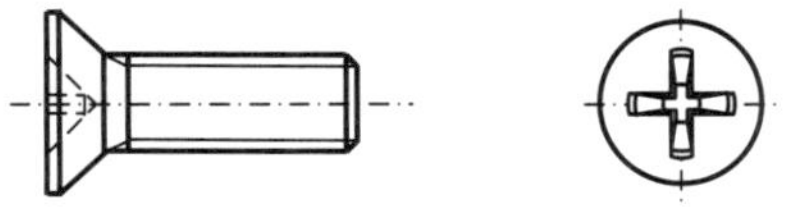

3 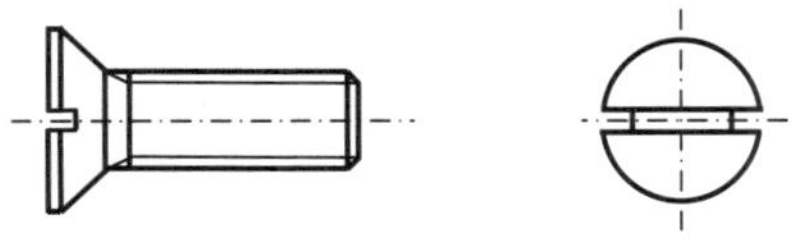

4 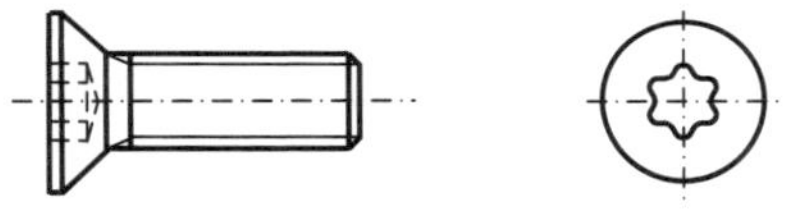

5 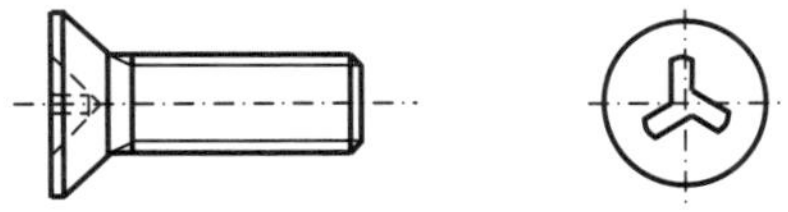

6 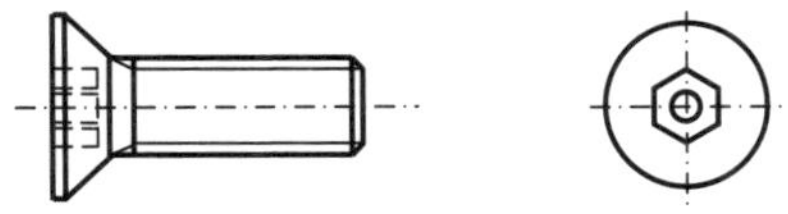

7 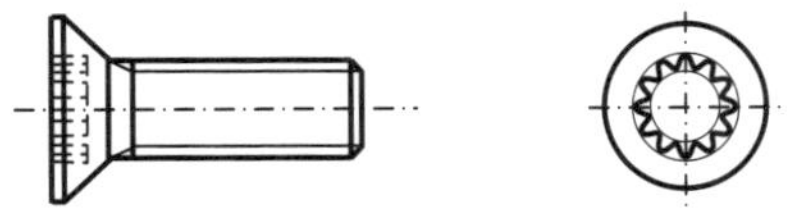

8 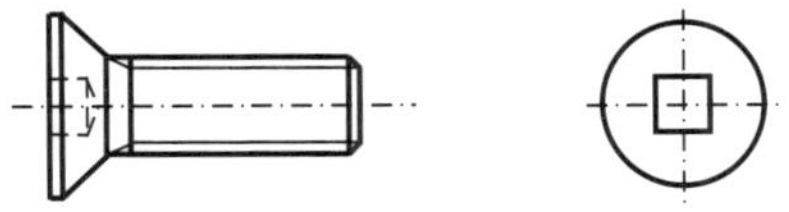

1.7 Processus de conception

Le cheminement de la pensée liant l'idée initiale au produit définitif passe par différentes phases. La complexité d'un projet n'influence que peu le déroulement des opérations. Dans cet ouvrage, l'accent sera porté davantage sur la transmission par le biais du dessin technique que sur les différentes phases de la conception. Une approche succincte d'un processus de conception est proposée afin d'en comprendre le fonctionnement.

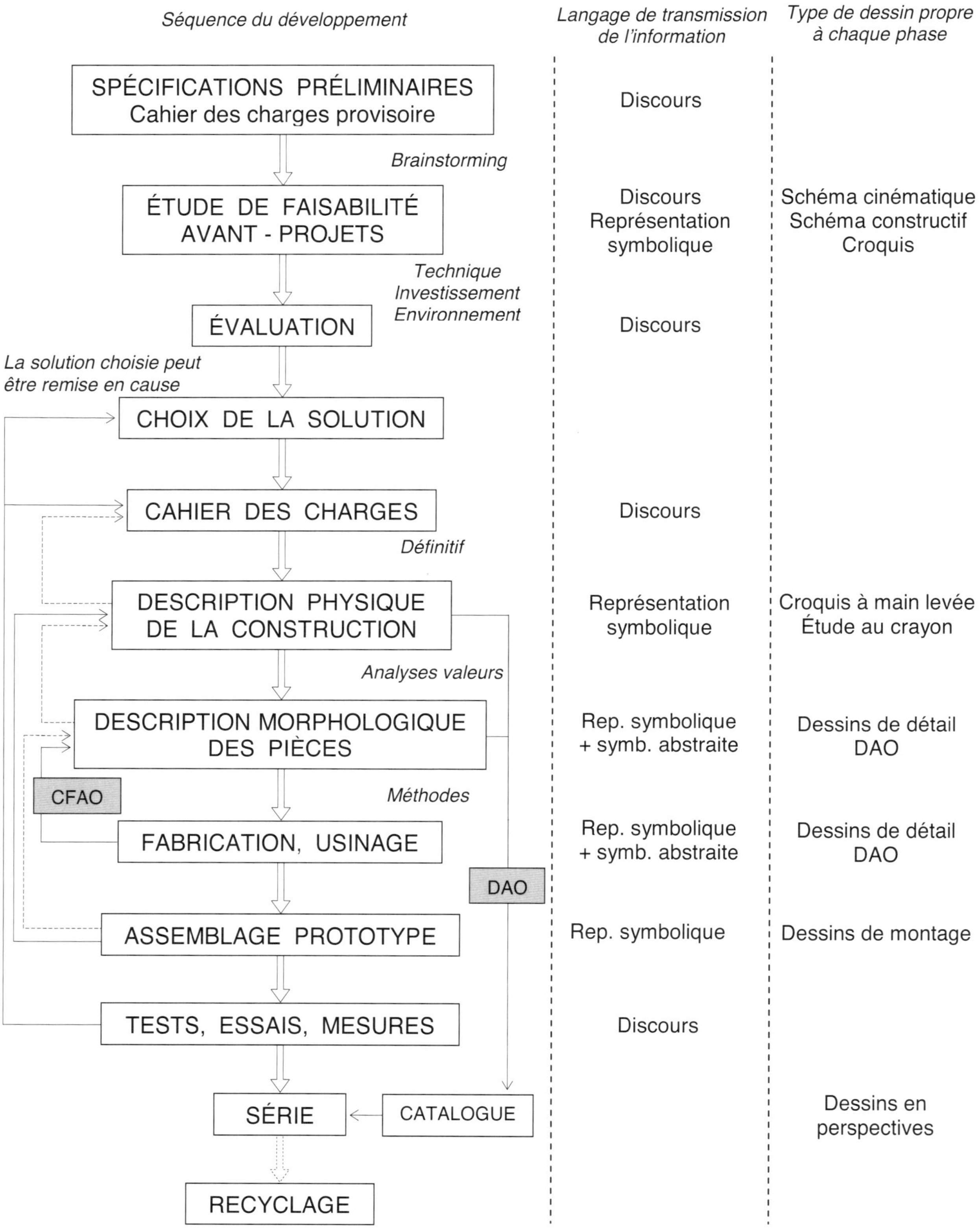

Le processus de conception dépend de mesures, d'essais et autres tests qui peuvent modifier le cahier des charges. La solution choisie peut également être remise en cause. Pour les futurs ingénieurs en mécanique, il faut savoir qu'il existe un journal de conception rédigé par le concepteur du projet. Ce document inclut les étapes de son travail, tel un journal de bord et il fait souvent partie des délivrables pour les autorités ou pour l'entreprise. Son but est de permettre d'effectuer la traçabilité en termes de choix antérieurs et de travail effectué.

1.8 Phases d'élaboration d'un produit

Le processus d'élaboration d'une pièce mécanique, ou plus généralement d'un produit, peut se décomposer en phases distinctes. Ces phases peuvent être les suivantes (parfois le processus est tronqué ou modifié s'il s'agit d'une modification de produit) :

- étude du cahier des charges ;
- conception du produit ;
- industrialisation ;
- fabrication du produit ;
- diffusion du produit.

Toutes les différentes phases sont interdépendantes et sont applicables chronologiquement. Il ne serait pas logique de fabriquer un produit avant d'effectuer une étude de faisabilité. Les impératifs du marché, la concurrence, les effets de mode, et autres données factorielles obligent à travailler simultanément sur plusieurs phases, ou plus simplement ne pas attendre qu'une étape soit finalisée avant de penser et mettre en route le processus suivant. En clair, le temps alloué pour l'ensemble du processus d'élaboration du produit doit être inférieur à la somme des temps partiels. Si ce temps est très inférieur, c'est d'autant plus profitable au succès du produit.

Les éléments que nous mettrons le plus en avant sont le ***cahier des charges*** et les ***documents graphiques*** (dessins techniques) utiles à la fabrication.

1.9 Cahier des charges d'un produit

Le cahier des charges est un dossier contenant tous les éléments relatifs à la pièce mécanique (ou système) à réaliser. On y retrouve son nom, son utilité, son but, ses performances, ses dimensions, son aspect, ses caractéristiques, sa durée de vie, ses prix de fabrication et de vente, sa conformité aux normes, sa projection de fabrication, etc. Cette liste n'est pas exhaustive. Un cahier des charges très complet et précis simplifie la tâche du département Recherche et Développement (R&D).

Exemples

Un client désire fabriquer un appareil pour enduire d'un film plastique des pièces mécaniques mesurant jusqu'à 100 mm… Admettons qu'il n'y a rien de plus comme informations.

Avec si peu de renseignements, le travail de développement n'est pas vraiment enviable. Mieux vaut disposer de nettement plus d'informations, soit d'un cahier des charges complet. Le travail s'en trouvera nettement simplifié.

La lecture du cahier des charges donne toujours lieu à une grande quantité de questions. Ce document est le fil conducteur des investigations et du développement ; il sert de guide des points à respecter, selon la demande du client. Le cahier des charges évolue au fur et à mesure des phases de conception débouchant sur une démarche itérative.

La structure d'un cahier des charges diffère d'un document à l'autre et correspond assez bien à la culture de l'entreprise émettrice. Son contenu peut s'avérer être très lacunaire ; toutefois il convient de rester prudent quant à son interprétation, c'est-à-dire qu'une consigne paraissant incomplète peut s'avérer relativement difficile à assurer. Par contre, un document stipulant une grande quantité de points à respecter ne laisse que peu de place à la liberté d'interprétation.

Voici quelques exemples de cahiers des charges :

Robot grimpeur de corde (projet 2013)

Concevoir et réaliser un robot capable de grimper le long d'une corde verticale en nylon dont le diamètre est de 5 mm. La tension de cette dernière est assurée par une masse suspendue de 5 kg. La seule source d'énergie est produite par la mise en compression de six ressorts.

Chaque ressort a une longueur à vide de 205 mm, une course de compression de 152 mm et une constante de 310 N/m. Le déclenchement du mécanisme doit s'effectuer par la traction verticale vers le bas d'une ficelle. La traction de la ficelle ne doit pas apporter d'énergie supplémentaire utilisable pour le mouvement du robot.

L'encombrement total du robot ne doit pas dépasser une enveloppe sphérique fictive de 250 mm de diamètre, contrainte valable uniquement avant la mise en mouvement. Lors de l'ascension, le robot peut se déployer dans une dimension supérieure à 250 mm.

La mise en place du robot doit s'effectuer par une seule personne, en moins d'une minute, en veillant à la sécurité de l'opérateur et du public. Les ressorts peuvent être préalablement contraints avant la mise en place sur la corde.

La mesure de la performance ascensionnelle est prise au point le plus bas du robot. Les pièces normalisées sont au minimum égales au nominal 4 mm.

Votre analyse de ce cahier des charges (robot grimpeur de corde):

Robot lanceur de balle de ping-pong (projet 2014)

Le projet de construction mécanique consiste en un robot capable de lancer une balle de ping-pong sur la plus grande distance possible, mesurée horizontalement entre le robot et le point d'impact. De plus, il faut prévoir un réglage fin de la portée du tir, afin que celle-ci soit au minimum de deux mètres et au maximum la meilleure performance que le robot soit capable de produire.

La seule source énergétique utilisable est un ressort de compression. Ses caractéristiques sont les suivantes: d = 1,00 mm; D_e = 13,50 mm; L_0 = 80,50 mm, L_n = 24,83 mm; L_c = 14,70 mm; F_n = 22,40 N; c = 0,40 N/mm. Ce ressort en acier inoxydable est relativement rigide pour l'utilisation demandée.

Le ressort ne peut pas être modifié ou coupé pour en utiliser qu'une partie.

La masse totale du robot ne doit pas excéder 700 g. Le robot prêt au tir doit être contenu dans une sphère fictive de 300 mm de diamètre. Une fois le tir effectué, cette dimension peut être dépassée.

La dimension minimale des éléments d'assemblage est fixée au nominal 4.

L'armement du système doit être opéré par une seule personne, en 10 secondes au maximum. La sécurité de l'opérateur (et du public) doit être garantie durant chaque phase de l'utilisation.

Le déclenchement doit s'effectuer par pression du doigt sur un élément mécanique (bouton, gâchette, tige ou autre, selon votre projet).

Le projectile utilisable est une balle de ping-pong: masse 2,7 g et diamètre 40 mm.

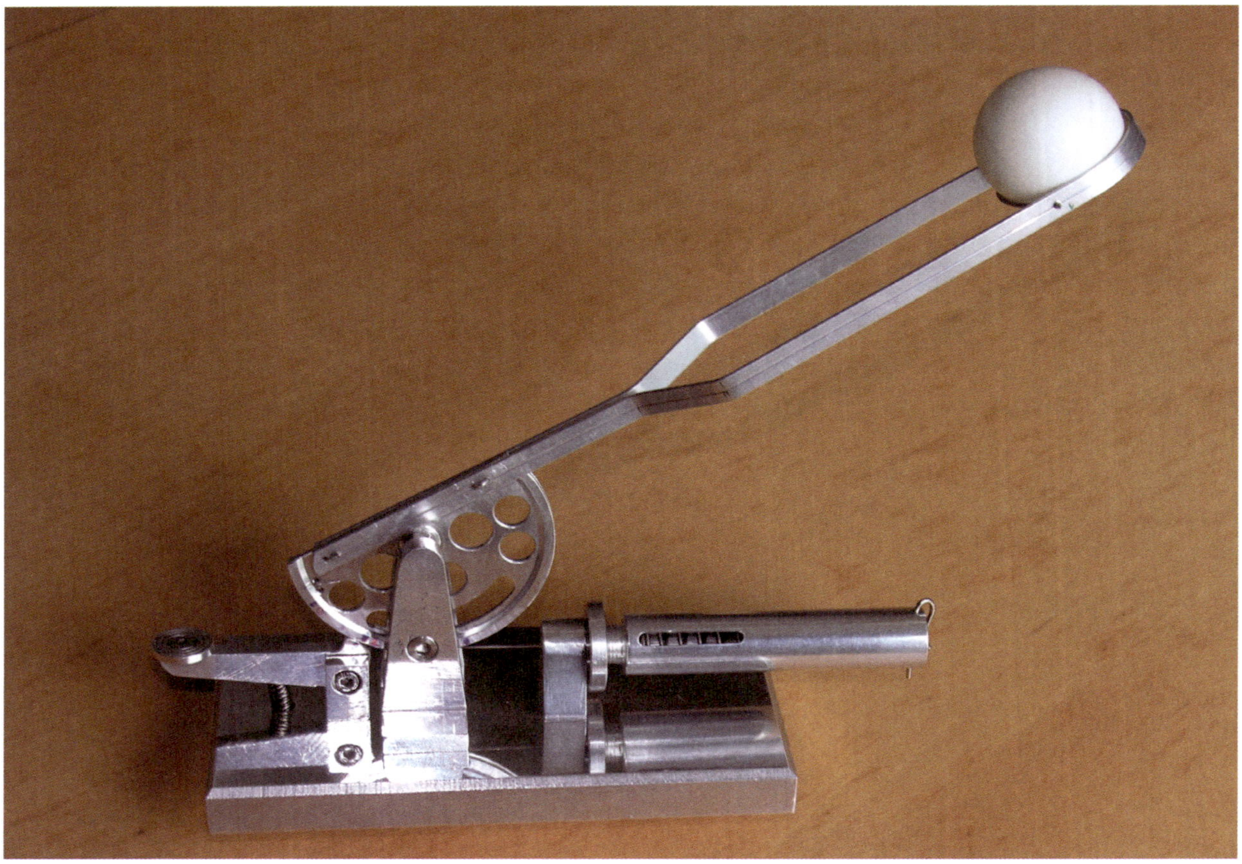

Photo : J.-F. Ferrot

Le dessin d'ensemble de l'une des réalisations de robot lanceur de balle de ping-pong (celui de cette photographie) est représenté en pages 46 et 47.

Votre analyse de ce cahier des charges (lanceur de balles de ping-pong) :

Machine à faire des bulles de savon (projet 2015)

Le projet de construction mécanique consiste en une machine capable de faire des bulles d'eau savonneuse (mélange judicieux de savon de Marseille râpé, de liquide pour la vaisselle et d'eau).

- La performance demandée à cette machine est de produire un minimum de 20 bulles par minute. Les microbulles (Ø < 10 mm) ne sont pas admises).
- La seule source d'énergie de la machine est une manivelle actionnée d'une main. L'axe de rotation peut avoir n'importe quelle orientation. Le sens de rotation est libre.
- La masse totale de la machine prête à l'emploi (sans eau savonneuse) est limitée à 2,00 kg. Aucune contrainte limitative pour l'encombrement.
- Les matériaux utilisés pour la construction sont ceux habituellement rencontrés dans les ateliers de mécanique et de construction, à savoir: acier, acier inoxydable, aluminium, laiton (évent. cuivre) et quelques matières plastiques courantes telles que: Akulon®, Makrolon®, PE, PEEK, etc.
- Les pièces obtenues par impression 3D ne sont pas autorisées.
- La mise en œuvre de la machine se fait par une seule personne, en 10 secondes au maximum. La sécurité de l'opérateur ainsi que celle du public doit être assurée en tout temps.

Votre analyse de ce cahier des charges (machine à faire des bulles de savon):

2 DESSIN

2.1 Documents graphiques

Le dessin existe depuis la nuit des temps, quel que soit son support. Il exprime une idée, une vision des choses et permet d'appréhender de manière plus claire une représentation de l'esprit. Les documents anciens comptent une quantité impressionnante de pures merveilles. Le dessin est un support incontournable pour la transmission des informations. Faisons abstraction pour l'instant des moyens informatiques et intéressons-nous aux documents physiques.

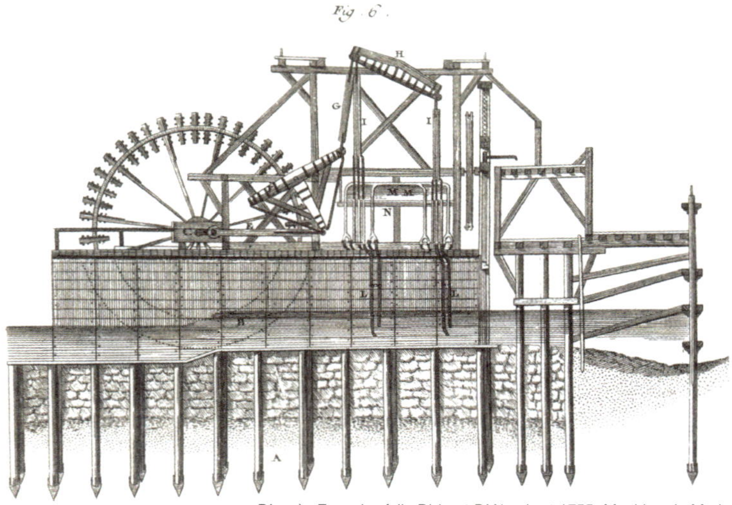

D'après Encyclopédie Diderot D'Alembert 1755. Machine de Marly.

Comme point de départ, prenons les trois dimensions (ou types) de représentations les plus courantes, indépendamment de l'échelle choisie. Il y a les représentations d'éléments à dimension humaine : comprenons par-là ce qui concerne ce que l'on peut manipuler facilement avec les mains, par abstraction aux micromanipulateurs ou aux machines géantes.

Exemple 1 : dimension courante

Concentrons nous sur la fixation du pignon de la sortie de boîte à vitesses d'une moto de compétition. Le but de cette représentation n'est pas ici de connaître la fonction mécanique de chaque élément de l'ensemble, mais de saisir l'utilité et l'importance d'une représentation de ce type (l'analyse des fonctionnalités sera abordée plus loin).

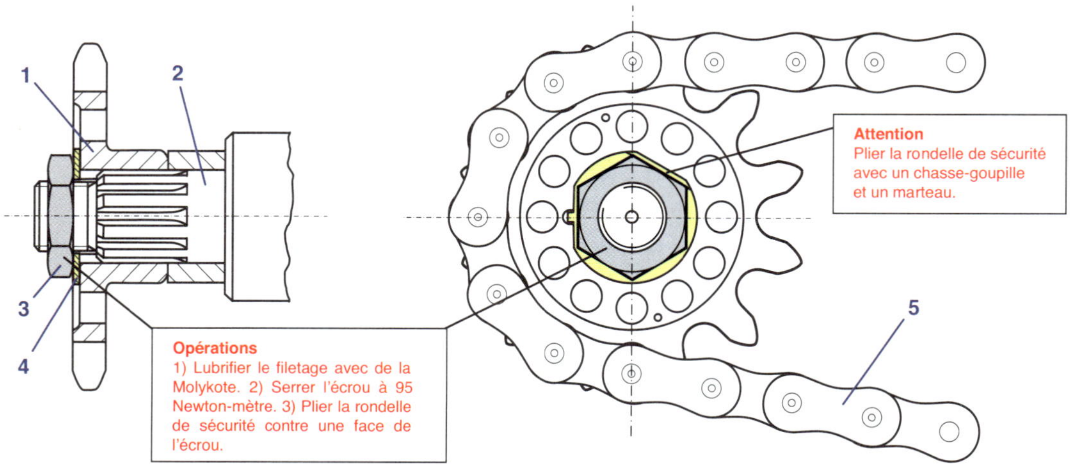

Pour se familiariser avec les éléments mécaniques, voici un bref descriptif du système proposé : Le pignon (1) est monté sur l'arbre secondaire (2) de la boîte à vitesses. Il est assuré par un écrou six pans (3) à pas fin qui est sécurisé par une rondelle en fer (4) faisant obstacle par déformation. La chaîne de transmission (5) est reliée à la roue arrière de la moto.

Exemple 2 : petite dimension

Les éléments mécaniques miniaturisés sont fabriqués selon des méthodes différentes de celles utilisées pour la mécanique classique. Un perçage d'un diamètre Ø6 mm s'effectue grâce à un foret hélicoïdal (mèche). Un perçage mesurant Ø24 μm (microns) est usiné par laser. L'exemple choisi est une lame ressort utilisée dans une montre mécanique à grande complication.

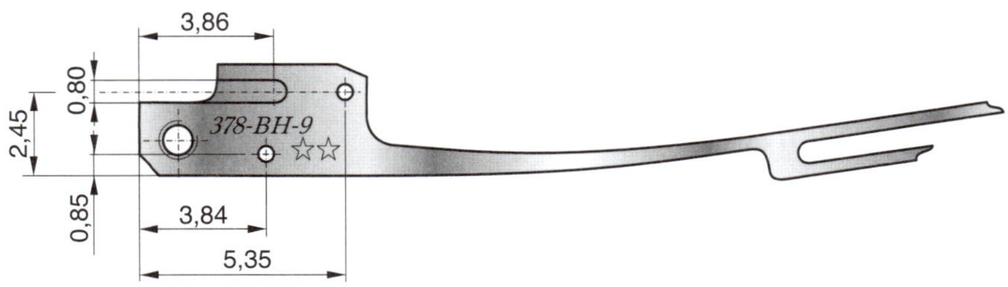

Exemple 3 : grande dimension

Les constructions de très grande dimension sont les ouvrages de génie : ponts, tunnels, barrages et immeubles. Les grandes constructions métalliques mobiles sont les super tankers (pétroliers), les ponts roulants, les avions, les machines minières, etc. Ci-dessous est représenté le plus gros porteur commercial actuel. Les rayons de braquage sont donnés en mètres et en pieds (ft).

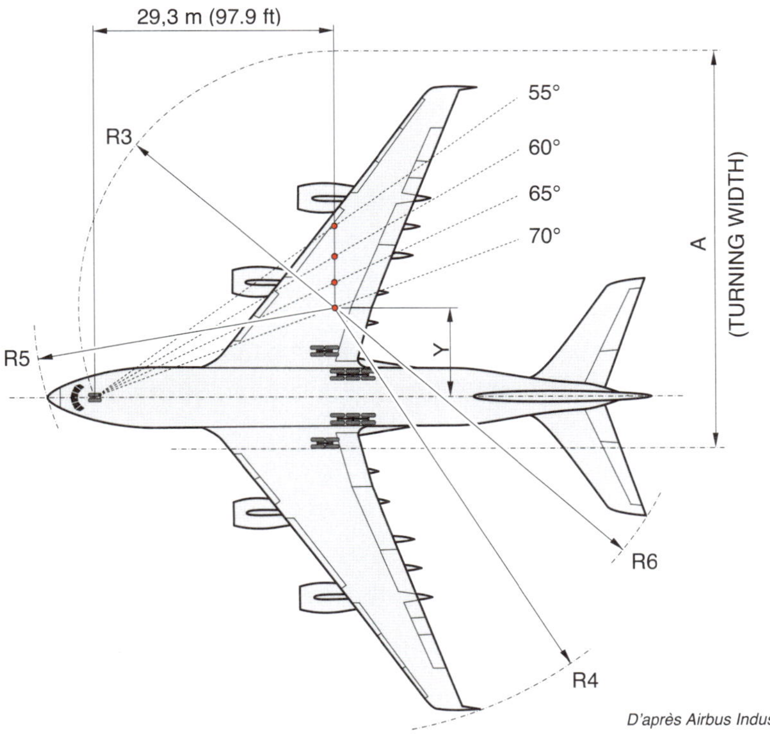

D'après Airbus Industries

A380-800/800F Minimum Turning Radius								
Steering Angle	Effective Steering Angle		Y	A	R3	R4	R5	R6
70°	69.5°	m	11,08	50,91	32,66	53,76	36,52	46,01
		ft	36.3	167.0	107.2	176.4	119.8	150.9

Lorsqu'une idée se met en place, au tout début du processus de conception, l'inventeur (et le terme n'est pas galvaudé) utilise le plus souvent une feuille de papier, quadrillée ou non, et, à main levée, débute la transmission de sa pensée sur un support réel, observable par d'autres personnes.

Ce document initial est le ***croquis***. C'est dans ce premier jet qu'il y a souvent une intense créativité et que la majeure partie de l'idée devient visible. Le croquis à main levée peut prendre des allures très variées. En voici un exemple :

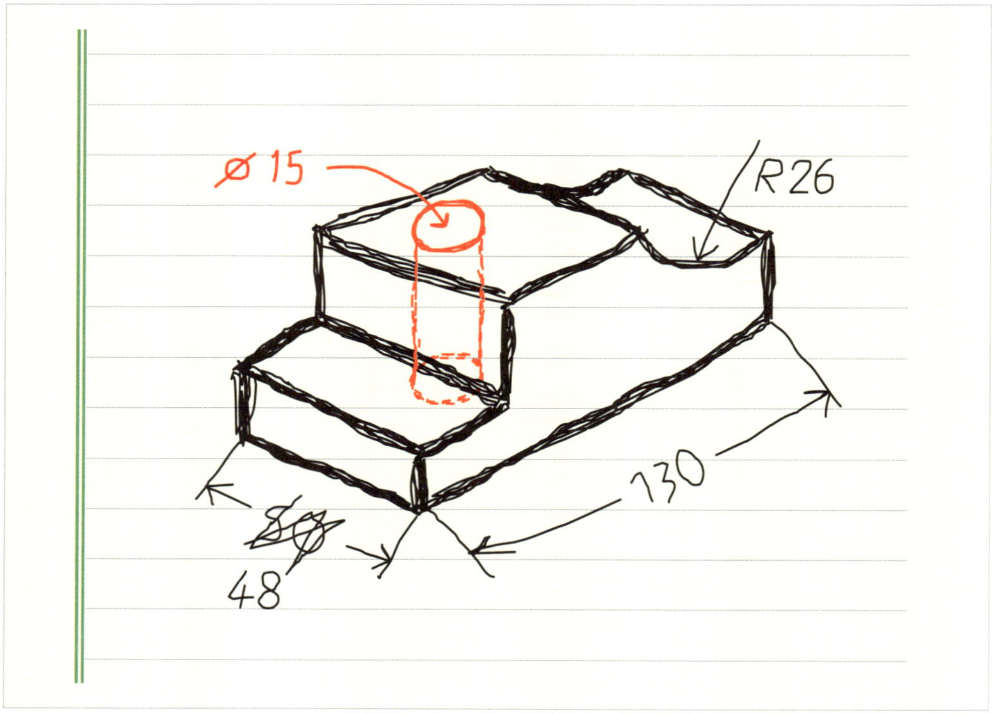

Une fois la réalisation d'un ou de plusieurs croquis effective, vient la phase de transcription sur un format normalisé, avec l'utilisation de règles définies. Le document apparaît selon des normes propres au dessin technique. La réalisation s'effectue à la main ou sur ordinateur grâce à un programme de dessin.

La représentation de la pièce est l'interprétation de la pensée du concepteur, raison pour laquelle il peut y avoir de nombreuses variations et interprétations différentes pour représenter le même objet. Quelle que soit l'option choisie, le respect des règles et des normes est impératif.

Avant de débuter la représentation, il faut choisir la taille de l'objet à dessiner, donc l'échelle du dessin. Il est nécessaire de définir le nombre de vues à effectuer. Pour une rondelle, un axe ou une plaque, une seule vue suffit. Dès qu'il y a plusieurs usinages à dimensionner, deux vues sont nécessaires. Si la pièce mécanique est complexe, trois vues sont souhaitables, ainsi que des agrandissements de certains détails.

Selon l'exemple du croquis présenté précédemment, voici à quoi peut correspondre le dessin technique, avec le choix de deux vues : vue de face *VF* et vue de dessus *VD* (plan). Le degré de difficulté de la pièce représentée ne nécessite pas une troisième vue et une seule vue ne permettrait pas de comprendre et visualiser tous les usinages. La lisibilité doit assurer la compréhension de la pièce.

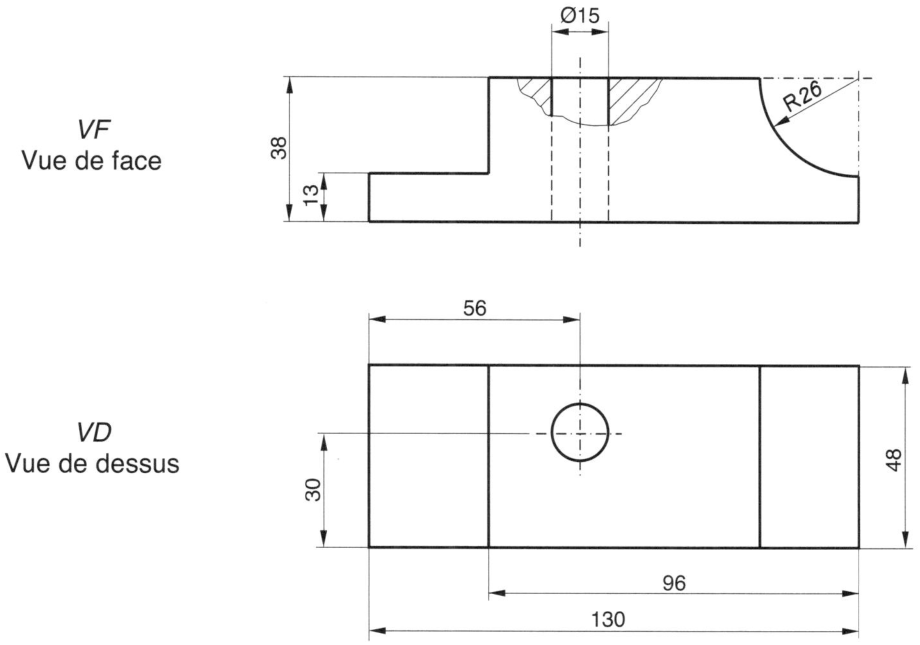

2.2 Support papier

La représentation d'une pièce mécanique ou d'un ensemble se fait sur du papier quadrillé de 5 mm de côté. La trame quadrillée est une aide précieuse pour tirer parallèles et perpendiculaires uniquement à l'aide d'une règle. Le dessin technique sur feuille sans quadrillage est possible, mais nécessite l'emploi d'une planche à dessin avec pantographe. Bien évidemment, il existe le dessin assisté par ordinateur, qui constitue la base de cet ouvrage.

Il existe différents formats de feuilles à dessin. La référence est le ***format* A0** qui correspond à une surface de 1 m^2. Ce format est utile pour les grands dessins d'ensemble comprenant énormément d'éléments. Pour passer au format suivant, le A1, la surface vaut la moitié, soit 0,5 m^2. Le format A2 vaut 0,25 m^2, et ainsi de suite. Les dimensions sont diminuées d'un facteur $\sqrt{2}$.

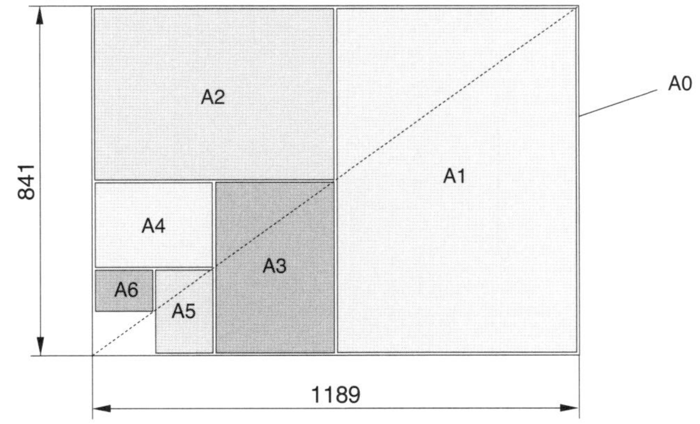

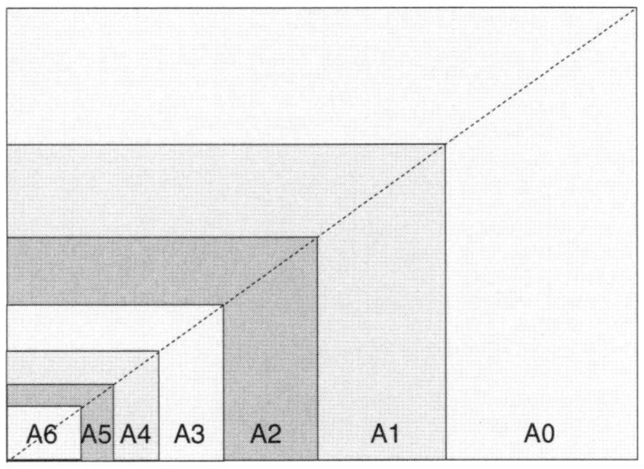

Une feuille à dessin officielle (ou d'entreprise) est imprimée et contient un cartouche regroupant toutes les données relatives à la pièce ou à l'ensemble. Ces données sont utiles pour définir le parcours de la création de la pièce et retrouver des informations à la classification du document, les liens des ensembles et sous-ensembles.

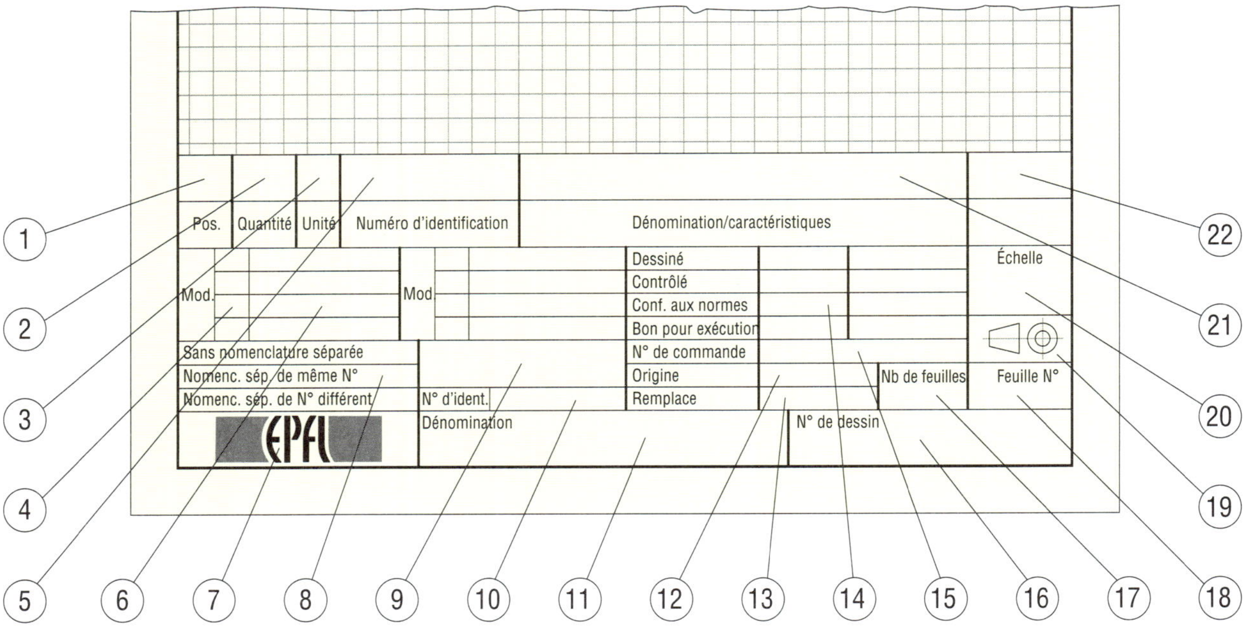

Éléments d'identification du cartouche:

1. Numéro de la pièce sur le dessin
2. Nombre de pièces identiques pour l'ensemble
3. Pièce, litre, kilo, etc.
4. Indice de modification
5. Référence de la pièce dans l'entreprise (pour pièce/composant)
6. Date et visa de la modification
7. Nom ou logo de l'entreprise
8. Documents complémentaires
9. Indications spécifiques à chaque entreprise
10. Numéro d'identification s'il est différent de celui de la nomenclature
11. Dénomination complète: nom de la pièce, fonction
12. Numéro du document original
13. Numéro du document remplacé par le document établi
14. Date et signature de l'auteur et des instances de contrôle
15. Numéro de commande s'il est en rapport avec le client
16. Numéro de nomenclature ou de dessin
17. Nombre de feuilles de même numéro
18. Numéro de chaque feuille
19. Projection de type européenne
20. Échelle principale du dessin
21. Nom abrégé de la pièce, matière, traitement, etc.
22. Case libre (sert à noter éventuellement la masse de la pièce)

Voir les nombreux exemples de pièces individuelles et d'ensembles dans l'***Extrait de normes***.

Le pliage des dessins est nécessaire dès le format A3 et supérieur (A2, A1, etc.) afin de ranger les documents, le plus souvent dans un classeur prévu pour le format A4. Le plus important et d'avoir le cartouche entièrement visible sans être obligé de déplier le dessin pour l'identifier. La procédure de pliage pour les formats A3 et A2 pour le rangement en classeur est la suivante:

Format A3 : 2 plis sont nécessaires pour passer de A3 à A4.

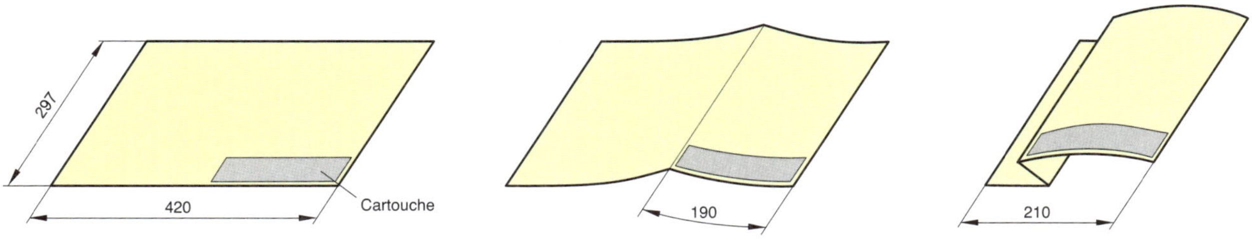

Format A2 : 4 plis sont nécessaires pour passer de A2 à A4.

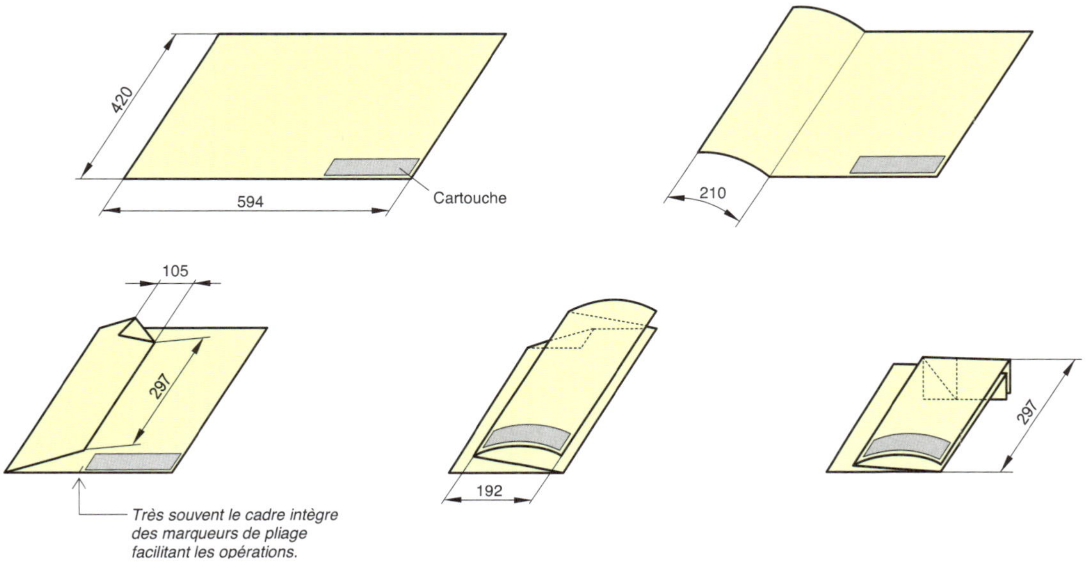

Exercice 2.1

En effectuant correctement le pliage d'un dessin sur format A2 pour le stocker dans un classeur standard (type classeur fédéral), selon la procédure proposée ci-dessus, évaluer la surface restante du document après le troisième pliage.

2.3 Traits de représentation

La représentation des pièces ou ensembles s'effectue en utilisant des traits de diverses largeurs et de divers types. C'est une nécessité afin de reconnaître les différentes parties d'une représentation et d'identifier facilement ce qui est représenté.

Il faut tenir compte de la dimension du dessin pour le choix de la largeur des traits. Le contour d'une pièce est en trait fort, mais il n'aura pas la même épaisseur sur une feuille A1 que sur une feuille A4. La règle utilisée est que le trait fort a une épaisseur double de celle de tous les autres traits. Le trait fort mesure 0,5 mm de largeur pour les formats A4, A3 et A2. Il est de 0,7 mm pour les formats A1 et A0. Dans les cas particuliers, il mesure 1 mm.

Les traits utilisés en construction sont les suivants :

Trait fort continu	Utilisé pour le contour extérieur et les arêtes visibles.
Trait fin continu	Utilisé pour les hachures, le contour des sections rabattues, les attaches et lignes de cotes, les repères et les indications complémentaires.
Trait fin interrompu	Utilisé pour les arêtes cachées. Également employé pour les arêtes dans la matière.
Trait fin mixte	Utilisé pour les axes de symétrie, les plans de symétrie, les niveaux de liquide, le cheminement des plans de coupe et les sections.
Trait fin mixte à 2 points	Utilisé pour le profil d'une pièce mobile dans une autre position que celle de repos, le contour de la pièce primitive, les lignes de centre de gravité, les parties situées en avant du plan de coupe, les arêtes de pliage.
Trait fin à main levée	Utilisé pour délimiter une coupe partielle et indiquer le raccourcissement d'une pièce.

Exercice 2.2

Donner la signification des traits notés A, B, C et D.

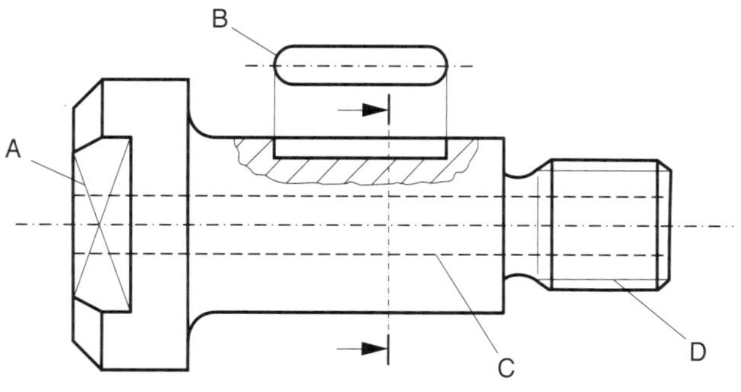

2.4 Échelles de reproduction

Le choix de la dimension de la représentation d'une pièce dépend des dimensions réelles de la pièce en question. Ce choix permettra de déterminer, dans un deuxième temps, le format du document. Les pièces destinées à la microtechnique, l'horlogerie, au microdécoupage, nécessitent une représentation avec un agrandissement, voire un fort agrandissement. Les échelles normalisées selon ISO 5455 couramment utilisées pour les ***agrandissements*** sont :

2:1 5:1 10:1 20:1 50:1

Pour les pièces de grande dimension, les ensembles volumineux, les installations complexes, une réduction de la taille de la représentation est nécessaire. Autrefois il était courant de représenter de grandes machines (plusieurs mètres) à l'échelle 1:1 sur des documents occupant toute la paroi du bureau technique. L'ordinateur permet de zoomer d'un simple clic pour obtenir la taille désirée. Les réductions usuelles vont jusqu'au 1:1000. Au-delà, ce sont les représentations du génie, les plans cadastraux et les cartes géographiques. Selon la norme ISO 5455, les ***réductions*** sont :

1:2 1:5 1:10 1:20 1:50 1:100 1:200 1:500 1:1000

Il est remarquable que la progression, pour les agrandissements comme pour les réductions, soit d'un facteur 2 ou 2,5 alternativement. Les échelles telles que 1:3, 2:5 ou encore 40:1 ne sont pas normalisées et sont à proscrire absolument dans tous les travaux et projets.

Exercice 2.3

Les deux vis à tête cylindrique à six pans creux (imbus) ci-dessous ont pratiquement la même forme, avec toutefois des tailles différentes. Selon ces représentations, définir l'échelle choisie pour la vis de M36. Trouver les cotes A, B, C et D de la deuxième vis si l'échelle est 10:1.

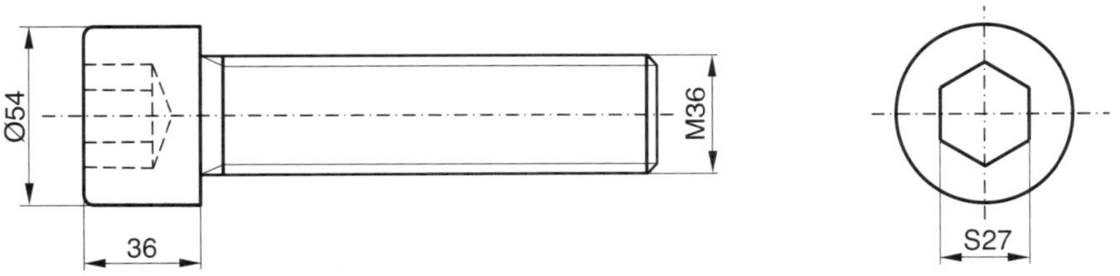

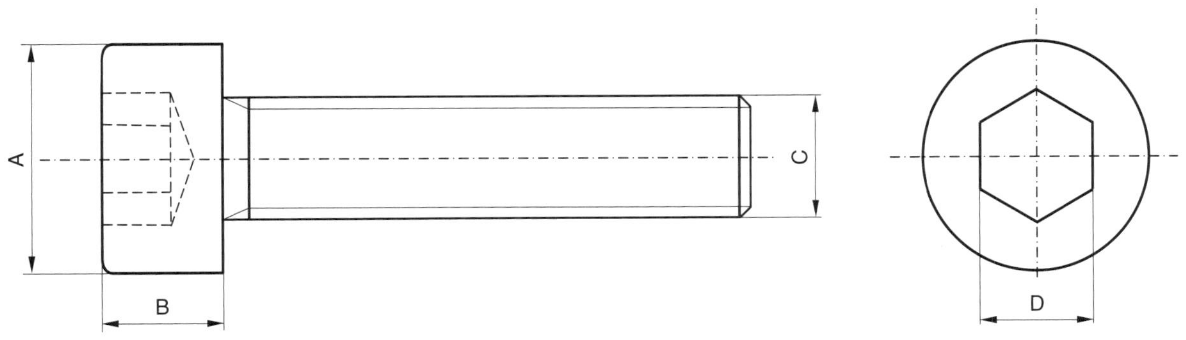

2.5 Projections axonométriques

Lorsqu'il est nécessaire de présenter une pièce compliquée ou un ensemble de pièces, il existe la possibilité de la projection axonométrique qui est une perspective sans point de fuite. En réalité, les droites utilisées dans la perspective sont parallèles, ce qui fausse légèrement l'interprétation du volume représenté. Les normes n'admettent aucun point de fuite pour ce type de représentation qui, précisons-le, reste prioritairement d'utilisation commerciale ou artistique.

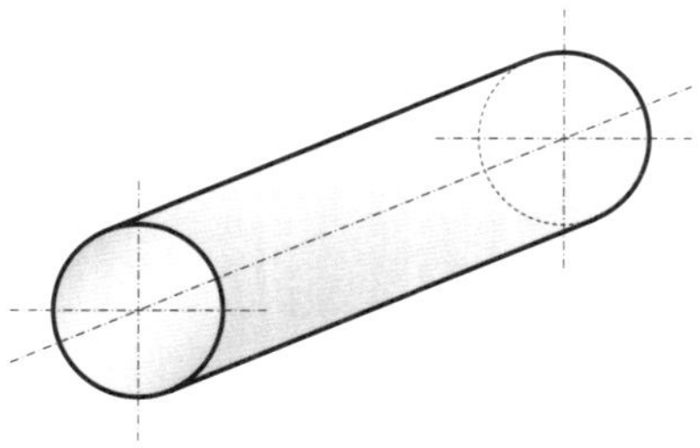

Cylindre en perspective sans point de fuite

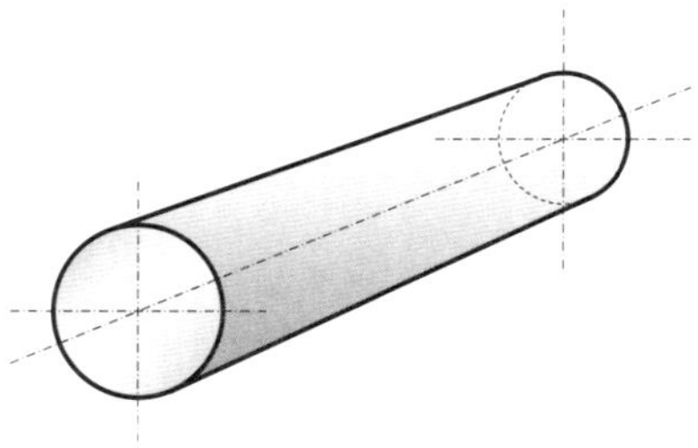

Cylindre en perspective avec point de fuite

Une représentation en perspective s'effectue simplement avec un programme de dessin; il suffit de choisir les angles de projection. Autrefois ce travail était confié à un graphiste produisant des réalisations d'une grande complexité et demandant énormément de temps.

Pour les représentations en perspective, il convient de choisir les angles mettant au mieux la pièce en valeur en montrant le plus de détails. La projection cavalière est la plus simple car les dimensions de face sont en vraie grandeur et les dimensions en profondeur valent la moitié des dimensions réelles.

Projection cavalière
C'est la projection recommandée, car elle est facile à réaliser. Les grands axes sont perpendiculaires aux arêtes C et égaux à 1.

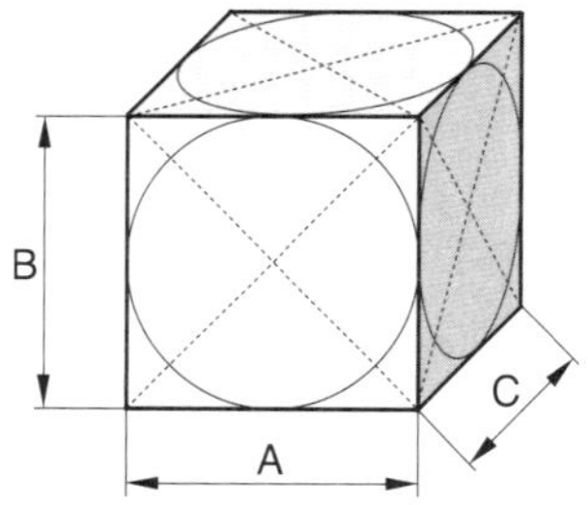

A = 1
B = 1
C = 0,5

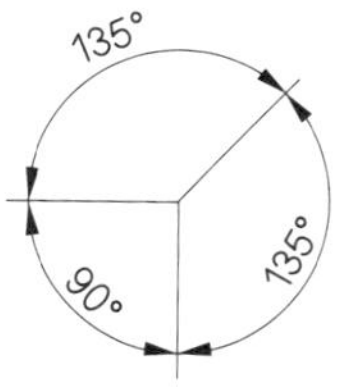

Autres orientations possibles:

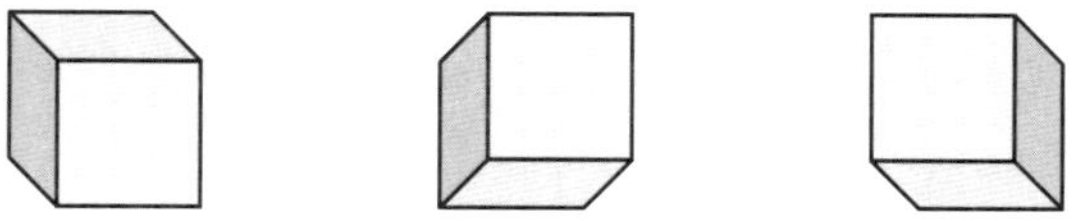

Projection isométrique
C'est la projection permettant les mesures directes selon les trois axes. Les dimensions sont unitaires sur chaque axe, ce qui simplifie les mesures et repérages.

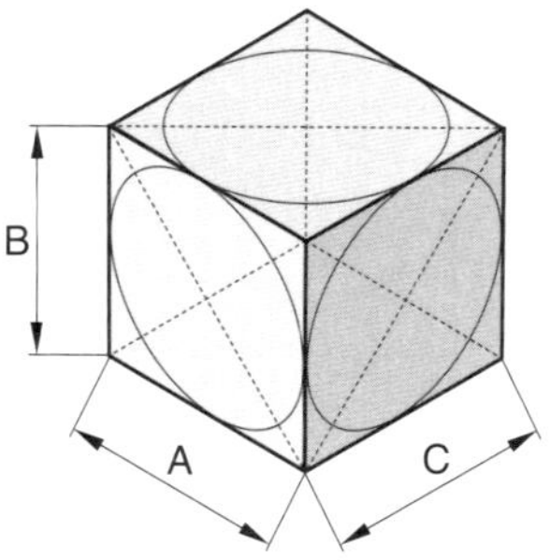

A = 1
B = 1
C = 1

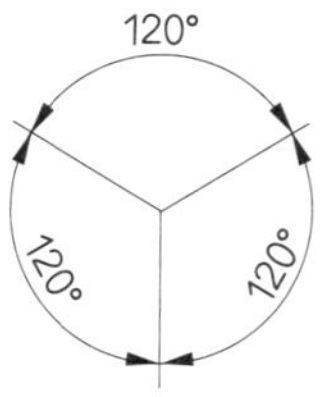

Une pièce est usinée à partir d'un parallélépipède rectangle de matière quelconque. Elle ne possède aucun usinage complexe. La projection isométrique facilite la représentation et la mesure des dimensions réelles, directement sur la perspective. Il est remarquable que tous les axes soient orientés à 120°.

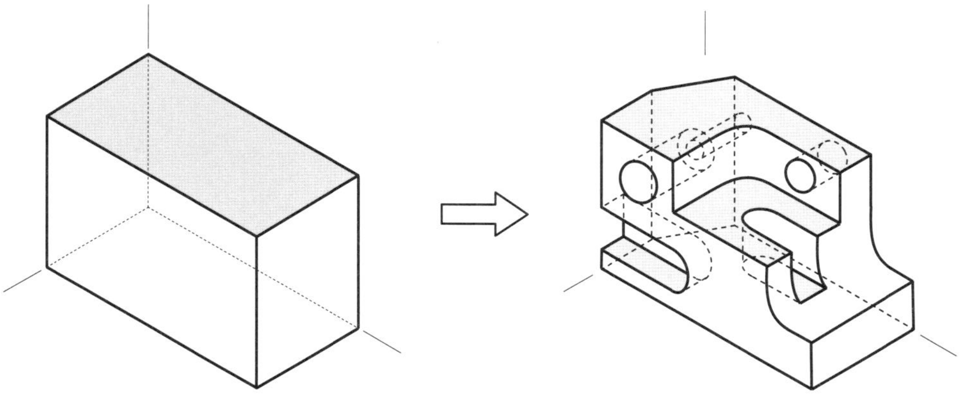

Pour cette pièce, d'un coup d'œil, le positionnement des différents usinages apparaît clair et compréhensible. Dans la réalité, il existe de nombreuses réalisations nécessitant davantage qu'une projection isométrique.

Combien d'usinages sont effectués pour obtenir cette pièce? Réponse: ....

Projection trimétrique

C'est la projection qui permet de séparer de manière optimale les projections d'arêtes. Elle diffère de la projection cavalière en ayant tous les axes obliques.

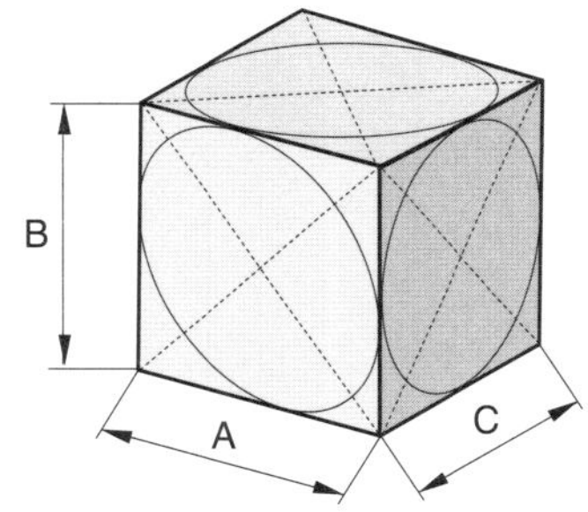

A = 0,94

B = 1

C = 0,71

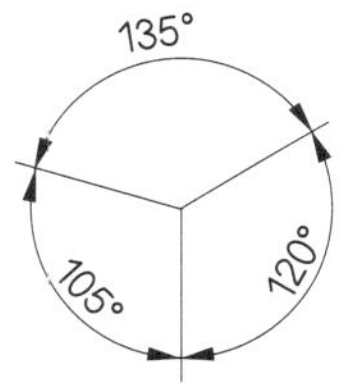

Projection dimétrique

Pour la mise en évidence d'une face importante d'une pièce ou d'une partie d'un ensemble, c'est la projection dimétrique qui sera privilégiée.

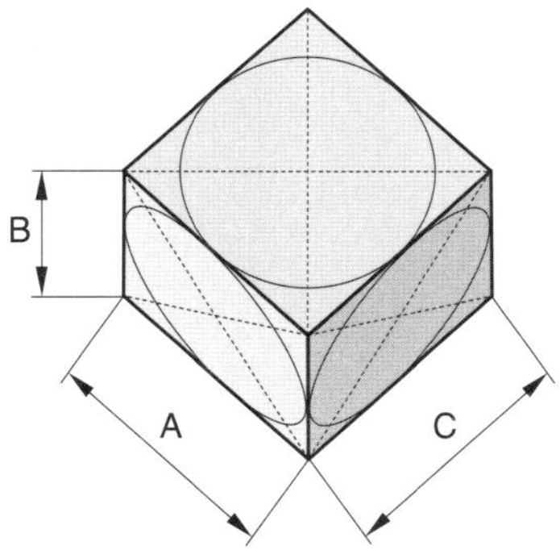

A = 1

B = 0,5

C = 1

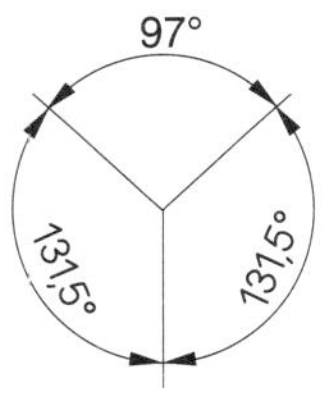

Projection dimétrique redressée

Cette méthode de projection est destinée aux pièces allongées en priorité. Elle convient très bien pour les projections avec une faible élévation, donnant juste l'impression de hauteur.

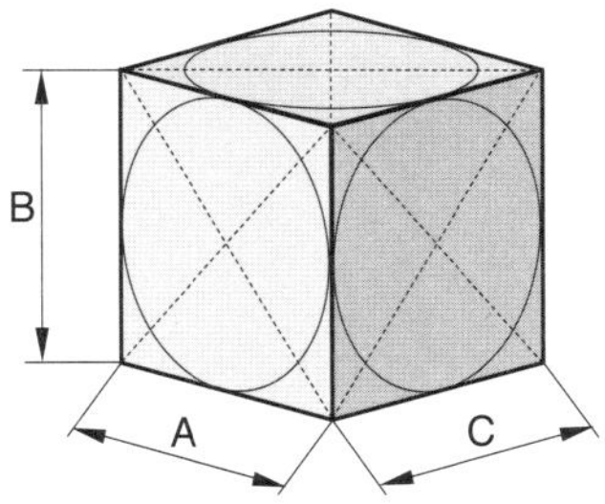

A = 0,76

B = 1

C = 0,76

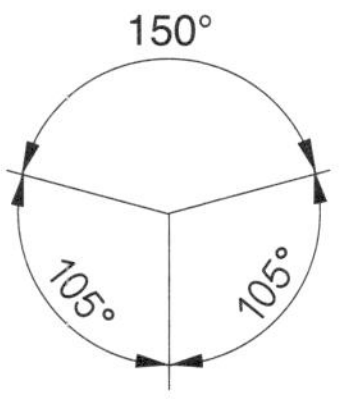

Exercice 2.4

Représenter la perspective isométrique de cette pièce dont on dispose de la vue de face et de la vue de dessus. Débuter la construction sur la trame isométrique avec les repères rouge et vert.

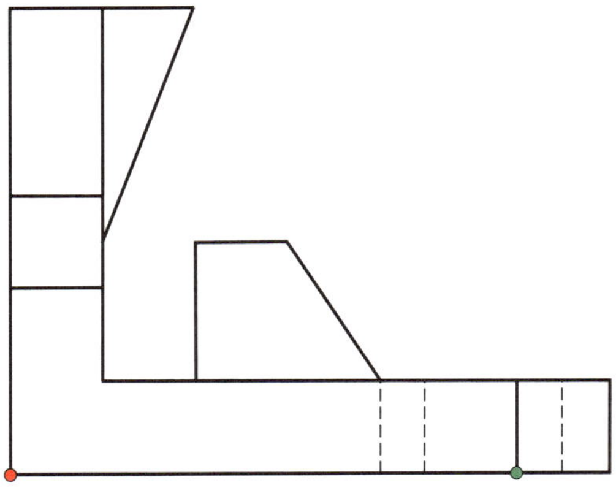

Vue de face VF

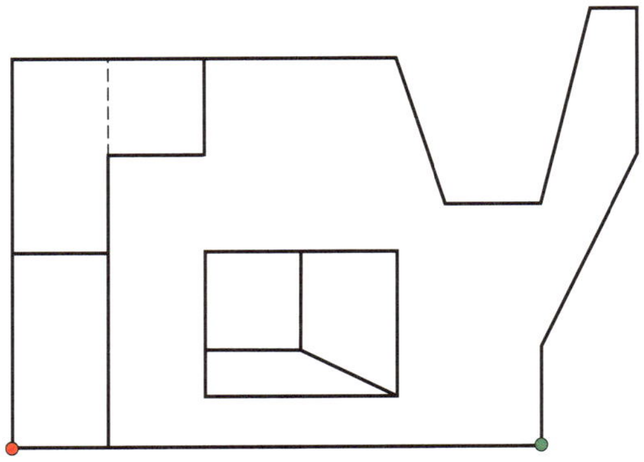

Vue de dessus VD

2.6 Projection orthogonale

La représentation des différentes vues d'une pièce est normée selon SN 210130. La projection orthogonale donne l'image de l'objet selon un point de vue orienté de 90° d'une vue à l'autre. Ce mode opératoire implique l'existence de plusieurs vues clairement positionnées. Prenons comme modèle une pièce mécanique asymétrique, afin de mieux comprendre les interprétations relatives à chaque vue.

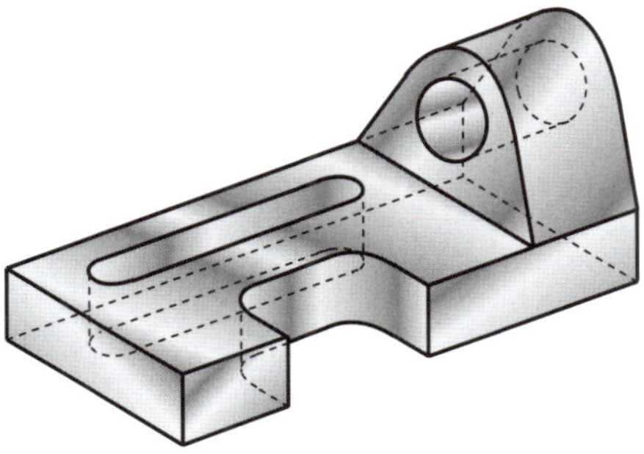

Cette pièce est placée dans un repère sous forme de trièdre dont les plans correspondent aux trois projections principales.

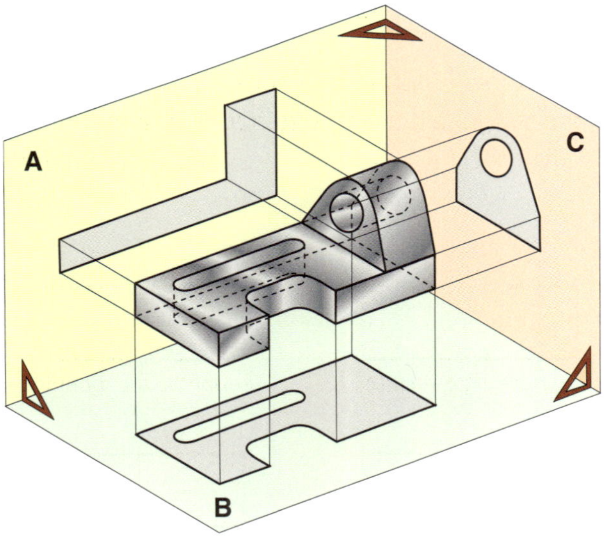

Les projections correspondantes sont :			
	A	Vue de face	*VF*
	B	Vue de dessus (plan)	*VD*
	C	Vue de gauche	*VG*

À partir des projections sont représentées les différentes vues. Pour cet exemple, les trois vues principales sont traitées et positionnées selon une structure normalisée. La première des trois à être dessinée est la vue de face. Vérifier l'encombrement pour parvenir à placer toutes les vues. Souvent, l'espace nécessaire à la cotation est négligé, du fait que les trois vues sont bien proportionnées, l'échelle correctement choisie et que malheureusement il n'y a plus suffisamment de place pour inscrire les cotes.

Selon les projections orthogonales, la représentation de la pièce choisie correspond au dessin suivant :

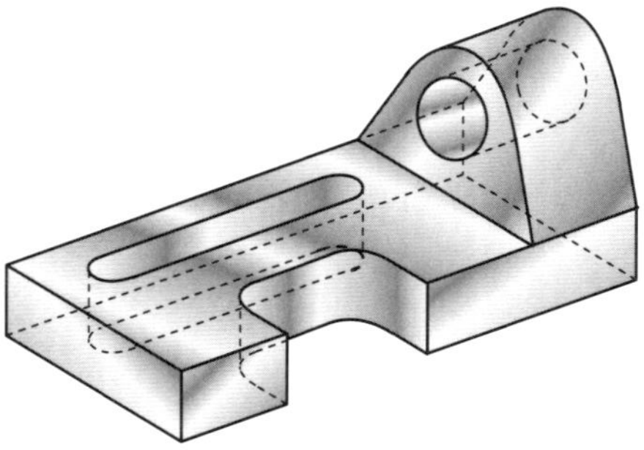

Vue de face
VF

Vue de gauche
VG

Vue de dessus
VD

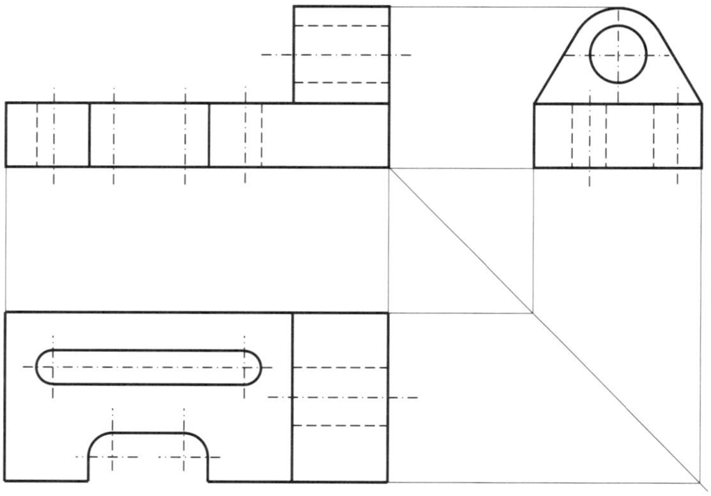

Les arêtes cachées sont représentées ainsi que les traits d'axes. Ils permettent de localiser le perçage et les fraisages. Dans les futurs dessins, les traits fins de liaison entre les vues ne seront plus représentés ; ils le sont ici pour faciliter la compréhension du positionnement des différentes vues. Pour les dessins faits à la main, l'alignement des différentes vues est facilité par le quadrillage de la feuille.

Parfois il manque un élément ou une indication pour comprendre les deux premières vues d'un élément mécanique et pour réaliser la troisième vue (qu'importe quelles sont les vues considérées). L'exemple ci-dessous donne deux vues d'un élément mécanique simple. Dessiner la troisième vue (vue de gauche) peut correspondre à plusieurs solutions correctes.

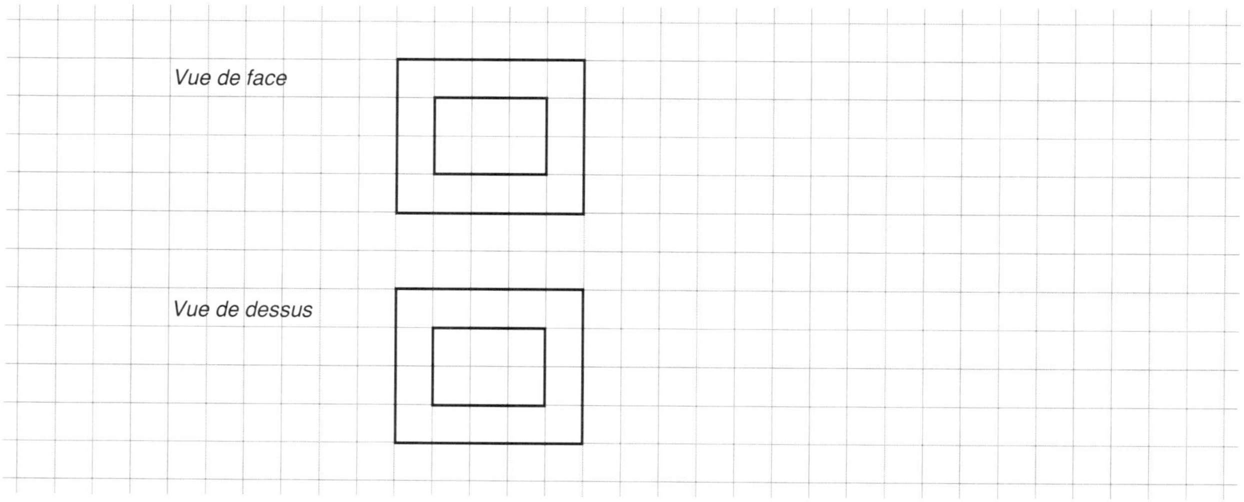

Exercice 2.5

Reporter dans la tabelle le numéro des vues correspondant à la même projection isométrique.

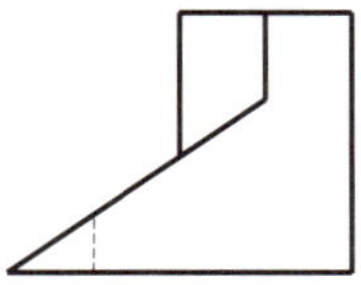
1

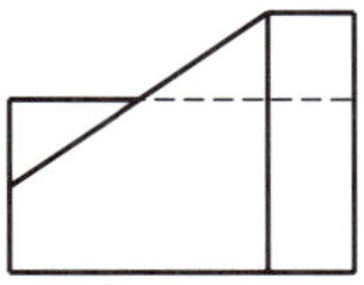
2

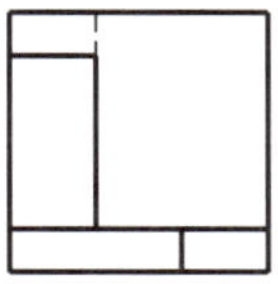
3

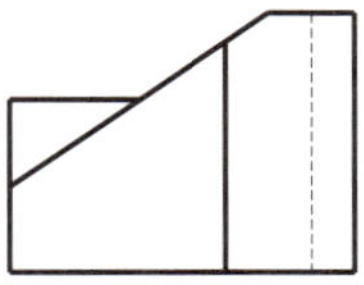
4

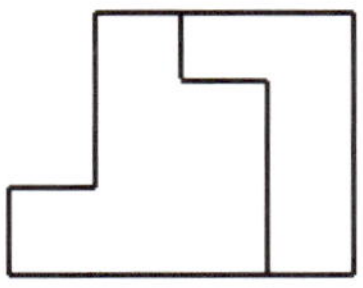
5

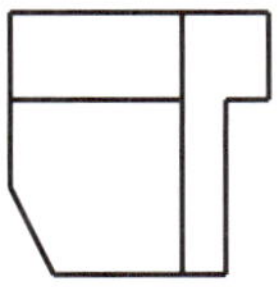
6

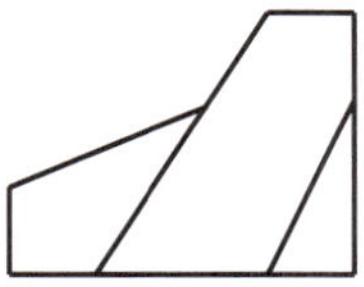
7

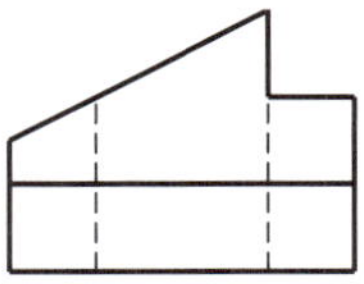
8

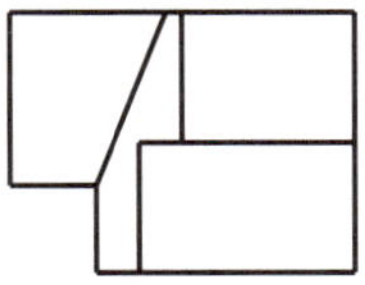
9

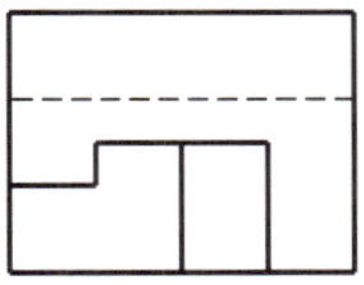
10

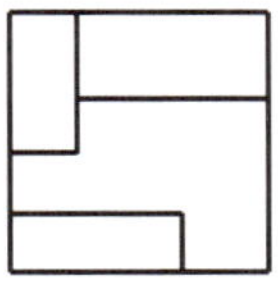
11

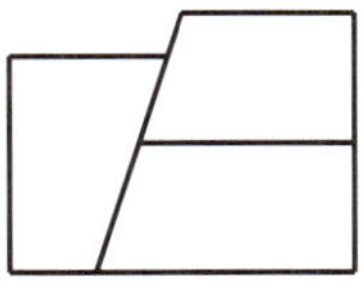
12

13

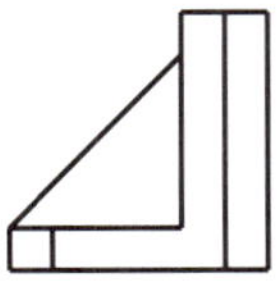
14

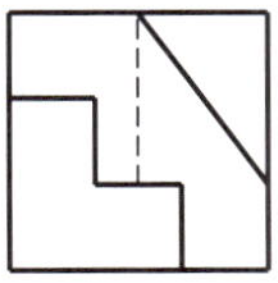
15

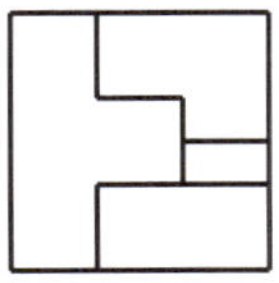
16

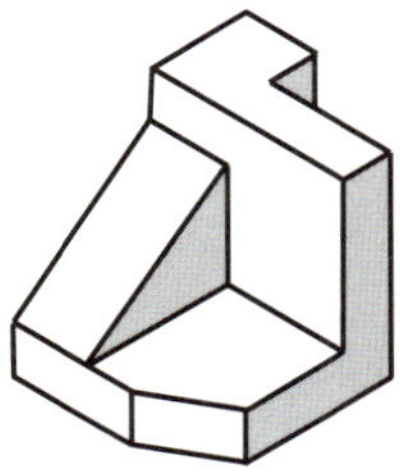
A

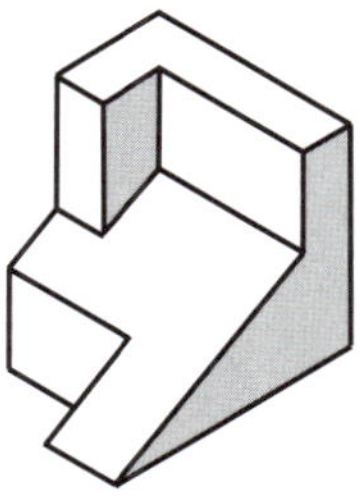
B

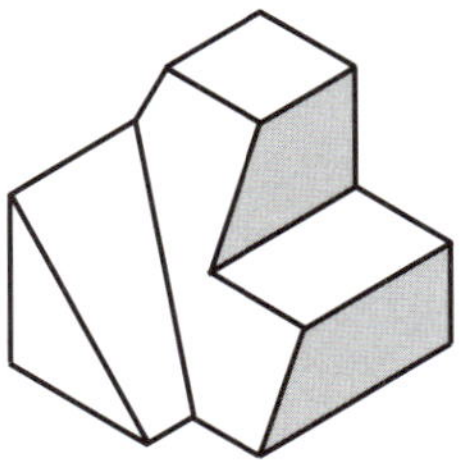
C

Pièce	*A*	*B*	*C*
Vue de face			
Vue de gauche			
Vue de dessus			

Exercice 2.6

Trouver la vue correspondant à la perspective, selon le sens d'observation indiqué.

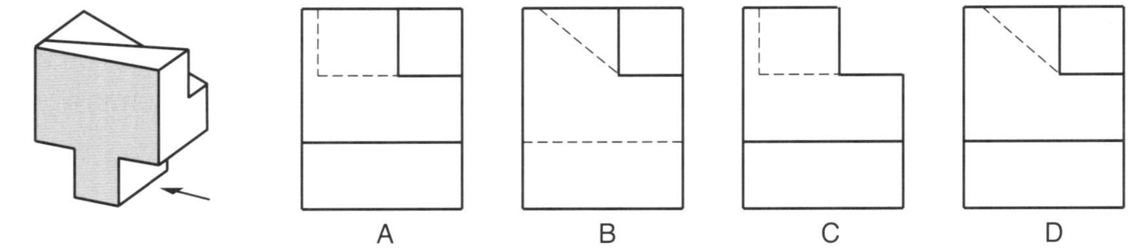

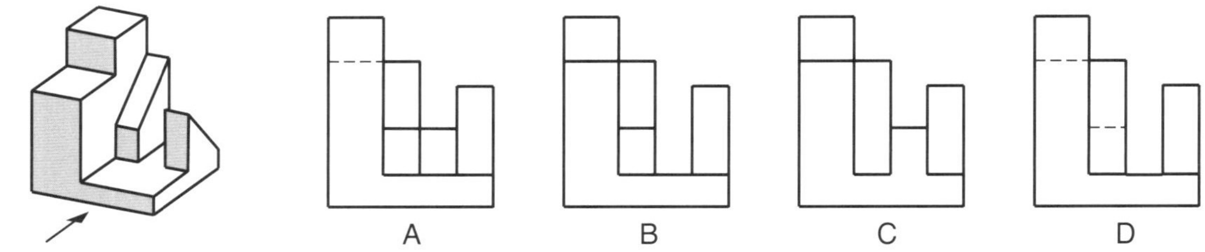

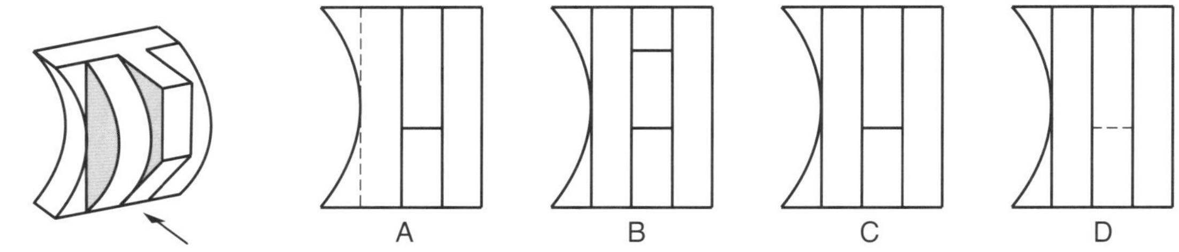

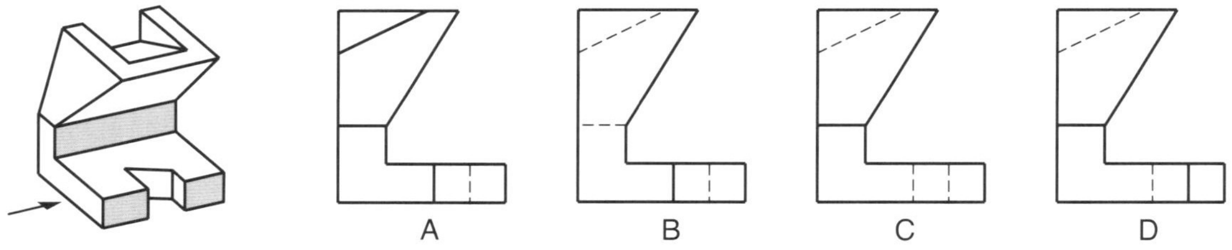

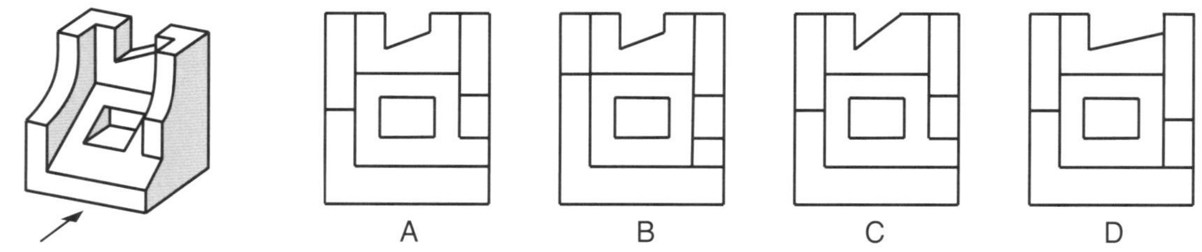

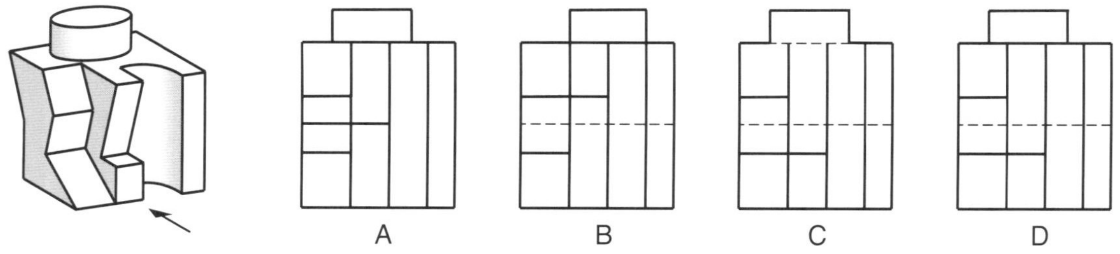

2.7 Représentation des trois vues à partir d'une perspective

La prise de mesures à la volée sur une perspective permet de reconstituer les trois vues principales d'une pièce. Dans le cas d'une perspective isométrique, les dimensions mesurées donnent les dimensions des projections.

Une pièce prismatique simple peut se représenter en perspective selon un angle d'observation au choix du réalisateur. Dans tous les cas, il n'est pas possible d'observer cette pièce sur plus de trois côtés simultanément. Une vue ne permet de voir qu'une face à la fois, alors que la projection donne la vision de trois faces pour une seule représentation.

Prenons l'exemple d'un dé à jouer. Il y a la possibilité de n'observer qu'une seule face, ou deux selon l'orientation, mais au maximum trois, quelle que soit l'orientation de la perspective.

1 face

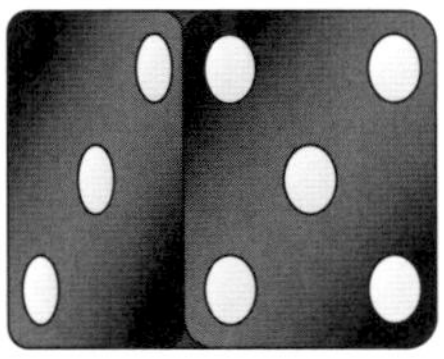

2 faces

3 faces

La norme de projection des vues que nous utilisons est la norme européenne. D'autres normes existent telle que la norme Américaine dont l'ordre des vues est inversé. Le type de projection utilisé est donné dans le cartouche de la feuille de dessin.

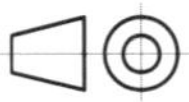

Projection européenne

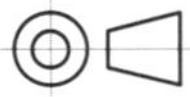

Projection américaine

Exemple

Une pièce prismatique représentée en perspective donne une disposition différente des vues selon le choix du type de projection.

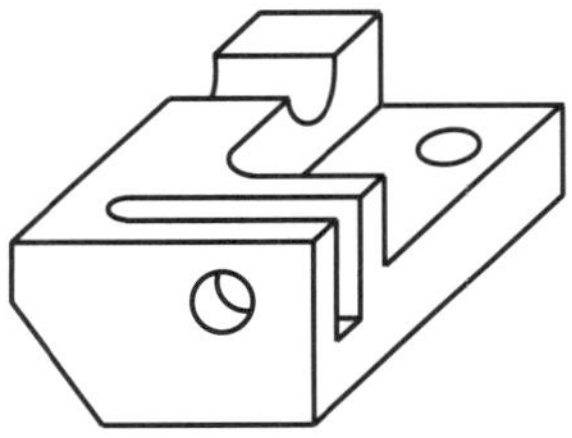

Projection européenne

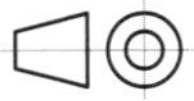

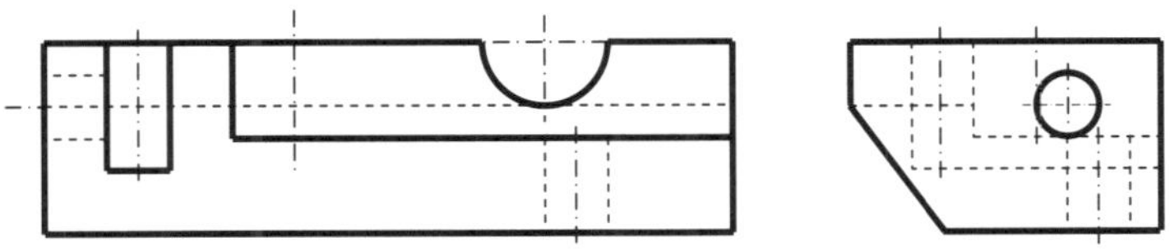

Projection américaine

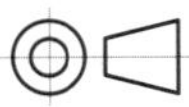

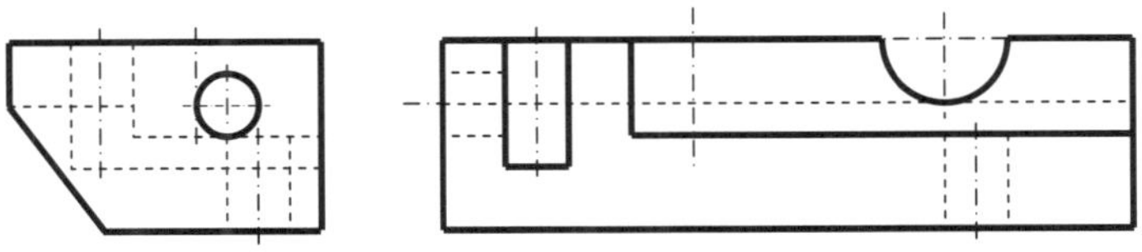

Les premiers exercices proposent des pièces dont les dimensions vont de 5 en 5 mm, afin d'obtenir une correspondance facilement utilisable avec la trame des feuilles de dessin. Pour ces différentes représentations, il est conseillé d'utiliser du papier quadrillé de 5 mm.

Exercice 2.7

Représenter les trois vues selon la projection isométrique ci-dessous. Échelle 1:1

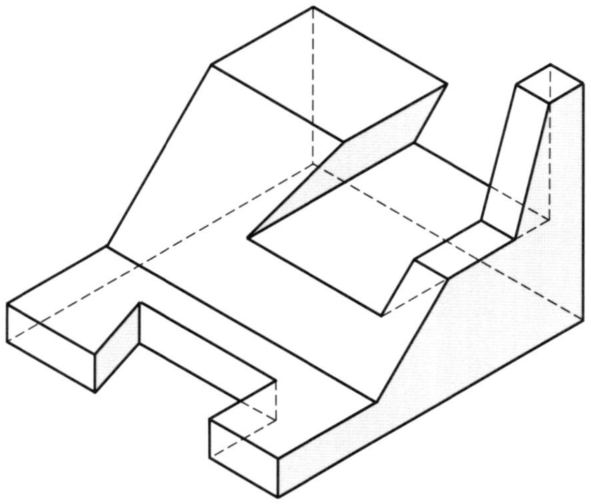

Exercice 2.8

Représenter les trois vues de la projection isométrique ci-dessous. Échelle 1:1.

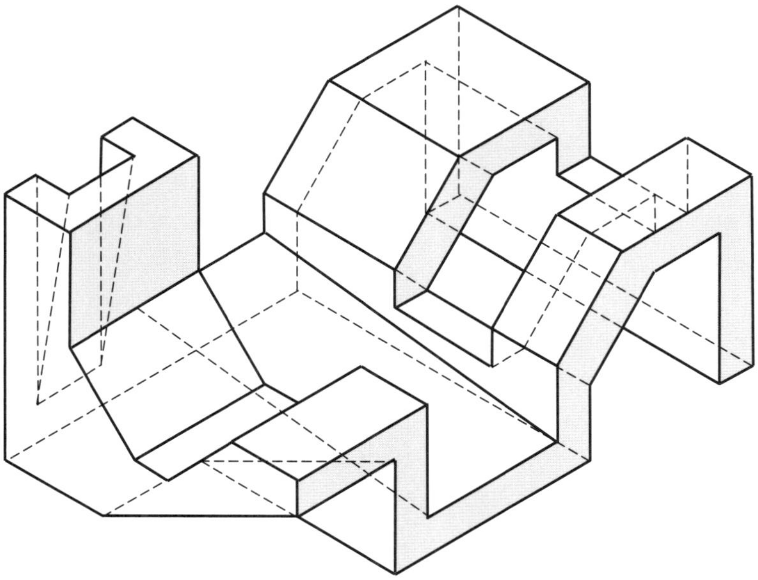

2.8 Reconnaissance d'un profil

La lecture d'un dessin technique peut poser des problèmes d'interprétation, plus particulièrement lorsque certaines vues sont déficientes ou encore en cas d'absence de dessins de détail. La superposition de plusieurs éléments d'un assemblage laisse planer un doute si l'on ne dispose pas de tous les documents relatifs aux éléments composant cet assemblage.

En considérant une pièce individuellement, certains usinages peuvent prêter à confusion, non pas sur le dimensionnement, mais sur la forme. La question de la procédure d'usinage sera abordée dès la page 64, à savoir comment est réalisée telle ou telle forme.

Une pièce complexe initialement fabriquée par rotation (tournage), puis ayant subi divers usinages par fraisage peut présenter une grande quantité de profils différents. Pour la compréhension d'un montage et du fonctionnement d'un système mécanique ou microtechnique, il est indispensable d'identifier la forme en chaque point d'une pièce usinée.

Voici une série de sections courantes qu'il est possible de rencontrer sur différents éléments. Ces sections ne sont pas à la même échelle que celle des dessins proposés dans l'exercice 2.9:

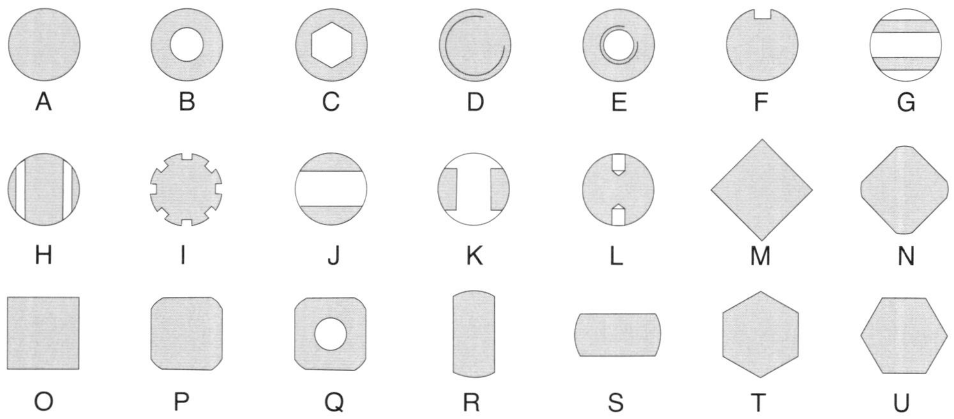

Exercice 2.9

Placer la lettre correspondant à la section correcte sur chacune des pièces proposées ci-après.

Pièce 1

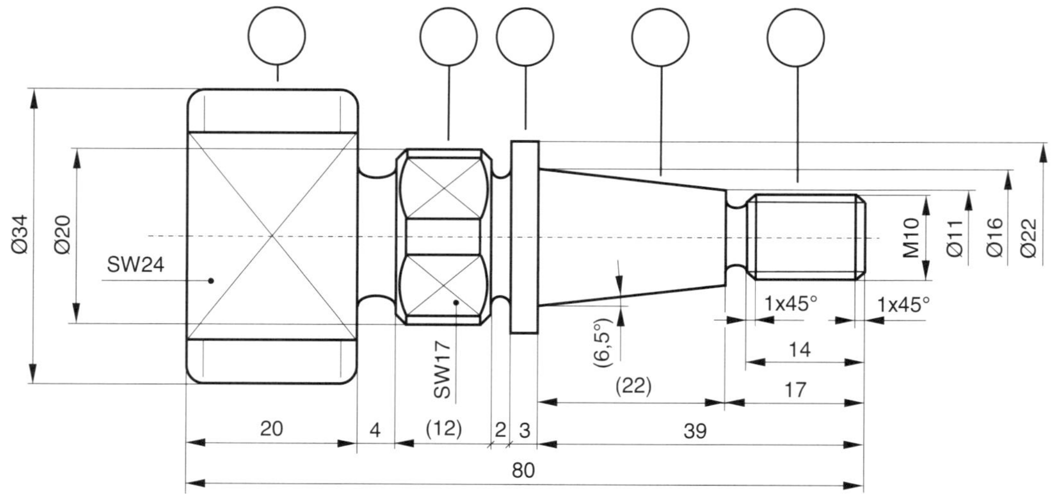

Pièce 2

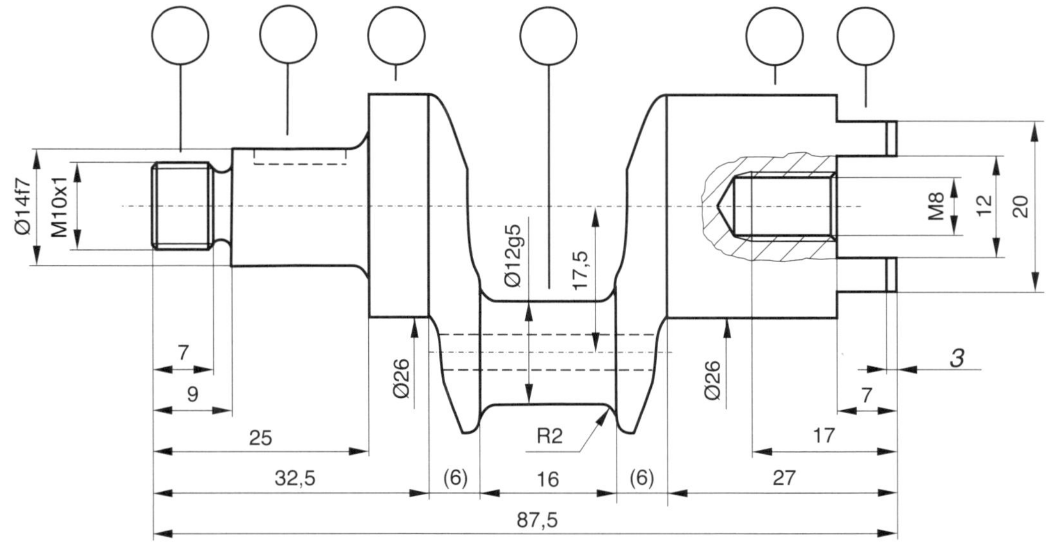

Pièce 3

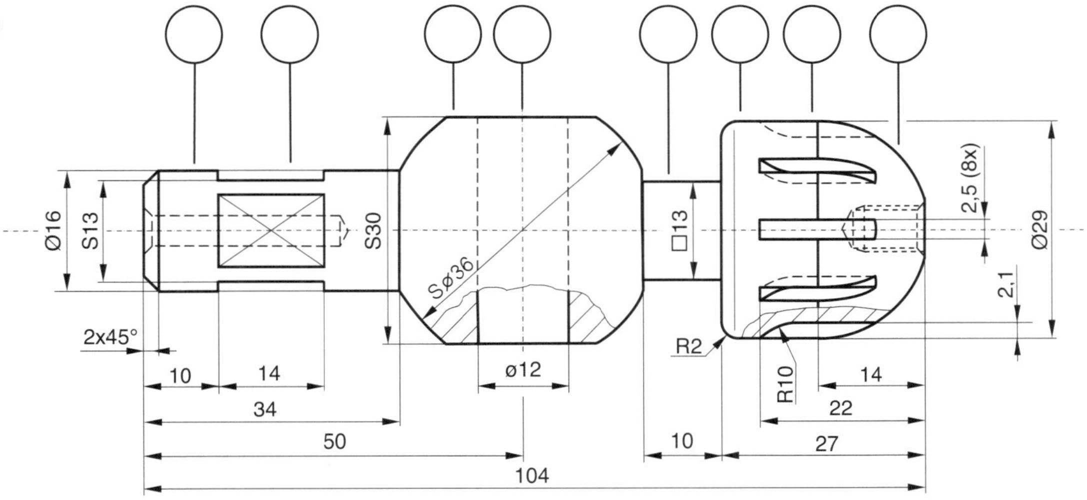

Pièce 4

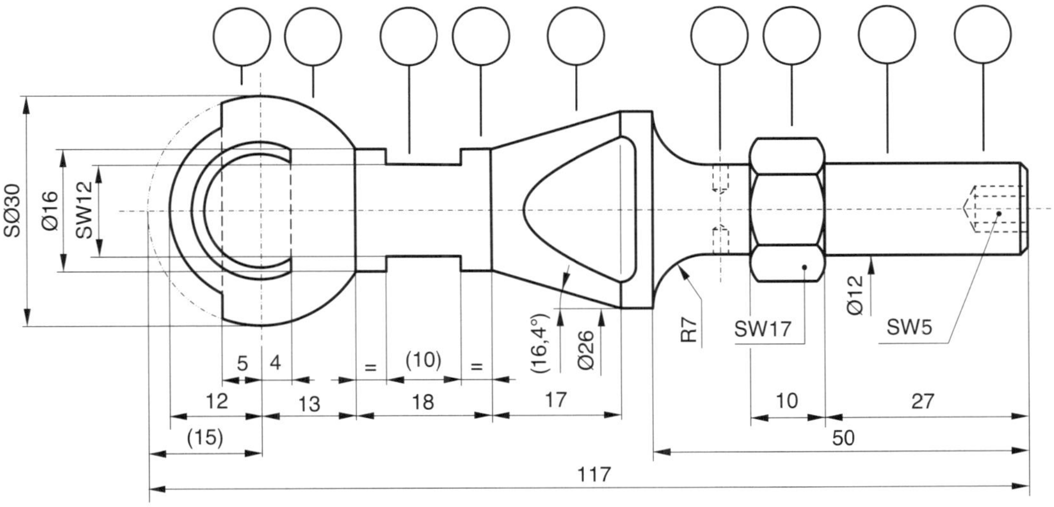

2.9 Construction d'intersections

Les pièces de section carrée ou rectangulaire ne comportant que des intersections à angle droit ne posent pas de problème de représentation. La difficulté apparaît lorsqu'une section circulaire (ou conique) est en interférence avec un plan oblique. Un axe comprenant deux portées est usiné pour créer un plan (représenté en vert) parallèle à l'axe principal. En voici la perspective et les différentes vues :

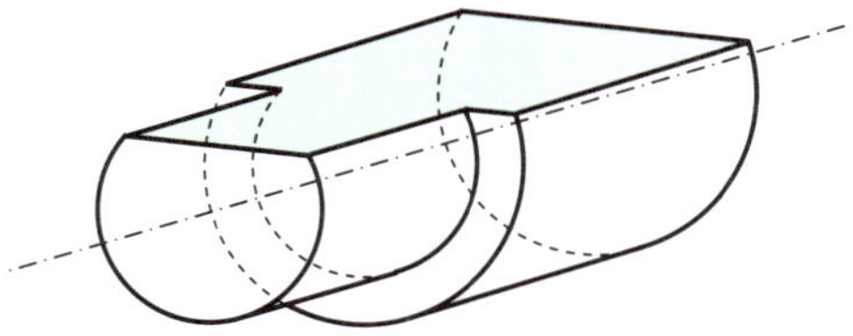

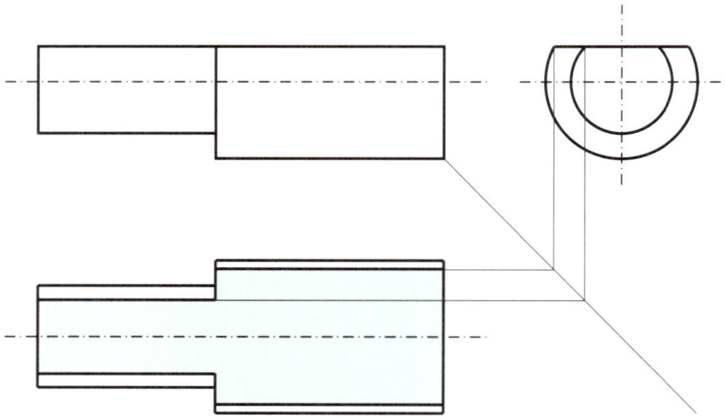

Le cas suivant est d'un degré de difficulté plus élevé car il s'agit d'effectuer l'intersection d'un plan et d'un cône. La méthode consiste à projeter un point sur chacune des deux premières vues afin de trouver l'intersection sur la troisième vue. Le renvoi d'une vue à l'autre se fait par le biais d'une oblique à 45°.

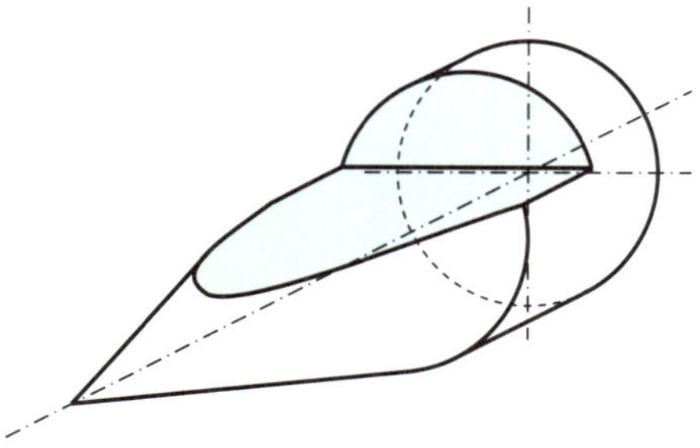

1 Sur la vue de face, depuis la ligne de profil du cône, tracer à intervalle régulier des verticales reliant la vue de dessus.
2 Depuis la ligne de profil du cône, sur les mêmes points, tracer des horizontales joignant le cercle de la vue de gauche.
3 À partir des points trouvés sur la circonférence, effectuer un report vertical puis horizontal, avec renvoi sur l'oblique à 45°, jusqu'à l'intersection des verticales tracées initialement.
4 Le point de concours trouvé donne la position du profil du plan coupant le cône.

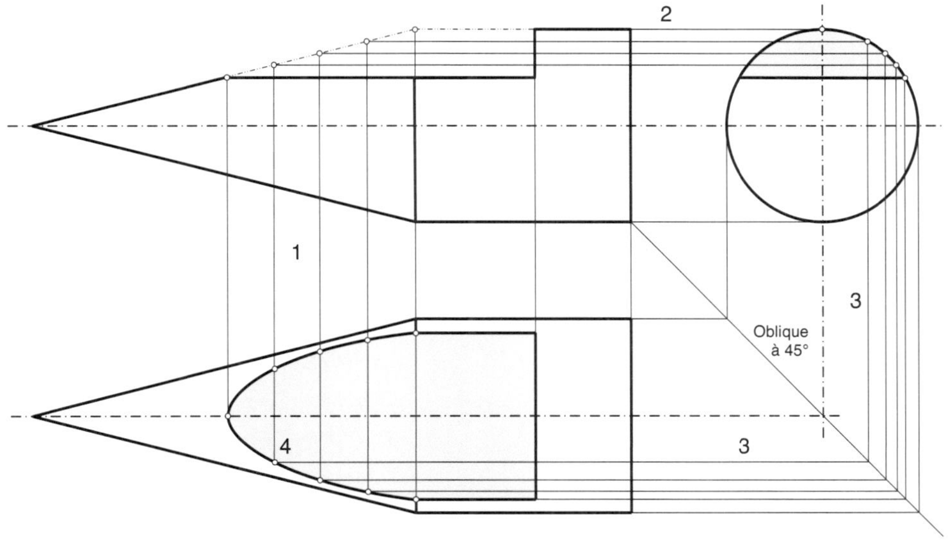

Exercice 2.10

Sur une pièce fabriquée par tournage, une coupe verticale est pratiquée, comme indiqué sur les vues de gauche et de dessus. Construire le plan de coupe en complétant la vue de face.

INFORMATION

La construction de l'intersection entre un plan et des parties cylindriques, coniques ou avec rayon de courbure ne doit pas faire ici l'objet d'une construction complexe. Le but est de comprendre comment est construite l'intersection.

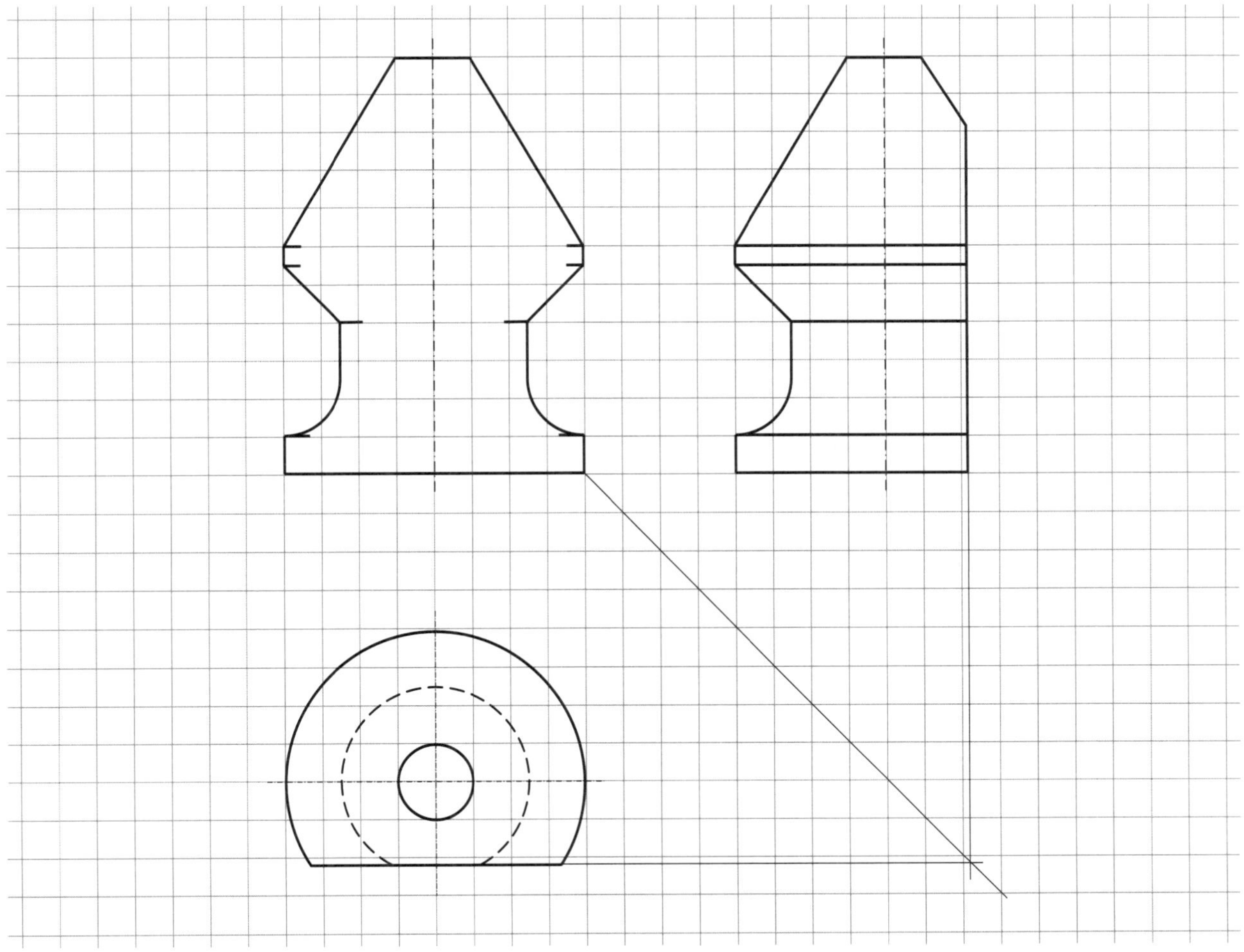

2.10 Coupes

La représentation d'usinages particuliers ou non visibles, à l'intérieur des pièces, est possible grâce à une coupe ou une coupe partielle. Il est clair que pour les pièces nécessitant une telle démarche cette solution est judicieuse; la coupe d'une vis ou d'un axe simple n'est pas justifiée et apporte souvent une complication inutile au dessin.

Il existe plusieurs types de coupes, ayant chacune des avantages particuliers. Le choix d'une représentation plutôt qu'une autre est dicté par le besoin de comprendre quelle est la géométrie d'une pièce ou d'un ensemble. Pour effectuer un usinage, il est important que tous les détails d'un élément mécanique soient compris. La coupe dans une représentation permet une définition plus claire des formes intérieures des pièces décrites à partir des traits interrompus.

Coupe

C'est une technique très appréciée pour la visualisation d'un montage comprenant plusieurs pièces, comme ci-dessous, pour un arbre de transmission avec paliers à roulements à rouleaux à contact oblique. Une coupe est pratiquée sur une pièce ou un assemblage dès qu'il y a une difficulté de compréhension. Elle est indispensable pour supprimer toute ambiguïté. La coupe aide à la compréhension et permet de positionner avec plus de facilité l'ensemble les pièces du montage ainsi que l'ordre de montage des éléments d'un ensemble.

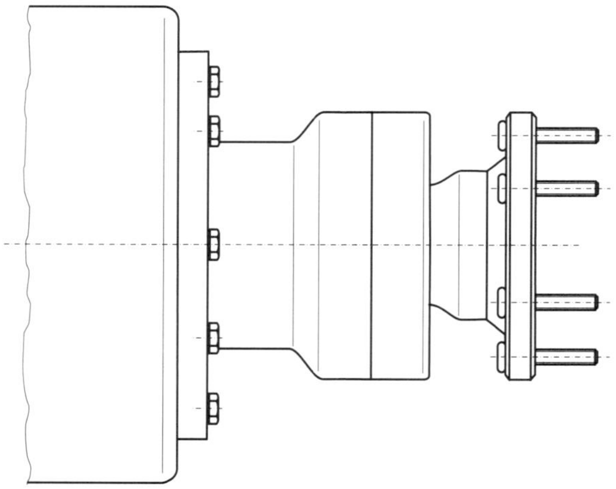

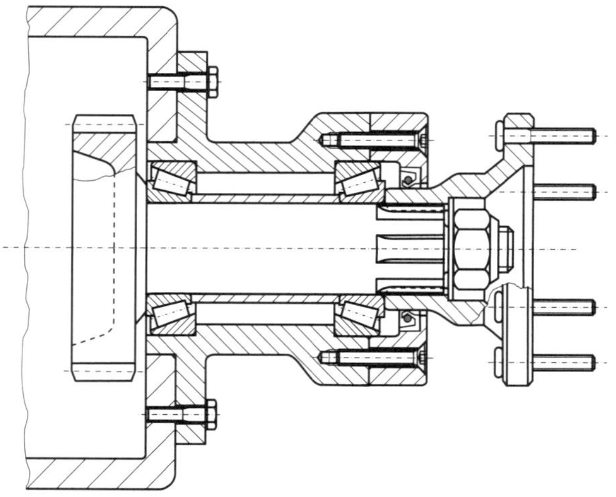

Demi-coupe

La demi-coupe s'utilise pour les pièces offrant une symétrie. La bride dessinée ci-dessous a un profil différent à l'extérieur qu'à l'intérieur. Une coupe complète n'apporterait rien de plus à la compréhension. La demi-coupe donne des informations simultanément sur le profil extérieur et le profil intérieur. En principe, les contours cachés représentés par les traits interrompus courts ne sont pas représentés dans la demi-coupe, sauf s'ils sont indispensables pour la compréhension.

Si une pièce est symétrique, la moitié supérieure par rapport à l'axe de symétrie, est représentée en coupe pour définir les formes intérieures et la moitié inférieure est représentée en mode normal pour définir les formes extérieures. Cette méthode est avantageuse pour placer toute la cotation.

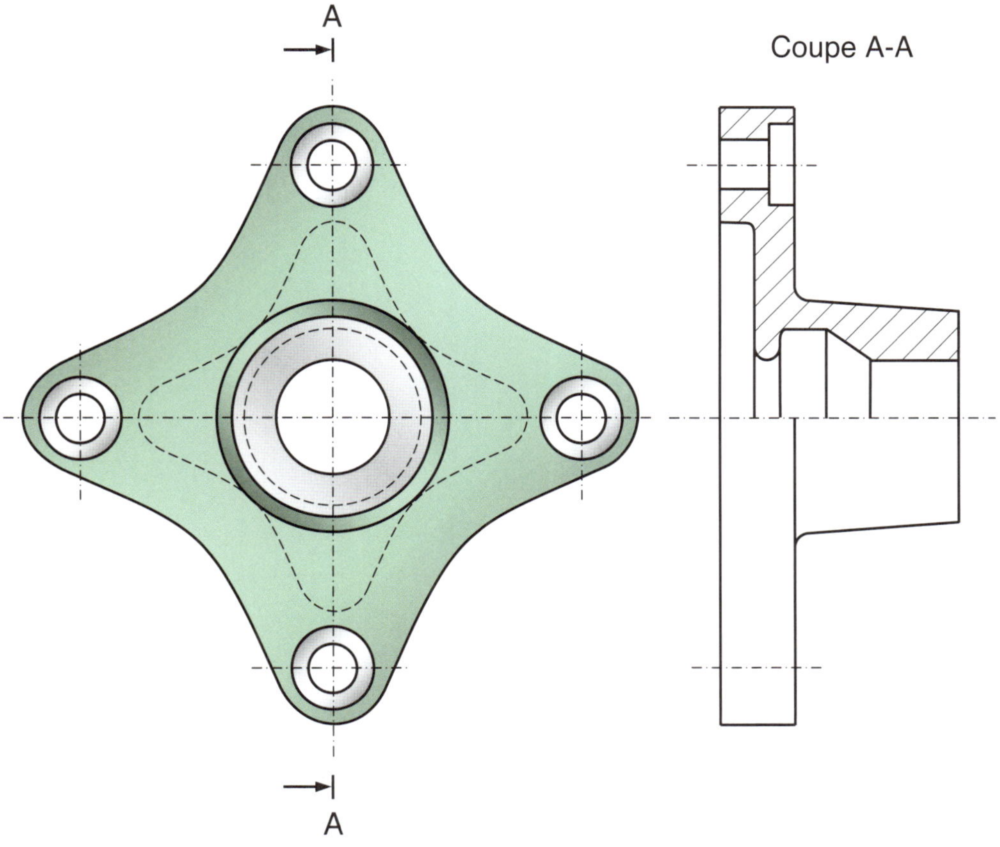

Pour les pièces fabriquées par tournage, l'axe central représenté horizontalement sert de limite pour représenter la partie supérieure en coupe et la partie inférieure en vue. Le grand avantage de cette méthode est de ne faire qu'une représentation pour une pièce usinée à l'extérieur et à l'intérieur.

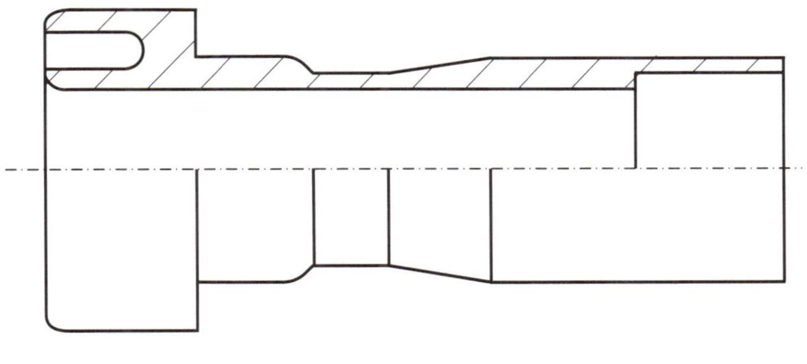

Coupe locale

Lorsqu'il est nécessaire de mieux présenter un seul point d'un élément mécanique, il y a la possibilité d'effectuer une coupe locale, sans être obligé de procéder à une coupe complète. Cette coupe partielle permet de définir quelques détails du contour intérieur d'une pièce et évite ainsi les tracés inutiles.

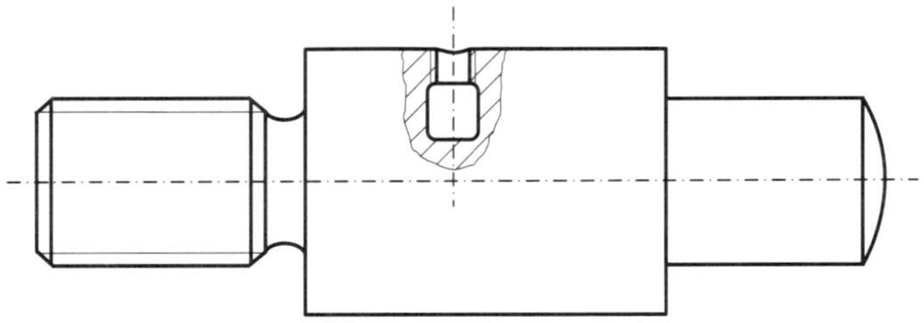

Pour la pièce ci-dessous, (distributeur de circuit à air comprimé) sans une coupe locale, il n'est pas possible de comprendre quel usinage a été réalisé. Parfois, une deuxième vue n'apporte pas toujours la compréhension désirée.

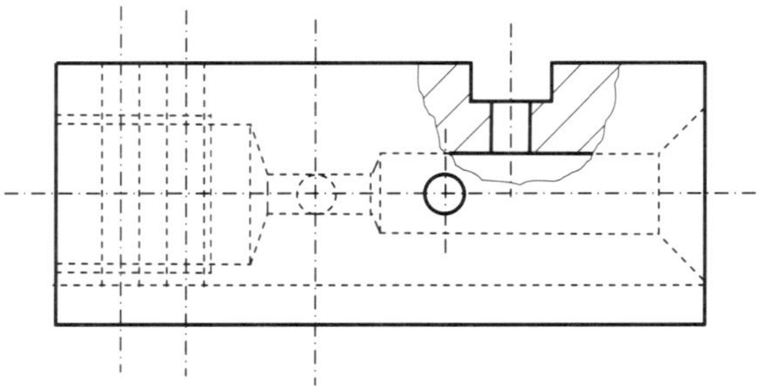

Coupe partielle

Le recours à la coupe partielle est appréciable pour visualiser les contours intérieurs d'éléments présentant des similitudes, comme cet élément de tuyauterie hydraulique. Dans ce cas, les flasques ont le même diamètre et l'emplacement des chambrages (logements) pour les vis ainsi que leurs dimensions sont identiques. Il n'est pas nécessaire d'effectuer une coupe complète.

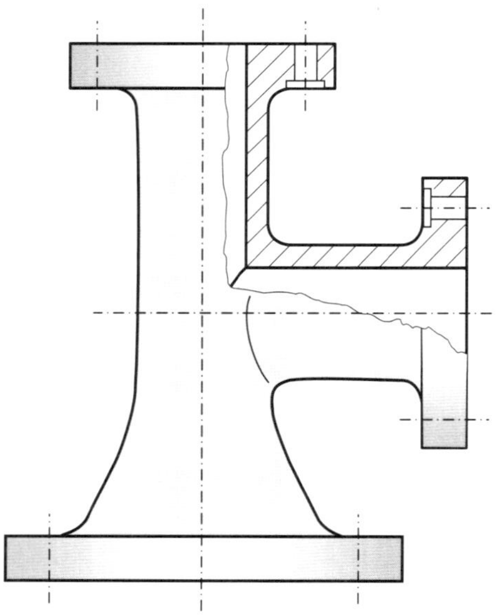

Coupe à plans parallèles

Pour une pièce possédant plusieurs usinages positionnés sur des plans différents, comme sur le support injecté représenté ci-dessous qui possède quatre plans distincts, la représentation se fait à partir de plans de coupe classiques parallèles entre eux. La correspondance entre les différentes vues est ainsi conservée.

Lors d'un changement de plan de coupe, soit avec moins ou davantage de profondeur dans la pièce elle-même, il n'y a pas de marquage particulier sur la vue en coupe et aucun décalage des hachures.

La coupe proposée passe au travers d'une pièce injectée. Elle passe par cinq plans parallèles successifs. Les nervures ne sont jamais hachurées, que la coupe les traverse ou non. Seul leur profil est représenté.

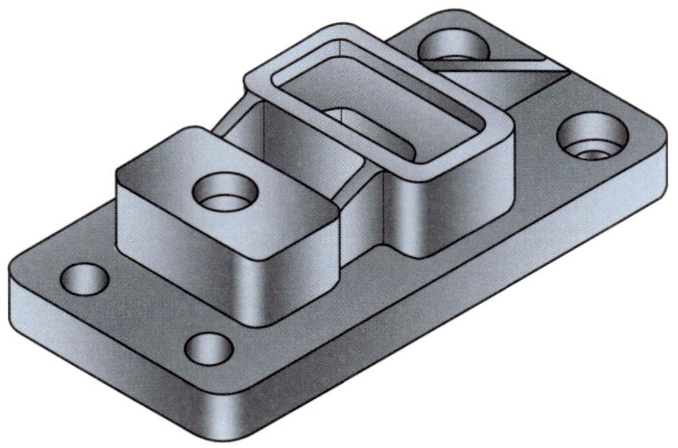

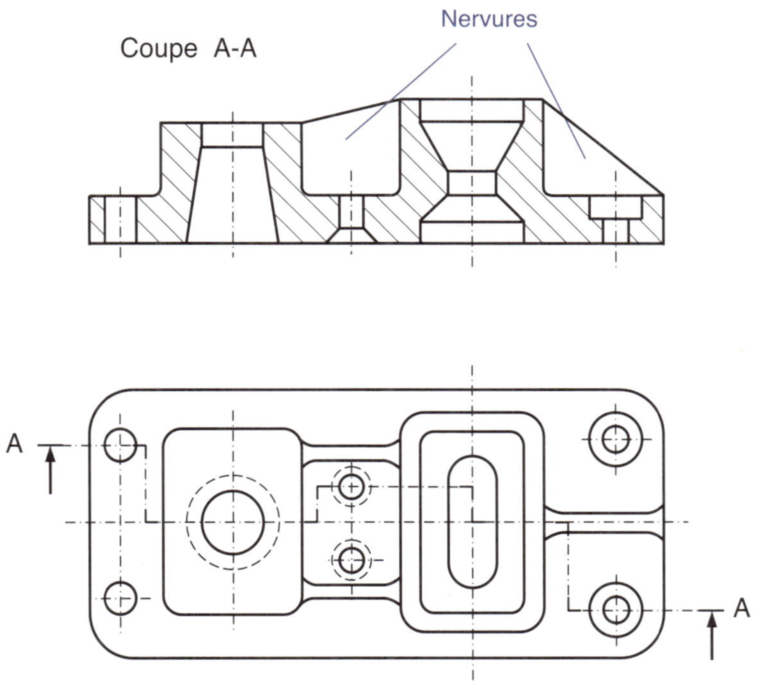

La coupe à plans parallèles est choisie de manière à mettre en évidence le plus possible de détails. Le choix du parcours de la coupe appartient bien évidemment à l'auteur du dessin. Dans la mesure du possible, sur une vue donnée, on effectuera un seul parcours pour la coupe à plans parallèles, évitant ainsi de faire une deuxième, voire une troisième coupe.

Coupe à plans sécants

Le plan de coupe étant constitué de deux plans sécants, la vue coupée s'obtient en ramenant par rotation, dans un même plan, les deux parties coupées successives. La correspondance des deux vues n'est que partiellement conservée. Dans ce cas, la discontinuité du plan de coupe n'est pas dessinée, permettant d'avoir le plan rabattu en vraies dimensions.

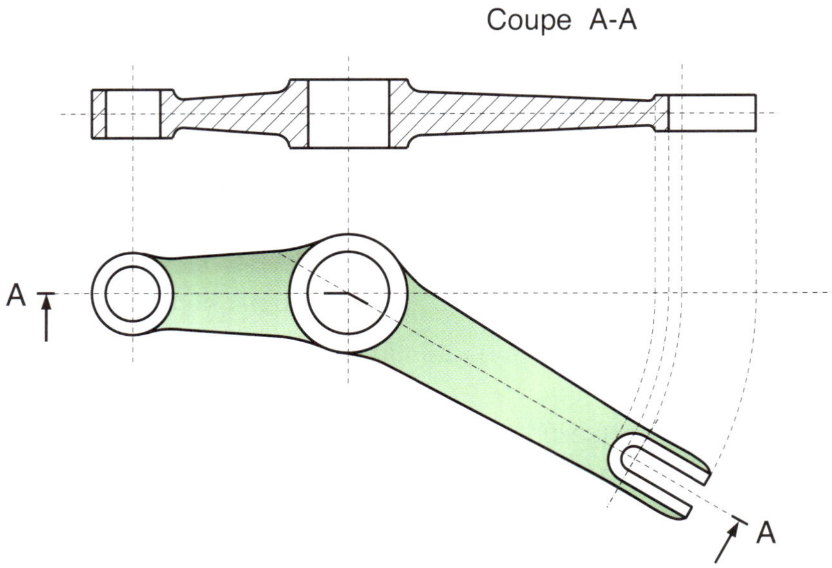

Section

La technique de la section consiste à sortir de la pièce, en un endroit particulier, le profil de celle-ci. La visualisation de ce profil donne une idée plus précise d'un changement de forme, en fonction de l'éloignement. On parle alors de ***sections sorties***. Il est possible de représenter, pour chaque changement de forme, les ***sections successives*** de la pièce, ou encore les ***sections rabattues***.

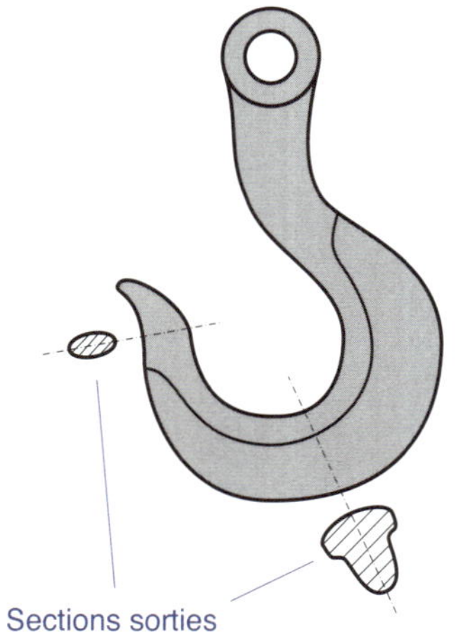

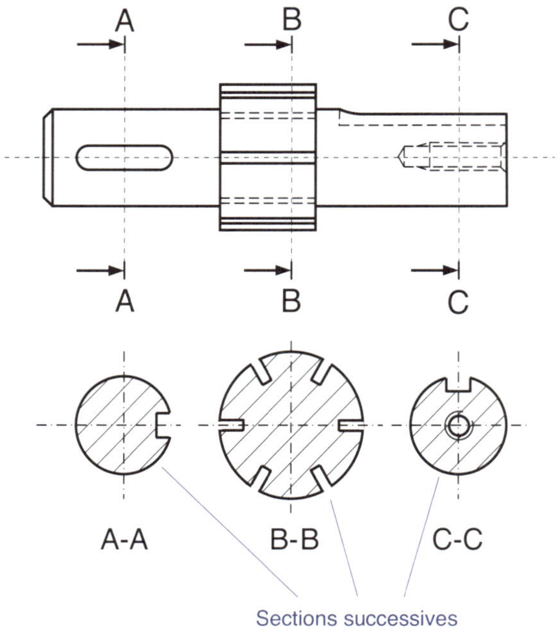

Vue de détail

Lors de la réalisation d'une pièce possédant des usinages difficilement observables sur les différentes vues du dessin, il convient de représenter une vue supplémentaire dont l'échelle permet de comprendre ce qui est demandé. Cette vue supplémentaire est la vue de détail, comprenant les cotes et indications qu'il n'a pas été possible de placer sur la vue normale, faute de place.

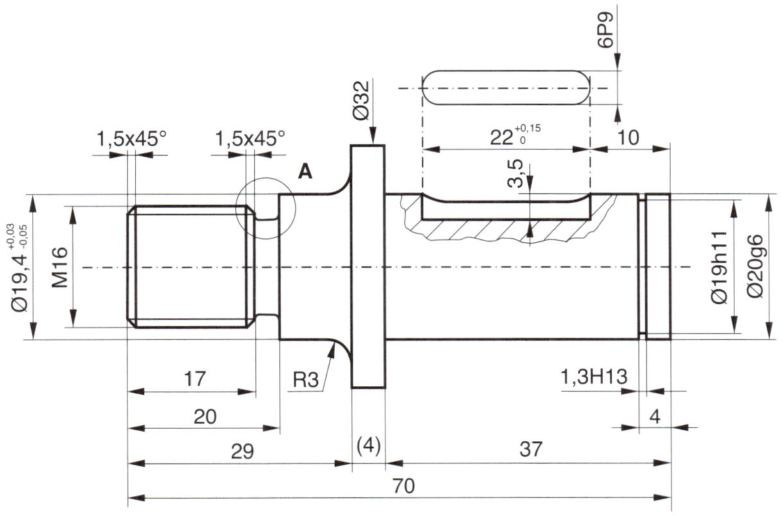

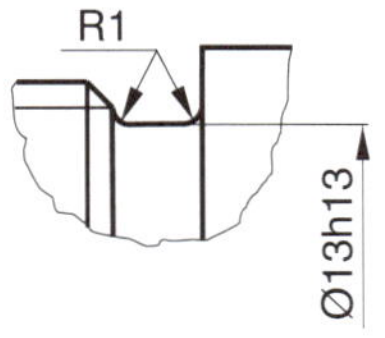

Détail A

Échelle 2:1

Matériaux

La coupe effectuée met en évidence le matériau constituant l'élément ainsi coupé. Tous les matériaux possèdent une représentation spécifique afin de les distinguer dans un ensemble d'éléments constitué de plusieurs matériaux différents.

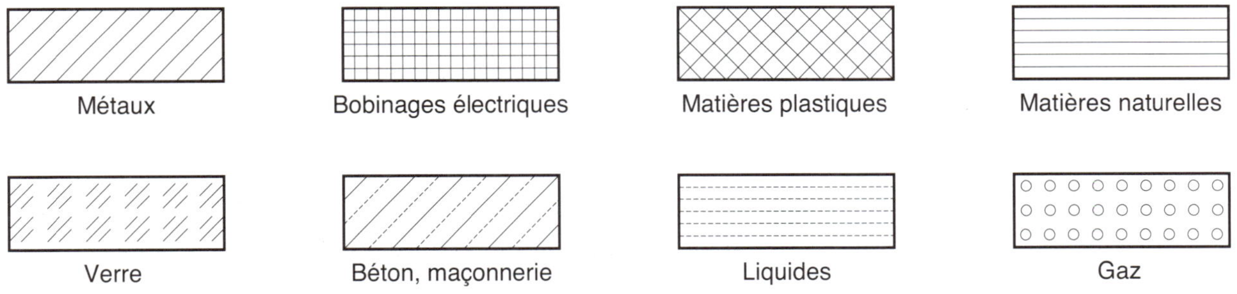

Indépendamment du choix des matériaux, il existe la possibilité de remplir une coupe avec une trame constituée de points espacés. Cette pratique intervient lorsqu'il y a une grande quantité de coupes de matériaux de même nature. Il y a aussi la possibilité de colorer entièrement une coupe, de manière uniforme.

Exemple

Voici comment est portée la ligne de coupe A-A d'une pièce obtenue par tournage. Cette pièce possède plusieurs usinages différents et leur positionnement nécessite un parcours particulier de la ligne de coupe, afin de saisir tous les détails.

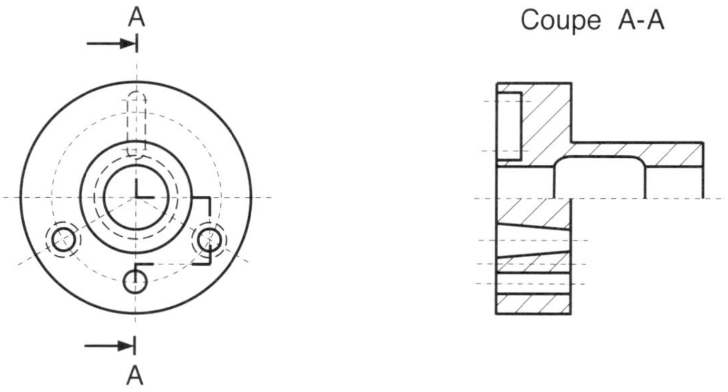

Exercice 2.11

Porter les lignes de direction de la coupe et hachurer la (les) vue(s) correspondante(s).

Pièce A

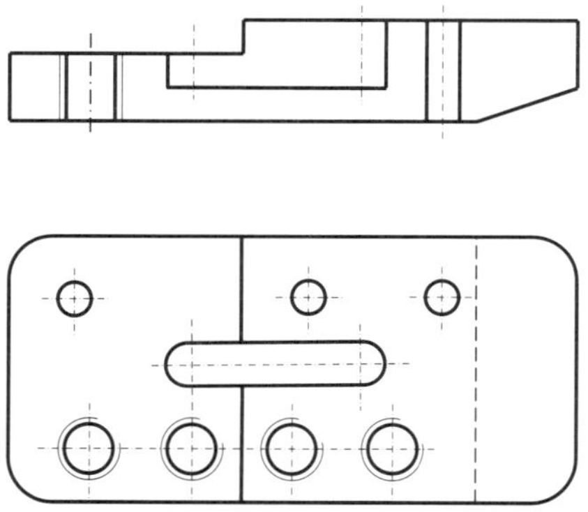

Pièce B

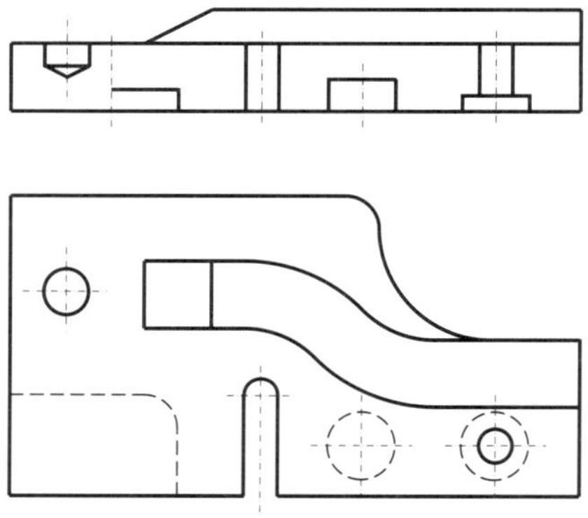

Pièce C

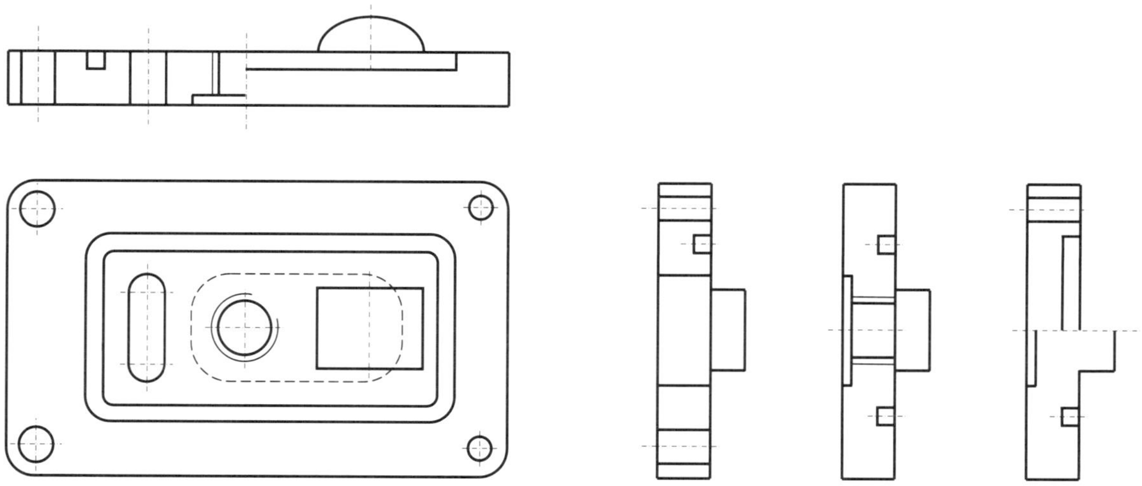

Exercice 2.12

Représenter, sur la vue de dessus de cette flasque de compresseur, l'emplacement des différents plans de coupe A-A, B-B, C-C et D-D proposés, en respectant les normes.

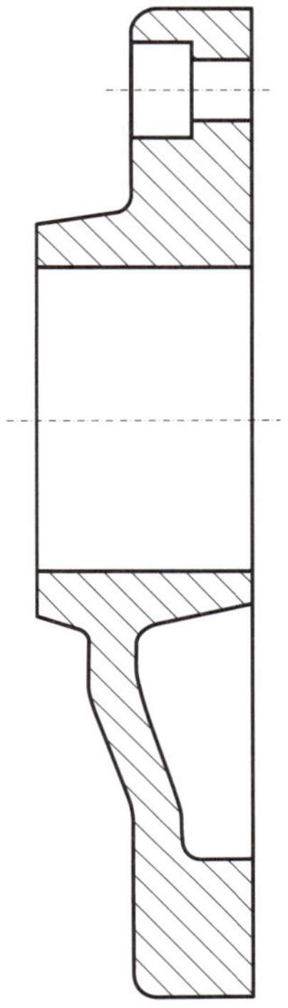

Coupe A-A

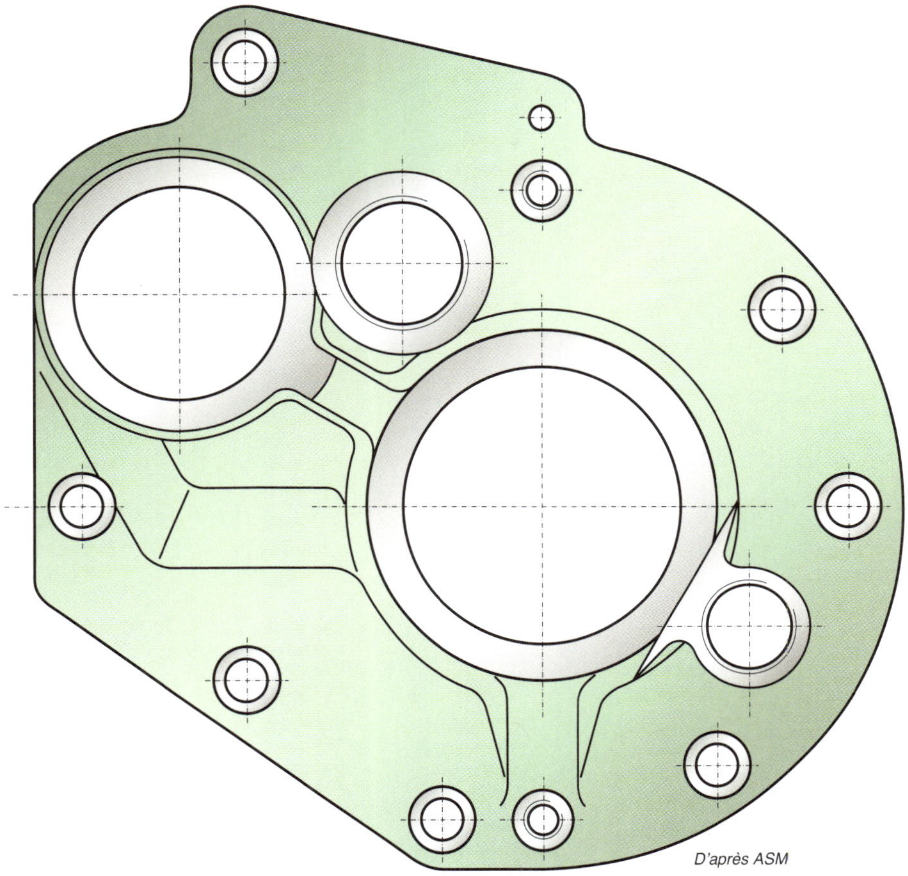

D'après ASM

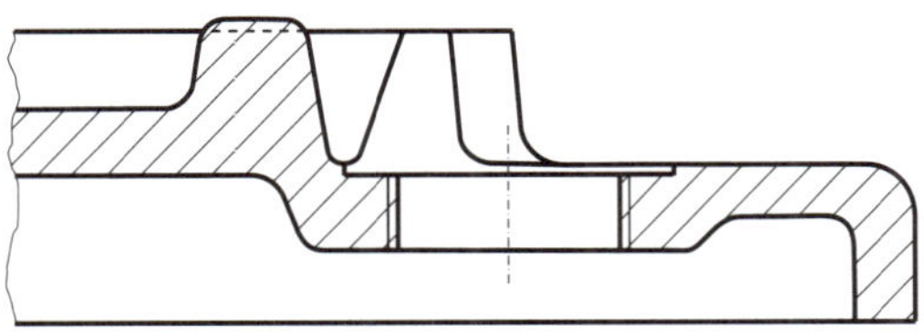

Coupe B-B

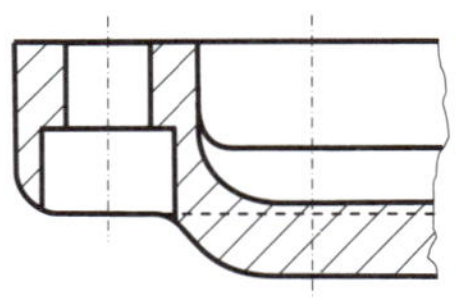

Coupe C-C

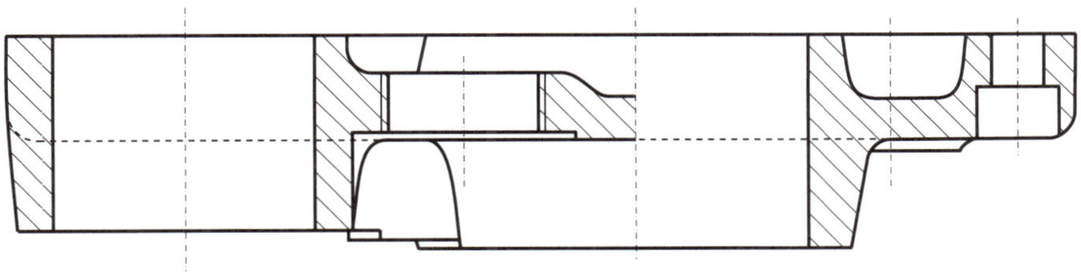

Coupe D-D

2.11 Dessin d'ensemble

De manière générale, un ensemble mécanique est compréhensible en disposant des 3 vues, selon sa complexité. Les cotes d'encombrement sont indispensables. La liste de pièces est représentée sur le dessin d'ensemble de la page suivante. Elle comprend le numéro de position, le nombre de pièces de l'ensemble, la désignation, la matière et la masse (optionnel). Voici la représentation d'un robot lanceur de balle de ping-pong, projet 2014, dessiné à l'échelle 1:2.

Une fois armé, le lanceur respecte-t-il les 300 mm précisés dans le cahier des charges, page 13 ?

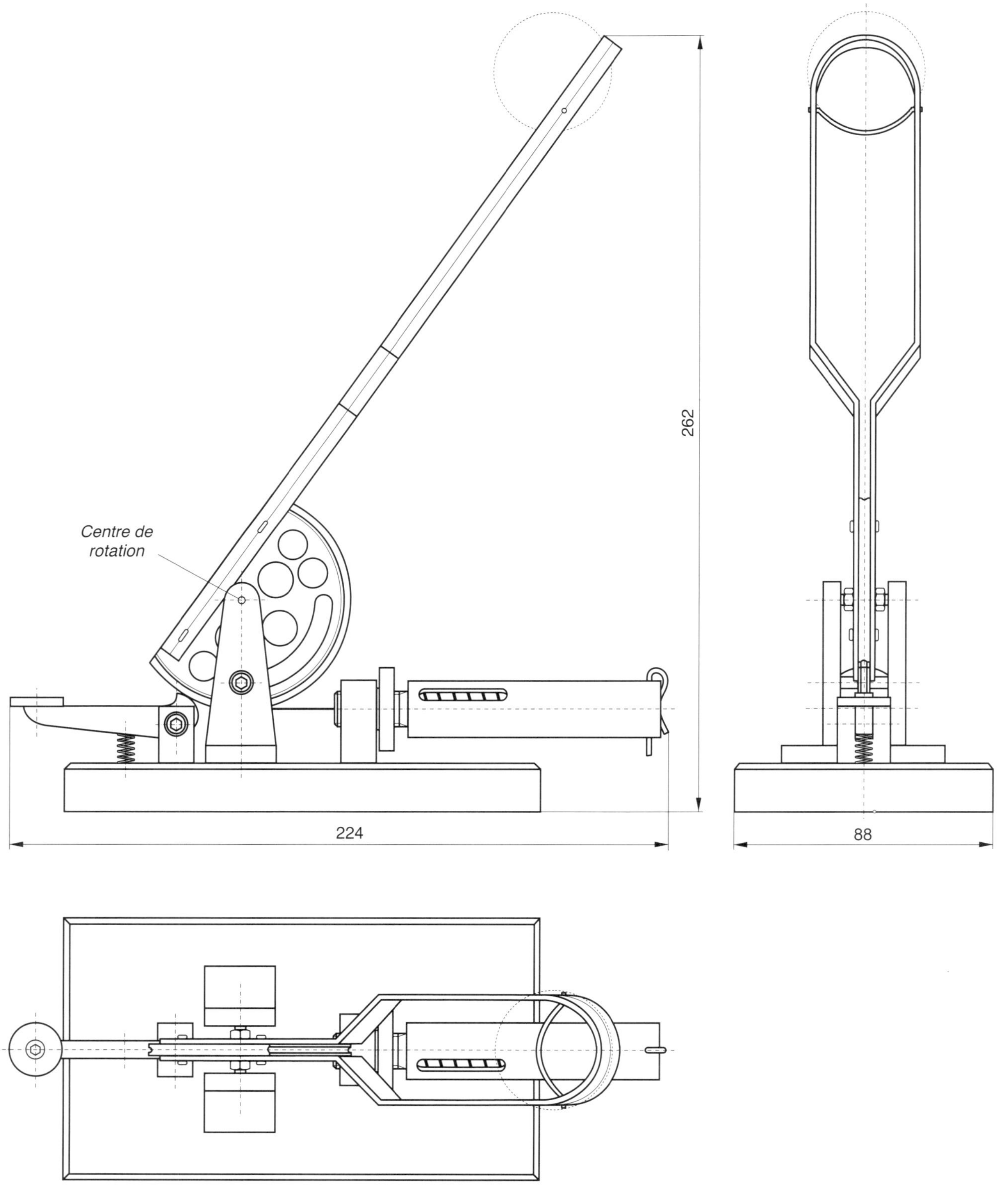

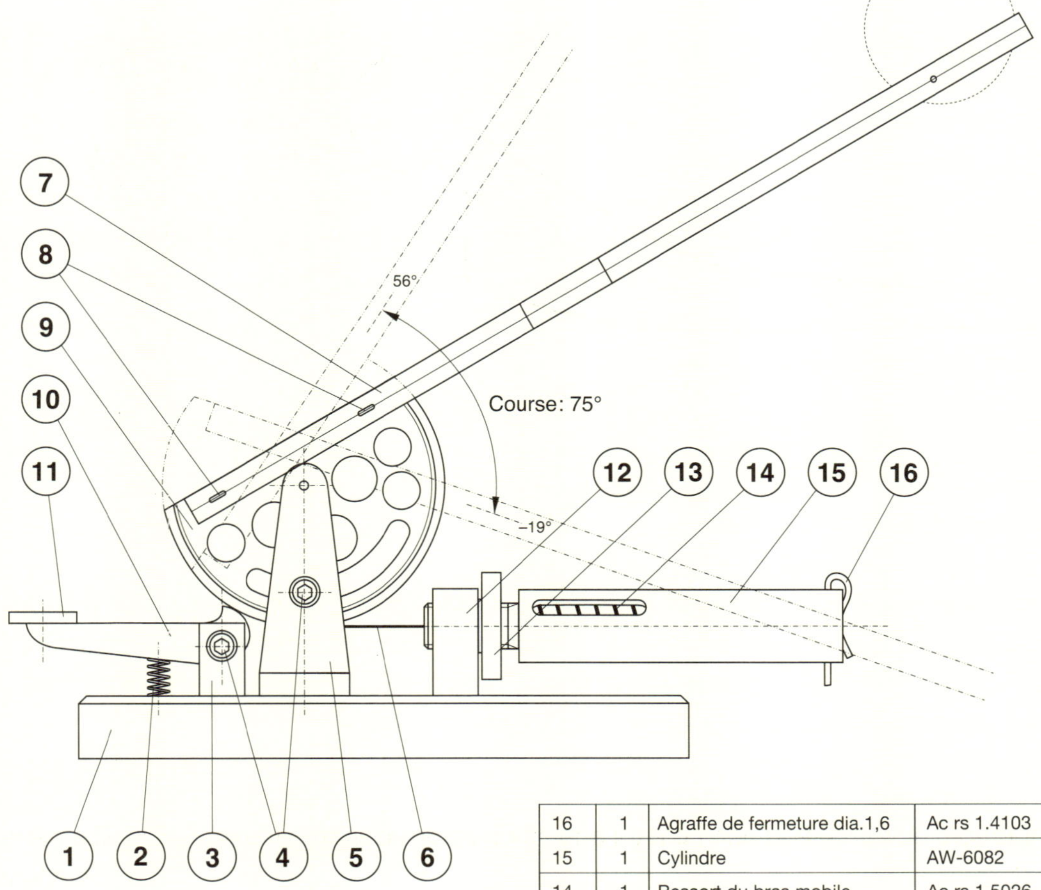

16	1	Agraffe de fermeture dia.1,6	Ac rs 1.4103	0,009
15	1	Cylindre	AW-6082	0,083
14	1	Ressort du bras mobile	Ac rs 1.5026	0,016
13	1	Écrou de vérouillage	AW-6082	0,011
12	1	Support du cylindre	AW-6082	0,028
11	1	Pastille d'appui	AW-6082	0,007
10	1	Levier du déclancheur	AW-6082	0,035
9	1	Roue mobile	AW-6082	0,034
8	2	Agraffe de fixation, dia. 0,8	Ac rs 1.4103	0,002
7	1	Bras mobile 256 x 38	AW-6082	0,025
6	1	Fil de liaison dia 1,2 x 210	Nylon	0,001
5	2	Support du bras mobile	AW-6082	0,058
4	2	Vis t cy ISO 4762 - M5x20 - 8.8	Ac co 1.0503	0,012
3	2	Support de déclancheur	AW-6082	0,016
2	1	Ressort du déclancheur	Ac rs 1.5026	0,005
1	1	Plaque de base	AW-6082	0,618
Pos.	Qté	Dénomination	Matière	Masse

Notification

La liste de pièce est indissociable du dessin d'ensemble. Elle permet de visualiser quels sont les composants de l'ensemble, leur nombre, leur désignation (le nom est souvent celui de la fonction), leur matière et parfois leur masse. Cette dernière est calculée de manière automatique avec l'utilisation d'un logiciel.

Mod.	Mod.	Dessiné	26.6.16	Ch. Müller	Échelle 1 : 1
		Contrôlé			
		Conf. aux normes			
		Bon pour exécution			
Sans nomenclature séparée		N° de commande			
Nomenc. sép. de même N°		Origine		Nb de feuilles 2	Feuille N° 2
Nomenc. sép. de N° différent	N° d'ident.	Remplace			
EPFL	Dénomination **Catapulte**		N° dessin **1**		

3 COTATION

3.1 Principe de la cotation

La fabrication d'un élément mécanique nécessite un document, sous forme papier ou fichier informatique, décrivant de manière précise le dimensionnement de l'objet à réaliser. Les cotes correspondent à l'état final, prêt pour le montage ou l'utilisation, sauf indication contraire.

Les cotes proposées sur un dessin permettent une exécution sans ambiguïté et de manière simple. Parfois, les pièces sont si complexes qu'il devient difficile de placer toutes les cotes. La méthode consiste à créer un dessin par groupe d'usinages. Certaines industries rattachées aux domaines de l'aéronautique et du spatial utilisent un dessin par phase d'usinage. Cette pratique peut conduire à créer plus de 200 dessins (fichiers) pour une seule pièce. On imagine alors la complexité de la pièce entièrement usinée.

3.2 Inscription d'une cote

Une fois la représentation d'une pièce terminée, vient la cotation de celle-ci. Pour plus de clarté, les cotes devant apparaître sans devoir les chercher dans un dédale d'inscriptions sont les cotes d'encombrement extérieures maximales (longueur, profondeur et hauteur). Elles sont importantes pour déterminer la matière à débiter afin de procéder à l'usinage.

Il faut distinguer trois types de cotes : les *cotes de fonction*, les *cotes de fabrication* et les *cotes de contrôle*. Pour fabriquer une réglette en bois de 35 cm de longueur, il n'est peut-être pas nécessaire d'acheter une planche de 6 m. Il convient également de distinguer la fabrication de la pièce individuelle ou de la très grande série.

Dans un bloc de matière prismatique de *dimensions connues*, trois usinages sont effectués : deux fraisages et un perçage borgne (non traversant). Comment coter ces trois usinages de manière précise, sans oubli ni excès dans la cotation ? Voici une proposition acceptable, à gauche, et le type de représentation à proscrire absolument, à droite :

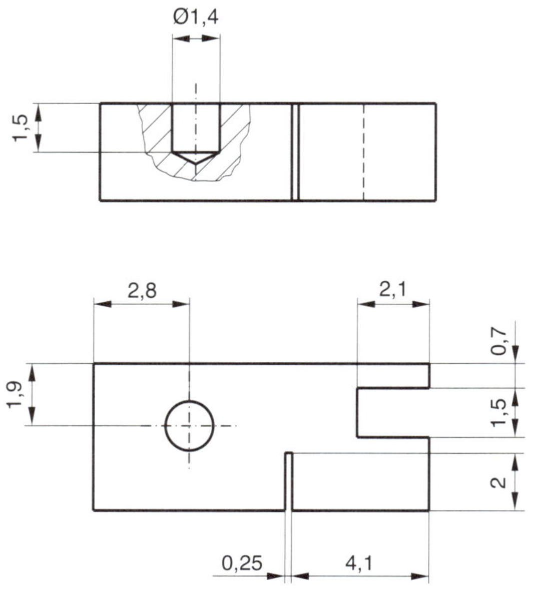

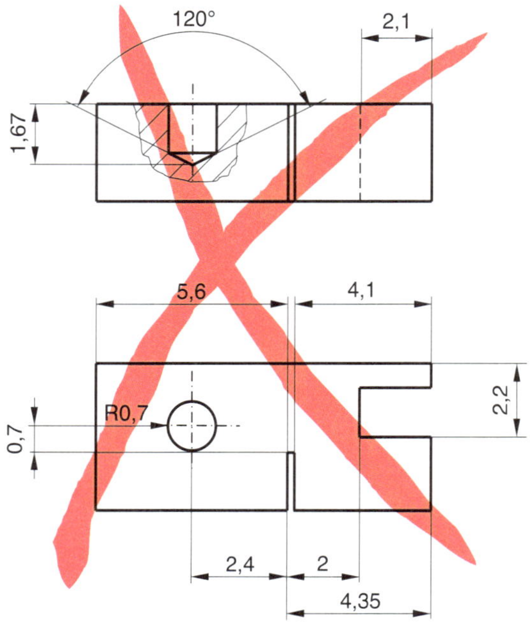

3.3 Cotes fonctionnelles

L'appellation de cote fonctionnelle s'applique aux dimensions importantes pour l'assemblage. Les cotes fonctionnelles doivent être inscrites avec une tolérance précise. Si ce n'est pas le cas, on se réfère aux tolérances générales utilisées en construction.

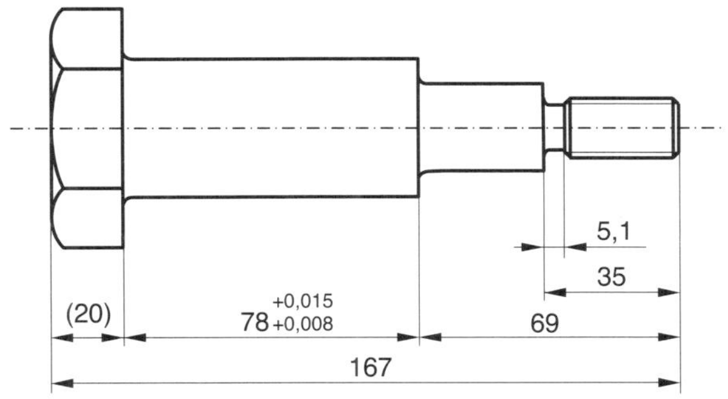

Sur le tourillon coté ci-dessus, toutes les cotes sont dans les tolérances générales d'usinage. Seule la portée centrale de 78 doit avoir une longueur étroitement tolérancée; sa fonction est de maintenir une biellette ne devant pas avoir de jeu axial. Si la cote de 78 n'était pas assortie d'une telle tolérance, elle serait assortie des tolérances générales, même de la classe *f* (fine), elle serait de ±150 μm. La cote du six pans (20) est informative et n'a pas de rôle fonctionnel.

3.4 Lignes d'attache, lignes de cote, lignes de repère

L'indication de la dimension d'une pièce se fait à l'extérieur du profil de la pièce. Les premières lignes de cote sont éloignées de 10 mm au minimum, puis les suivantes sont à intervalle régulier de 7 mm. Pour un dessin de plus grande dimension, ces distances passeront à 15 et 10 mm. Ces distances correspondent à une disposition aérée sans perdre trop de place. Il faut éviter une cotation trop proche du profil de la pièce. Les lignes de cote, les lignes d'attache et les lignes de repère sont réalisées avec un trait dont l'épaisseur est moitié de celle du profil dessiné.

Pour une pièce simple, il y a la possibilité de la cotation classique et la cotation en coordonnées Cette deuxième option est utilisée pour la programmation sur les centres d'usinage et machines CNC. Un des angles de la pièce étant choisi comme référence.

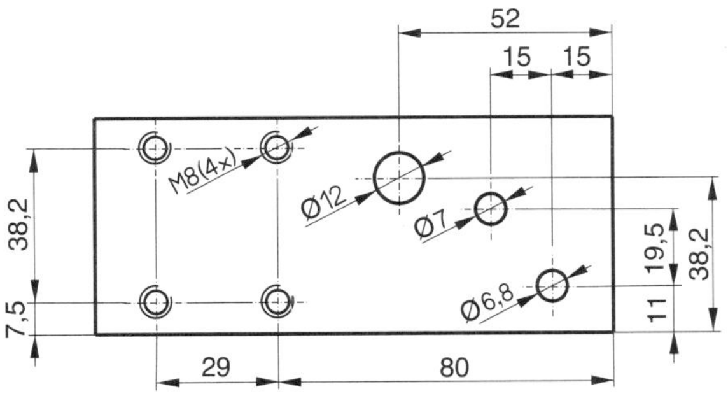

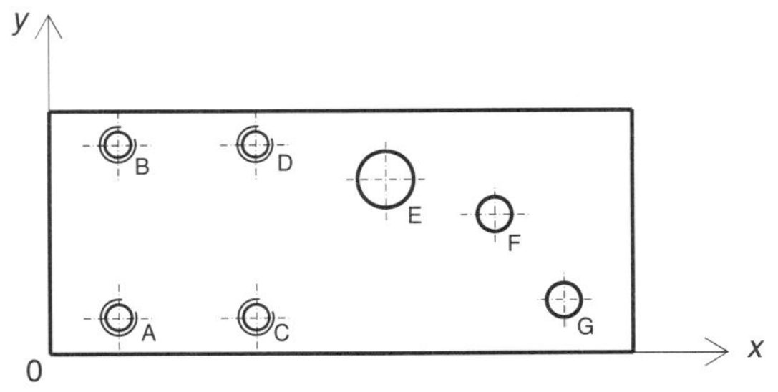

Usinage	A	B	C	D	E	F	G
Dimension	M8	M8	M8	M8	Ø12	Ø7	Ø6,8
x	15	15	44	44	72	94	109
y	7,5	45,7	7,5	45,7	38,2	30,5	11

L'avantage des dimensions données dans un tableau est d'alléger sensiblement les dessins et d'y gagner en clarté.

Les cotes d'objets circulaires peuvent être représentées sur la moitié de la dimension, en y faisant figurer le symbole Ø diamètre. L'indication de la dimension reste centrée sur l'axe de l'objet.

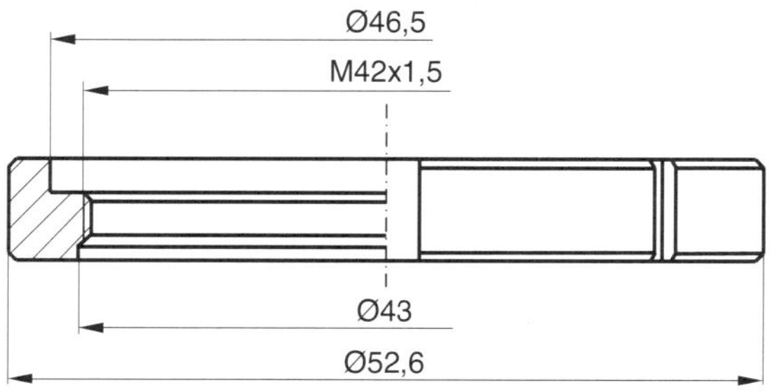

Lorsque les cotes sont très proches les unes des autres et qu'il n'est pas nécessaire de créer un détail ou un agrandissement, les pointes des flèches sont remplacées par de petits traits obliques marquant l'interruption. Le problème se pose lorsque les lignes d'attache de cotes sont à une distance inférieure à la longueur de deux pointes de flèche ; prévoir un espace de 2 mm au minimum, afin de donner plus de clarté au document.

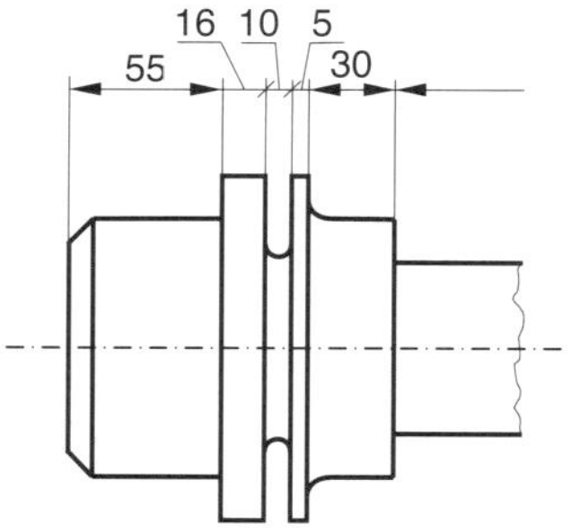

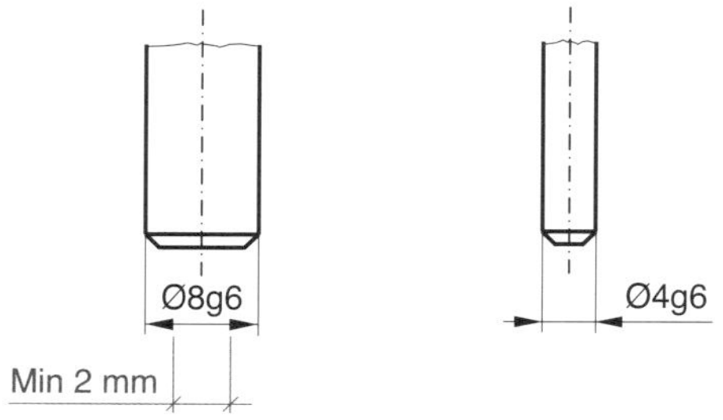

La cotation des angles et des valeurs angulaires s'effectue en orientant la valeur de la cote de la moitié de la valeur angulaire. Par exemple, pour un angle de 30°, la valeur de l'angle sera inclinée de 15°. La longueur d'un profil curviligne est cotée en suivant le profil de la courbe, en ajoutant le symbole ⌒ indiquant que la cote correspond à la longueur du profil.

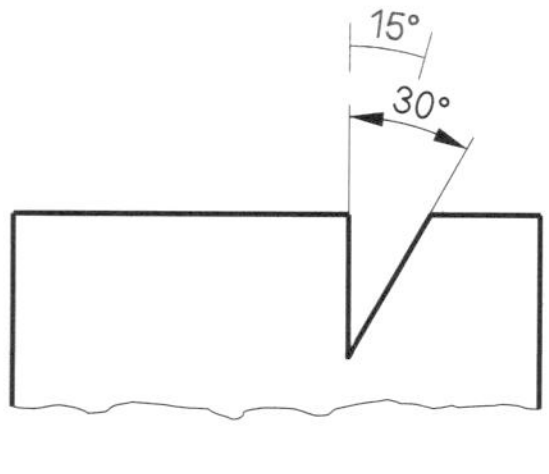

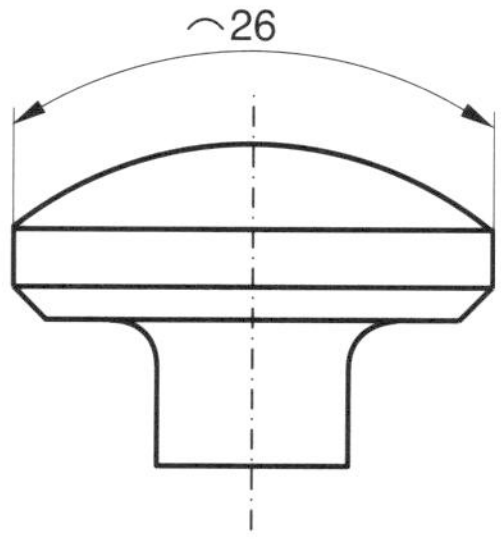

Exercice 3.1

Un bloc prismatique d'aluminium, dont ρ = 2700 kg/m^3, mesurant 120 x 70 x 50 mm, est usiné selon les trois vues proposées ci-dessous. Cet exercice met en évidence la difficulté à appréhender correctement une dimension sur un document. Les cotes sont à saisir à la volée sur les trois vues. Calculer la masse exacte de cette pièce usinée.

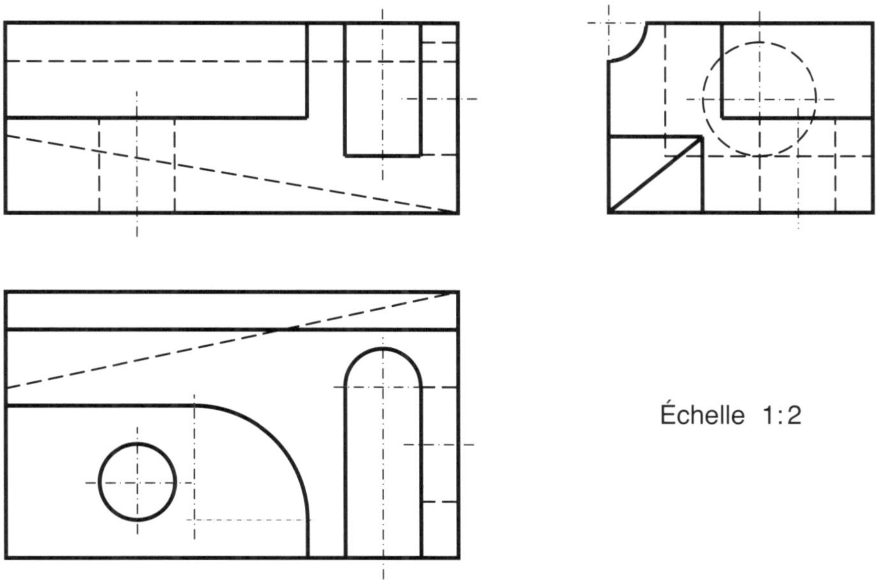

Échelle 1:2

Lors de la répétition d'usinages identiques à intervalle régulier, seul un usinage est coté entièrement, puis un facteur multiplicatif est indiqué pour en préciser le nombre.

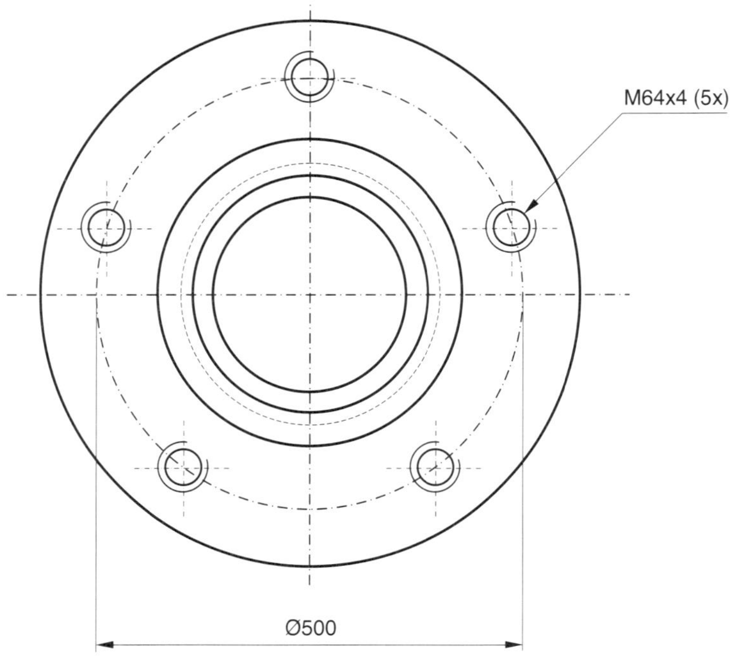

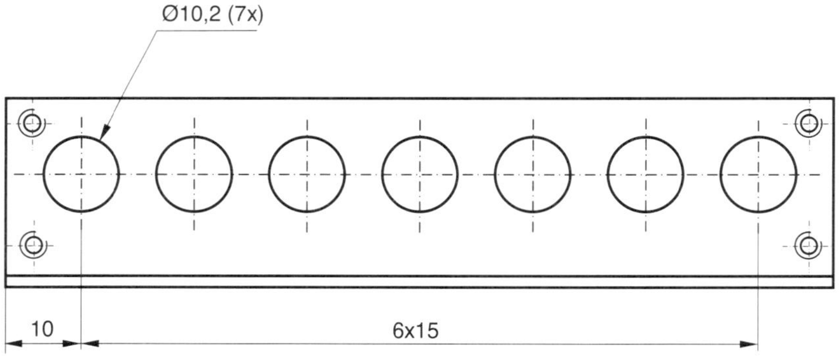

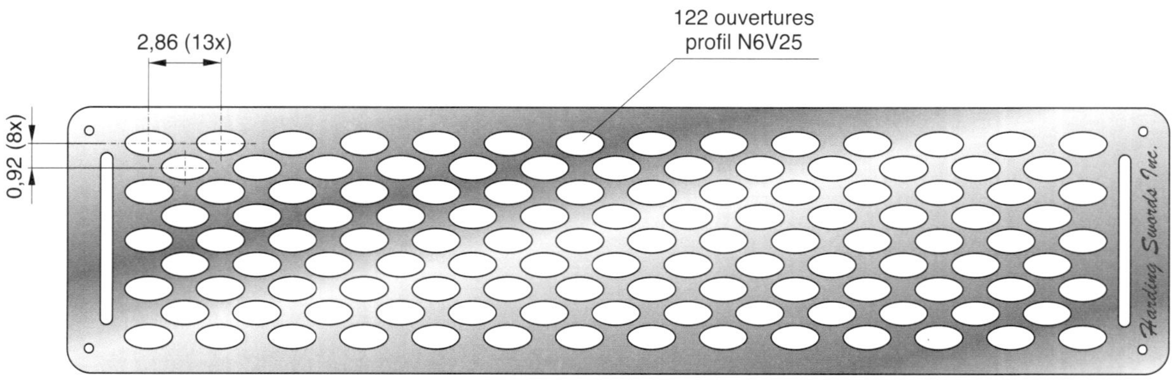

3.5 Nombres normaux et cotes normales

Les éléments normalisés utilisés dans les assemblages ont des dimensions répondant à une progression. La différence de leur dimension est toujours dans le même rapport. Ces éléments font partie de séries dont le taux de progression reste constant. C'est une progression géométrique.

Les séries de base sont: *R*5, *R*10, *R*20 et *R*40. La série *R*7 signifie qu'il y a sept valeurs en progression géométrique pour passer à la décade suivante. Le calcul de ces valeurs est donné par la relation:

$$\sqrt[7]{10} \approx 1{,}39$$

Les éléments de cette progression correspondent aux valeurs:

1 1,39 1,93 2,68 3,73 5,18 7,20 10

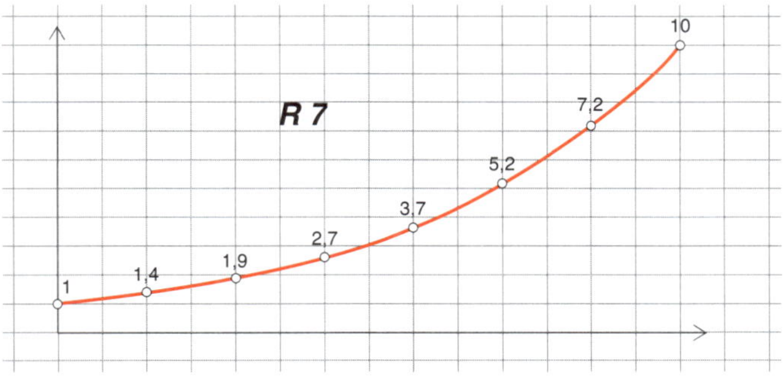

Pour la visserie, ce sont pratiquement les valeurs nominales disponibles courantes entre M1 et M10, aux arrondis près. Dans la construction, l'emploi des nombres normaux débouchant sur des cotes normales offre des avantages dans le dimensionnement d'un système mécanique.

La raison de la progression pour la visserie est: $\sqrt[10]{10} \approx 1{,}25$. Les dimensions normalisées sont:

M1 M1,2 M1,6 M2 M2,5 M3 M4 M5 M6 M8 M10

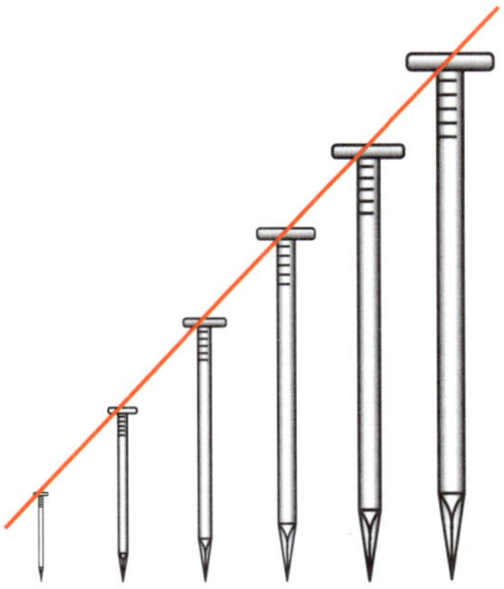

Progression arithmétique
Par exemple: tous les 10 mm.

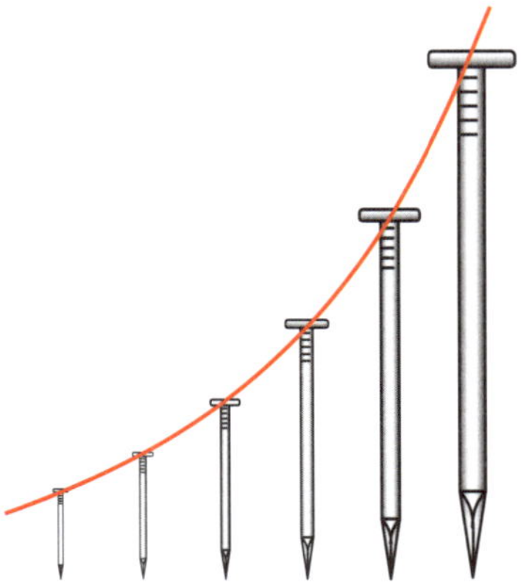

Progression géométrique
Par exemple: raison de 1,4

Exercice 3.2

La sensibilité des films pour la photographie est élaborée également selon une progression géométrique. L'ancienne norme ASA (American Standard Association 1943) a été remplacée par la norme ISO (1974). Un film était noté 19 DIN/64 ASA. Déterminer la raison de la progression de la sensibilité des films photographiques et compléter le tableau ci-dessous.

Sensibilité	*Films lents*						*Films normaux*				*Films rapides*						
DIN					19						25						
ASA					64						250						

Exercice 3.3

Les résistances utilisées couramment en électronique appartiennent à une série dont la progression contient les valeurs contiguës de 56 Ω et 68 Ω. Calculer sur quelle série sont déterminées les valeurs appartenant à cette décade. Trouver les valeurs *arrondies* de cette série.

3.6 Notation d'une cote avec tolérance

Une cote indiquée sans tolérance fait partie du domaine des tolérances générales. Lorsque c'est nécessaire pour un fonctionnement correct, la cote est assortie d'une indication supplémentaire indiquant une tolérance plus restrictive. La valeur d'une cote n'est jamais précise au micron ; c'est une fourchette définissant une valeur maximale et une valeur minimale. À part la notation selon les tolérances du système ISO, abordées plus loin dans le cours, chaque cote est assortie de deux valeurs limite, inscrites en plus petit, l'une sur l'autre.

$\varnothing 30^{+0,015}_{-0,008}$ $\qquad$ $6,35^{0}_{-0,005}$ $\qquad$ $\varnothing 1460^{+0,135}_{+0,040}$

Exercice 3.4

La cote nominale de longueur d'une barre en aluminium est de 400,5 mm. La classe de tolérance est admise comme étant fine *f*. Donner la cote à inscrire avec sa tolérance.

Exercice 3.5

Une bille en acier a un diamètre exact de 25,570 mm. Elle doit circuler librement à l'intérieur d'un tube dont le diamètre nominal est de 25,2 mm. Trouver à quelle(s) classe(s) de tolérance doit appartenir la dimension du tube pour permettre *éventuellement* à la bille de circuler.

4 TOLÉRANCES

4.1 Tolérances selon le système ISO

Lors du montage de deux éléments nécessitant un ajustement entre eux, il est nécessaire de recourir à une référence assurant le choix correct des dimensions. Les termes d'***arbre*** et d'***alésage*** sont souvent utilisés pour évoquer l'élément contenu et l'élément contenant. Cette approche n'est pas seulement valable pour les pièces de révolution, mais s'applique également pour des pièces rectilignes devant s'ajuster entre elles. Il est recommandé de consulter les différents sites sur le net, et de procéder à l'impression de tableaux comparatifs donnant les valeurs des plages de tolérances.

La ***tolérance fondamentale IT*** est la valeur de la tolérance fixée à chaque qualité et domaine de dimensions nominales. Elle se calcule de la manière suivante :

Tolérance : $IT = k \cdot i$ $\qquad IT = k \cdot I$

Le facteur de tolérance *i* ou *I* est un facteur dépendant de la dimension nominale, et pour un domaine de dimensions déterminé. Il sert de base à la détermination des tolérances fondamentales.

EXEMPLE

Calculer la plage de tolérance *IT6* pour un nominal (dimension) de 25 mm :

Tout d'abord, le coefficient *k* est fixé selon le tableau suivant :

Degré de tolérance normalisé (qualité)	*IT5*	*IT6*	*IT7*	*IT8*	*IT9*	*IT10*	*IT11*	*IT12*	*IT13*	*IT14*	*IT15*	*IT16*	*IT17*
Coefficient k	7	10	16	25	40	64	100	160	250	400	600	1000	1600

Ensuite le facteur de tolérance *i* ou *I* (*i* pour arbre ou *I* pour alésage) se calcule comme suit :

Pour les dimensions $D \leq 500$ mm : $i = 0{,}45\sqrt[3]{D} + 0{,}001 \cdot D$

Pour les dimensions $D > 500$ mm : $i = 0{,}004 \cdot D + 2{,}1$

Attention : pour ces calculs, *i* est en μm et *D* en mm.

Pour l'exemple choisi, le calcul du facteur de tolérance donne le résultat suivant :

$$i = 0{,}45 \cdot \sqrt[3]{25} + 0{,}001 \cdot 25 \approx 1{,}34\ \mu m$$

Finalement, la plage de tolérance *IT6* pour un nominal de 25 mm correspond à :

$$IT = k \cdot i \qquad IT = 10 \cdot 1{,}34 \approx 13\ \mu m.$$

Cette valeur de 13 μm correspond exactement à la plage de tolérance pour un nominal de 25 mm, quel que soit le type d'ajustement choisi, mais uniquement pour le degré de tolérance *IT6*. Le tableau suivant donne les écarts supérieurs et inférieurs, avec la même plage de tolérance.

Classe de tolérance	d6	e6	f6	g6	h6	js6	k6	m6	n6	p6	r6	s6
Nominal 25	–65 –78	–40 –53	–20 –33	–7 –20	0 –13	±6,5	+15 +2	+21 +8	+28 +15	+35 +22	+41 +28	+48 +35
Plage de tolérance	13	13	13	13	13	13	13	13	13	13	13	13

La plage de tolérance, soit l'écart entre la valeur supérieure et la valeur inférieure, est toujours de 13 μm, quelle que soit la classe de tolérance choisie, en respectant les choix initiaux (*IT6* et 25).

Les tableaux des systèmes de tolérances cités dans l'*Extrait de normes* donnent les écarts supérieurs et inférieurs des arbres et des alésages. Ces valeurs permettent de définir le type d'ajustement recherché. Ces notions sont indispensables pour définir des choix de qualité. Les premières notions propres à l'ajustement sont les termes de jeu et de serrage.

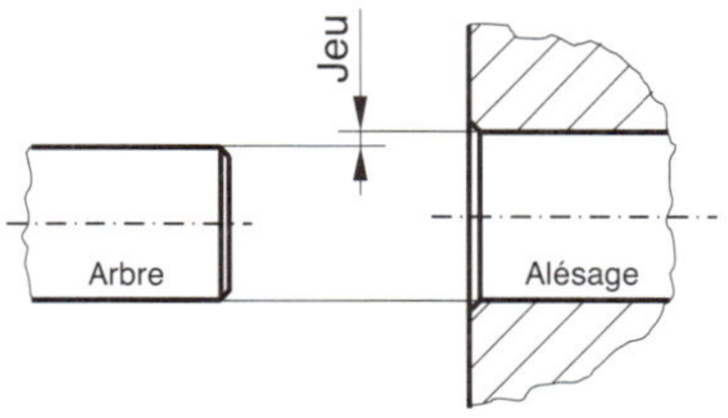

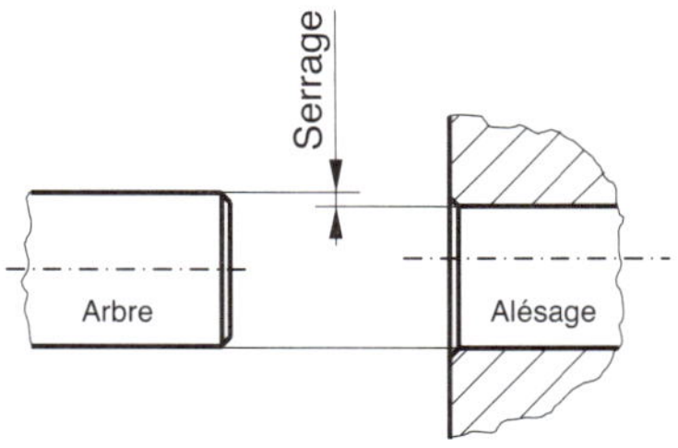

Les pièces réelles que sont un arbre et un alésage ont des dimensions fixes. Lors de la fabrication, le document doit comporter une tolérance de dimension afin d'assurer que la pièce ne soit pas hors cote (hors tolérance). La qualité de l'ajustement repose sur le respect de ces tolérances. Certains montages, comme un piston dans un cylindre, doivent avoir du jeu. D'autres montages ont besoin de serrage, comme les clavettes ou les bagues de roulement (dans certains cas).

La représentation simplifiée des ajustements donne les écarts relatifs de l'arbre et de l'alésage par rapport à la ligne zéro, celle-ci correspondant au nominal de la cote.

Type d'ajustement	Représentation	Cotation
Ajustement avec jeu	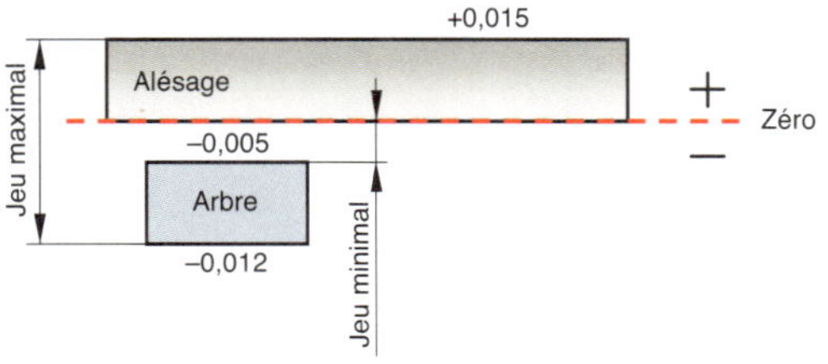	Arbre : $\varnothing 30^{-0,005}_{-0,012}$ Alésage : $\varnothing 30^{+0,015}_{0}$
Ajustement incertain	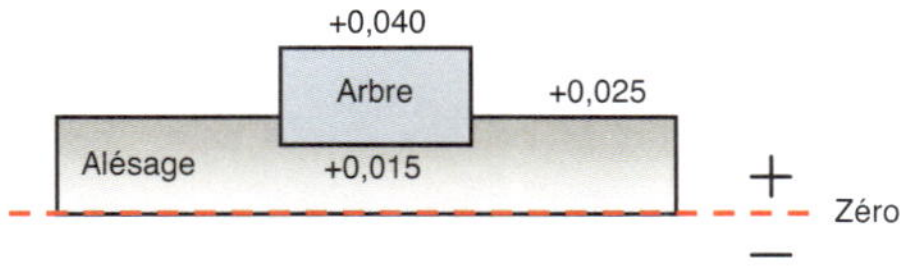	Arbre : $\varnothing 50^{+0,040}_{+0,015}$ Alésage : $\varnothing 50^{+0,025}_{0}$
Ajustement avec serrage	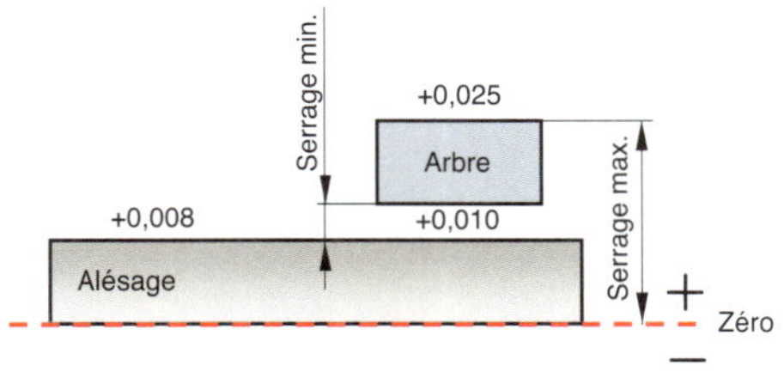	Arbre : $\varnothing 16^{+0,025}_{+0,010}$ Alésage : $\varnothing 16^{+0,008}_{0}$

Les tolérances selon le système ISO reposent sur une nomenclature définie par une lettre ou deux lettres et un nombre. La lettre, qui est majuscule pour l'alésage et minuscule pour l'arbre, indique le type d'ajustement. De A à H le jeu est assuré. De JS à N l'ajustement est incertain. De P à ZC le serrage est assuré. Le nombre indique la plage de tolérance; plus le nombre est élevé, plus la plage de tolérance est élevée.

À partir de la valeur *IT* de la tolérance sont élaborées toutes les valeurs des tolérances ISO d'usage général dans la construction. Ces valeurs sont accessibles dans les tableaux de tolérances pour alésages et arbres. Ces tableaux sont généralement élaborés de D à P car cette plage représente l'ensemble des possibilités courantes utilisées en mécanique. Les ajustements calculés en dehors de cette plage sont peu usités et sont calculés spécifiquement pour chaque application.

Exemple

Une sphère a un diamètre noté Ø12e8. Elle doit circuler librement dans un tube dont le diamètre est noté Ø12K7. Évaluer le jeu maximal ainsi que le jeu minimal auxquels on peut s'attendre avec un tel montage.

La cote notée Ø12e8 contient une lettre minuscule, ce qui signifie qu'il y a présence de matière. La cote notée Ø12K7 contient une lettre majuscule, ce qui signifie qu'il y a absence de matière. Les tableaux des systèmes de tolérances pour les arbres et pour les alésages donnent les écarts supérieurs et inférieurs des dimensions nominales. Ø12 est situé sur la ligne des valeurs en dessus de 10 et jusqu'à 18. L'intersection avec la colonne e8 donne les écarts –32 *μ*m et –59 *μ*m.

La cote Ø12e8 a pour valeurs-limite:	12,000 – 0,032 = 11,968 mm	valeur supérieure
	12,000 – 0,059 = 11,941 mm	valeur inférieure
Pour la cote Ø12K7 on obtient:	12,000 + 0,006 = 12,006 mm	valeur supérieure
	12,000 – 0,012 = 11,988 mm	valeur inférieure

La visualisation des valeurs obtenues donne une idée précise de la qualité de l'assemblage.

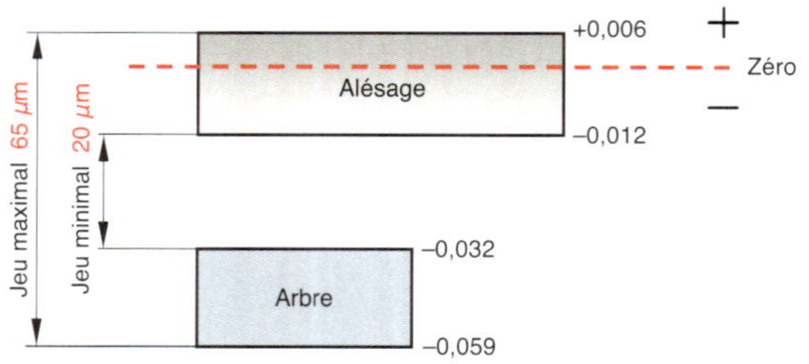

Arbre: $\varnothing 12^{-0{,}006}_{-0{,}012}$

Alésage: $\varnothing 12^{-0{,}032}_{-0{,}059}$

Cet assemblage donne un jeu maximal de: 12,006 – 11,941 = 0,065 mm ou **65 *μ*m**

ainsi qu'un jeu minimal de: 11,988 – 11,968 = 0,020 mm ou **20 *μ*m**

4.2 Système d'alésage H

Un ajustement ISO est représenté par une seule cote définissant les dimensions tolérancées d'un arbre et d'un alésage faisant l'objet d'un assemblage. Une cote d'ajustement comprend dans l'ordre les éléments suivants:

- la cote nominale commune à l'arbre et l'alésage (Ø30...);
- la classe de tolérance de l'alésage (...H7);
- la classe de tolérance de l'arbre (...g6).

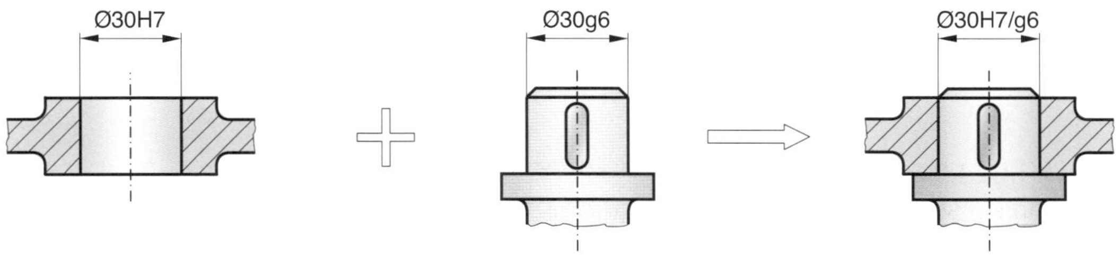

Le choix de la tolérance H pour l'alésage est un avantage important car il correspond au diamètre de l'outillage de dimension fixe pour donner avec précision la cote finale tolérancée. Les perçages sont usinés à un ou deux dixièmes de millimètre en dessous de la cote. Le passage de l'alésoir à main ou alésoir machine permet d'enlever une très petite quantité de matière et d'assurer avec précision la cote tolérancée.

Un autre avantage de la tolérance H est que la valeur inférieure de la cote est toujours égale au nominal, soit 0 μm d'écart.

L'observation du tableau des tolérances ISO met en évidence l'augmentation de la plage de tolérance dans la même classe, en fonction du diamètre de l'alésage (ou de l'arbre). Par exemple, pour la classe de tolérance H9:

Ø 0,4 H9	+25 μm
Ø 4 H9	+30 μm
Ø 40 H9	+62 μm
Ø 400 H9	+140 μm

L'écart supérieur ***n'augmente pas d'une décade*** si la cote devient dix fois plus grande. Avec les procédés d'usinage traditionnels, il est plus simple d'assurer une tolérance proportionnelle au nominal dans les grandes dimensions que dans les petites dimensions. La température joue un rôle prépondérant sur les dimensions des éléments. Les cotes sont données pour une température de 20 °C, ce qui pose un problème lors des mesures de précision «à chaud» sur une machine-outil.

Exercice 4.1

Le montage d'un axe dans son logement, au nominal 12, doit assurer un serrage minimal de 23 μm et maximal de 52 μm. Le logement est assuré avec une tolérance N7. Trouver la cote à inscrire sur le dessin pour le diamètre de l'axe satisfaisant à ces dimensions.

Exercice 4.2

Un piston en aluminium a un diamètre valant: Ø64,985 mm. Il doit être monté dans un cylindre en fonte dont l'alésage vaut: Ø65G7. Les dimensions sont données à 20 °C. Trouver l'élévation de température pour que le jeu soit d'au moins 10 μm en choisissant cette tolérance. Qu'en déduisez-vous? Les coefficients de dilatation des matériaux sont: $\alpha_{alu.} = 23 \cdot 10^{-6}\ °C^{-1}$, $\alpha_{ft} = 12 \cdot 10^{-6}\ °C^{-1}$.

Exercice 4.3

Une goupille cylindrique ISO 2338-8m6x40-Ac doit assurer le positionnement de l'élément S_1 par rapport à l'élément S_2. Il faut du serrage avec S_2 et le jeu minimal avec S_1. Trouver les cotes tolérancées correctes des alésages pour S_1 et S_2.

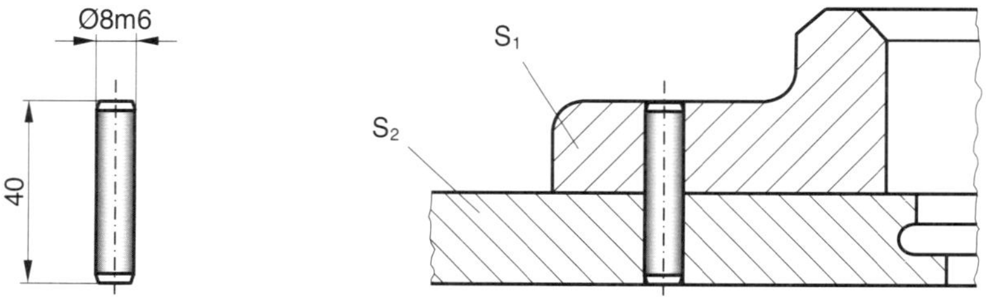

Exercice 4.4

Selon chaque type d'ajustement, représenter les zones de tolérance et compléter le tableau.

	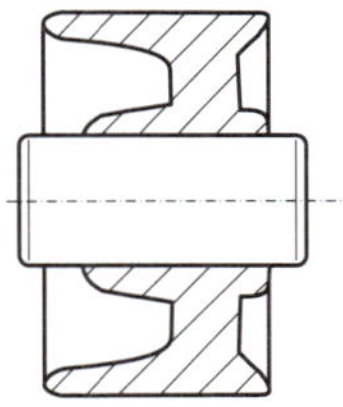		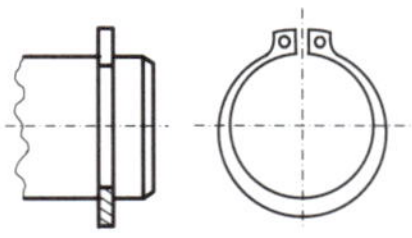		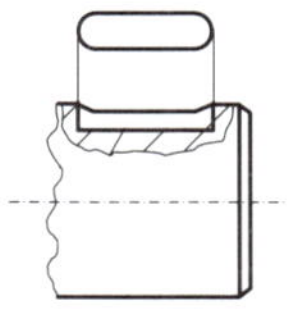		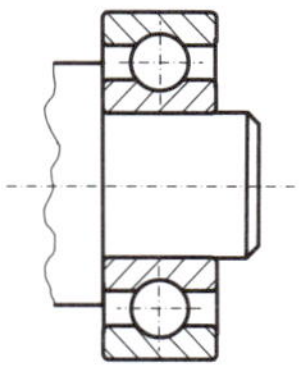	
	Alésage	*Arbre*	*Rainure*	*Circlip*	*Rainure*	*Clavette*	*Bague*	*Axe*
	25H7	25g6	1,6H13	1,5h6	6N9	6h9	80N7	80k5
Cote nominale mm								
Écart supérieur µm								
Écart inférieur µm								
Champ tolérance µm								
Dimension max. mm								
Dimension min. mm								
Jeu maximal µm								
Jeu minimal µm								
Serrage maximal µm								
Serrage minimal µm								
Type d'ajustement								

Exercice 4.7

Les pièces S_1 et S_2 de matériaux différents sont découpées séparément et doivent se monter sans serrage, comme un puzzle. Compléter le dessin avec les cotes tolérancées selon ISO.

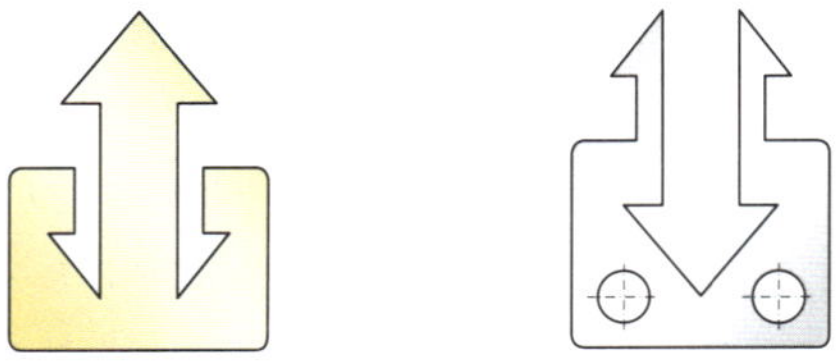

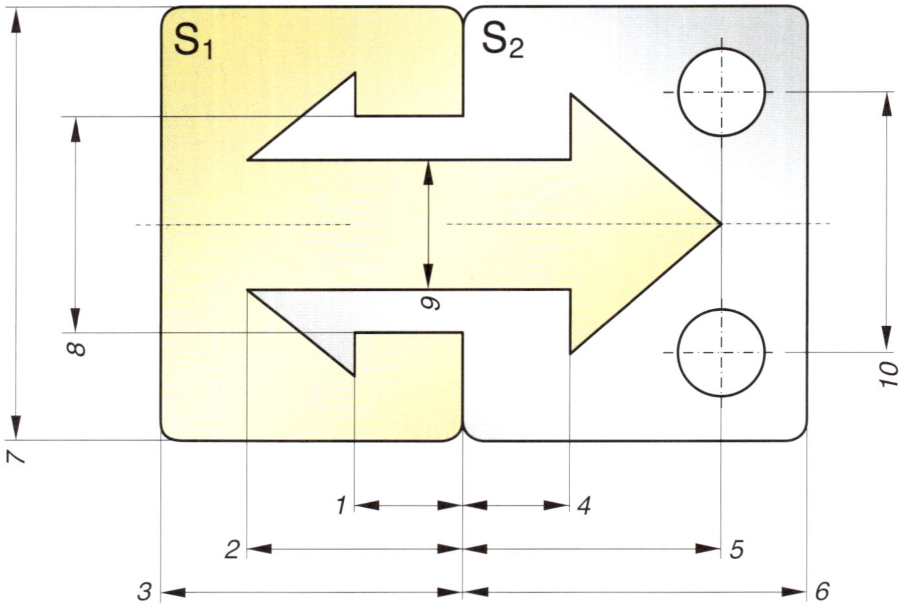

Numéro	*Dimension*	*Tolérances*	
		Écart supérieur	*Écart inférieur*
1	10	+0,015	0
1	10	0	–0,009
2	20	–0,020	–0,041
3	27	0	–0,130
4	10	0	–0,015
4	10	–0,025	–0,047
5	24	0	–0,009
6	32	–0,080	–0,093
7	42	+0,031	–0,031
8	21	+0,028	+0,007
8	21	+0,0065	–0,0065
9	13	+0,024	+0,016
9	13	+0,012	+0,001
10	25	–0,020	–0,053

Exercice 4.8

Une prothèse de hanche possède une tête fémorale en acier au cobalt venant s'ajuster dans la cupule en polyéthylène. Mesures données à 20 °C. Coefficients de dilatation : $\alpha_{acier} = 12 \cdot 10^{-6}$ °C^{-1}, $\alpha_{poly.} = 150 \cdot 10^{-6}$ °C^{-1}. Calculer le jeu minimal et maximal à 20 °C et à 37 °C.

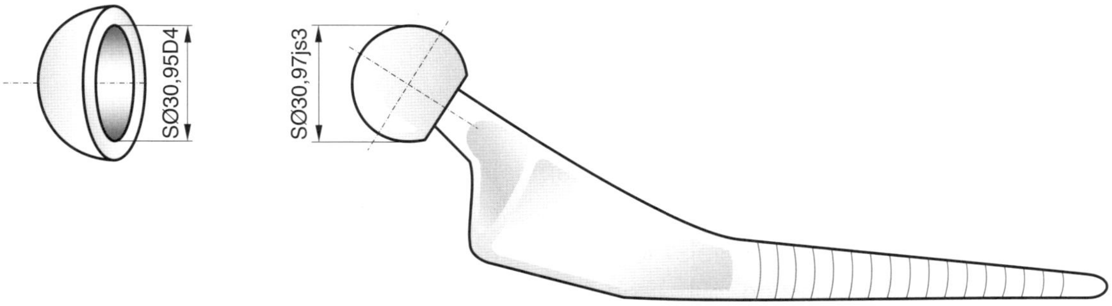

Exercice 4.9

Les éléments S_1 et S_2 doivent être assemblés. Évaluer s'il y a ou non possibilité de montage. Justifier votre analyse.

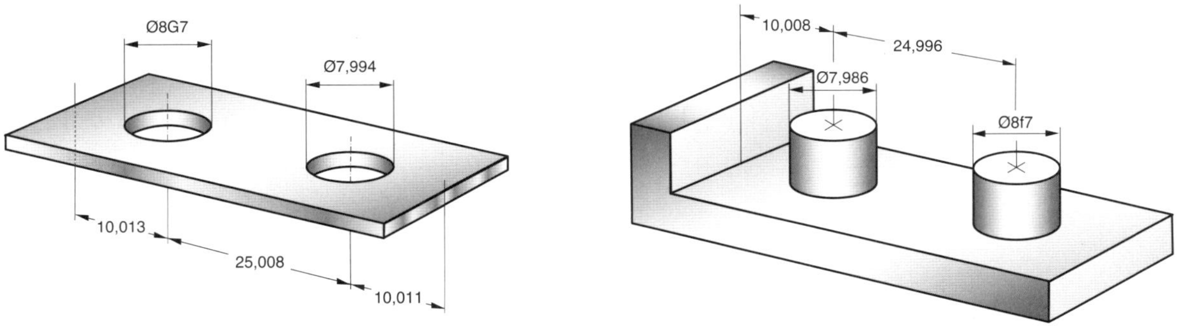

5 TECHNIQUES DE FABRICATION

5.1 Usinage

La réalisation d'usinages nécessite l'emploi d'outils permettant d'obtenir le profil désiré, par enlèvement de matière principalement. Afin de comprendre comment sont effectuées les opérations d'usinage les plus courantes, nous abordons dans ce cours les procédures génériques d'usinage, telles que le tournage, le fraisage, le perçage et les petits travaux dits d'établi.

Il existe d'autres moyens de fabrication, comme le matriçage, l'étampage, l'électroérosion, le découpage à fil, le découpage laser, la fonderie et l'injection, pour ne citer que les principaux.

5.2 Tournage

L'enlèvement de matière par rotation selon un axe fixe va donner naissance à un profil circulaire. En regardant de plus près une machine, un instrument, un véhicule, il y a un ou plusieurs éléments fonctionnant par rotation. Les mouvements les plus fréquemment rencontrés étant la translation et la rotation. Il existe des burins standards, convenant pour les usinages courants du tournage et une grande quantité de burins dont le profil particulier convient aux besoins spécifiques. Voici les burins les plus courants et sur la pièce tournée, le profil pouvant être obtenu :

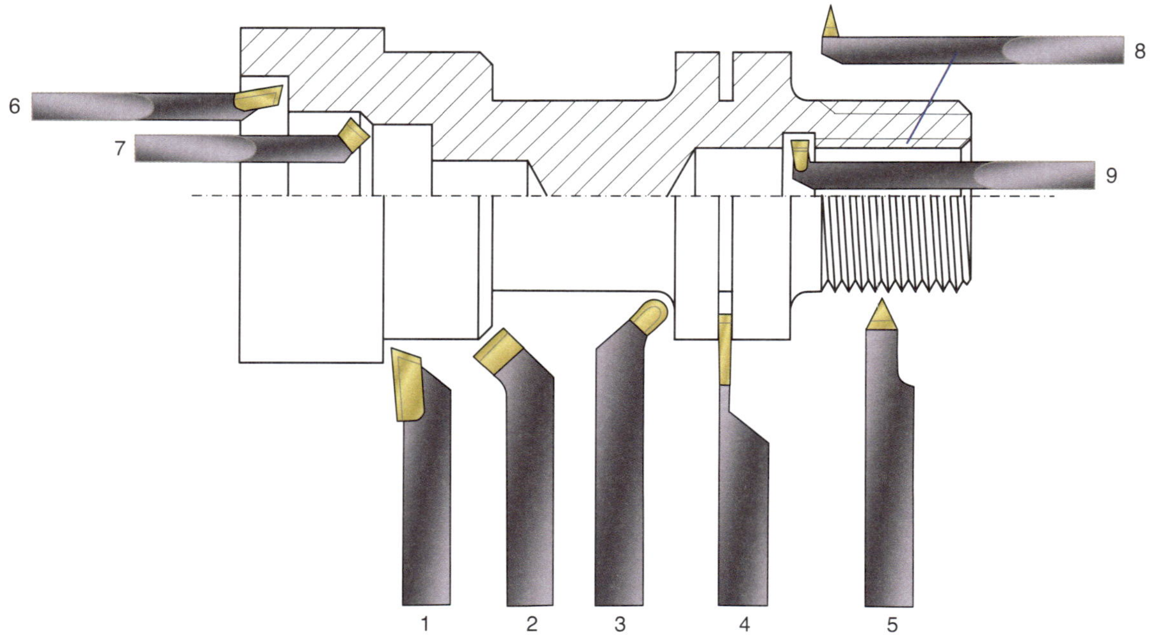

1 Burin couteau coudé à droite (se déplace depuis la droite)
2 Burin à charioter à 45° coudé à droite
3 Burin rayon coudé à gauche (se déplace depuis la gauche)
4 Burin à saigner ou tronçonner
5 Burin à fileter
6 Burin d'intérieur à chambrer
7 Burin d'intérieur à charioter
8 Burin d'intérieur à fileter
9 Burin d'intérieur pour gorge

Pour la réalisation d'une pièce par tournage nécessitant des opérations d'usinage à l'extérieur et à l'intérieur, on procède par retournement. Voici un exemple de pièce de décolletage simple:

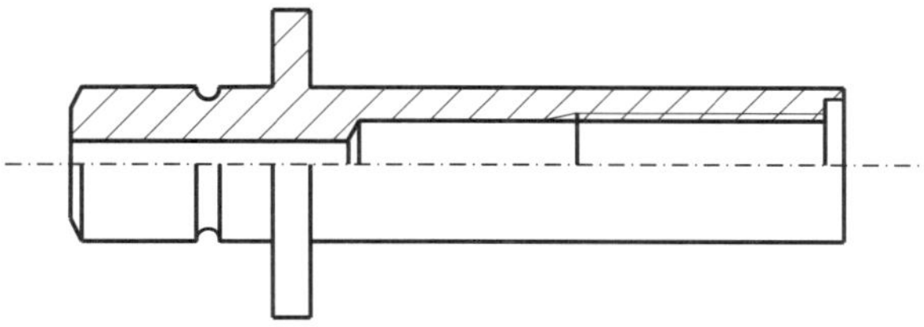

Les phases successives d'usinage sont les suivantes:

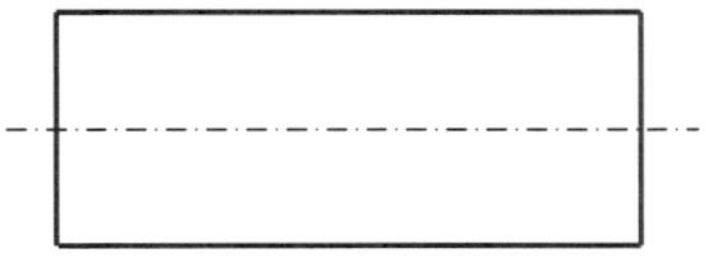

Cylindre initial:
Diamètre 26 Longueur 62

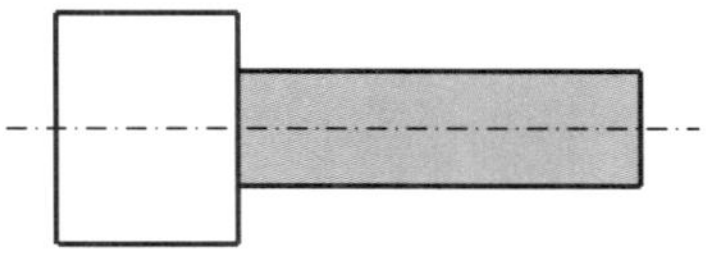

Tournage de la portée extérieure:
Diamètre 13 Longueur 43

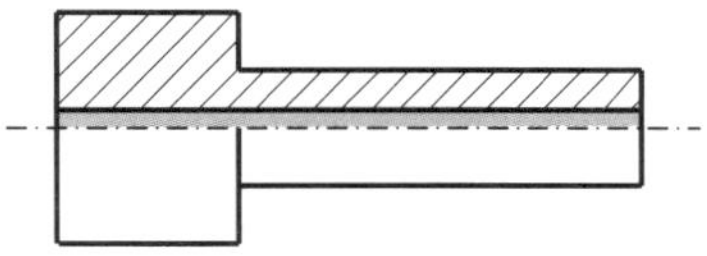

Perçage traversant:
Diamètre 4

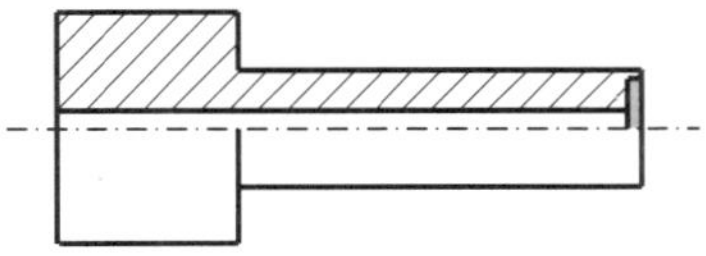

Chambrage:
Diamètre 11,2 Profondeur 1,6

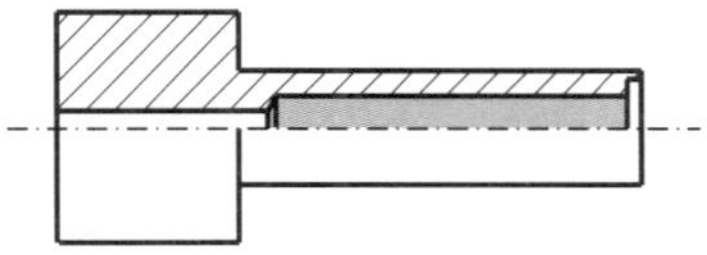

Alésage:
Diamètre 6,8 Profondeur 37

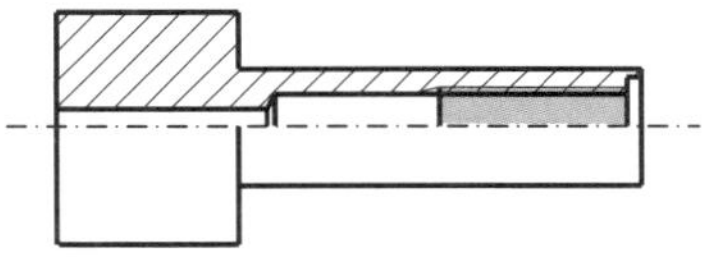

Taraudage:
Diamètre M8 Profondeur 22

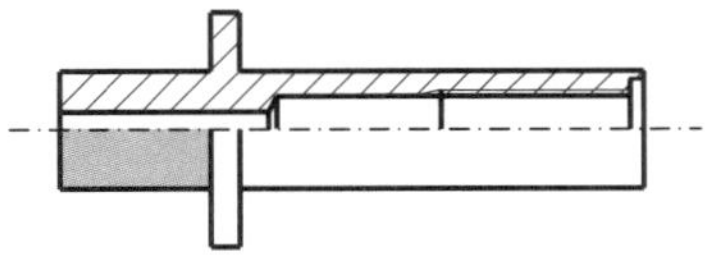

Tournage de la portée extérieure:
Diamètre 13 Longueur 16

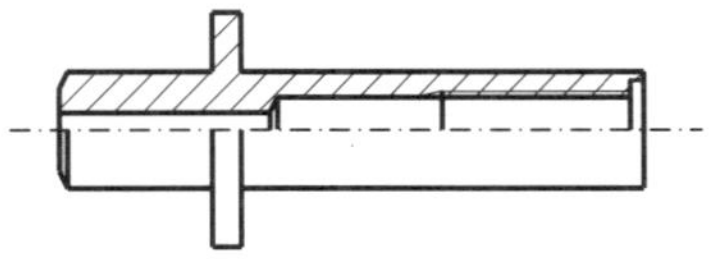

Chanfrein:
Longueur 1 Angle 120°

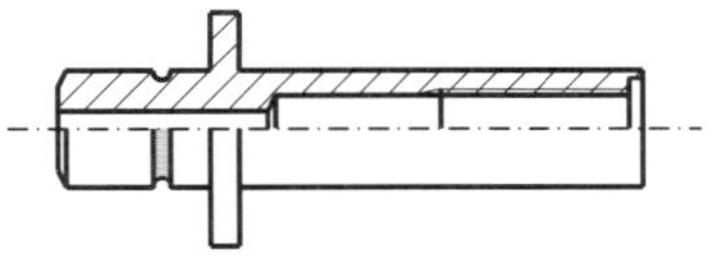

Gorge de rayon 1:
Diamètre 11 Largeur 2 Position 10

Cette gamme opératoire convient pour une pièce individuelle ou une très petite série. L'usinage se ferait sur un tour classique. La démarche n'est plus valable pour les très grandes séries car le travail est effectué sur un centre automatique d'usinage et la gamme opératoire est différente.

5.3 Fraisage

Le principe du fraisage est celui de l'enlèvement de matière à l'aide d'outils de coupe à dents multiples, par rotation, sur des pièces généralement prismatiques. Les outils circulaires utilisés se nomment des fraises. Lors de l'usinage, la fraise est animée d'un mouvement circulaire uniforme, généralement fixe. La pièce à usiner est fixée rigidement dans un étau ou bridée sur la table de travail de la fraiseuse et se déplace à faible vitesse pour procéder à l'usinage.

Les fraiseuses classiques, par opposition aux centres d'usinage et CNC complexes, possèdent trois axes de translation permettant de réaliser une grande quantité d'usinages courants.

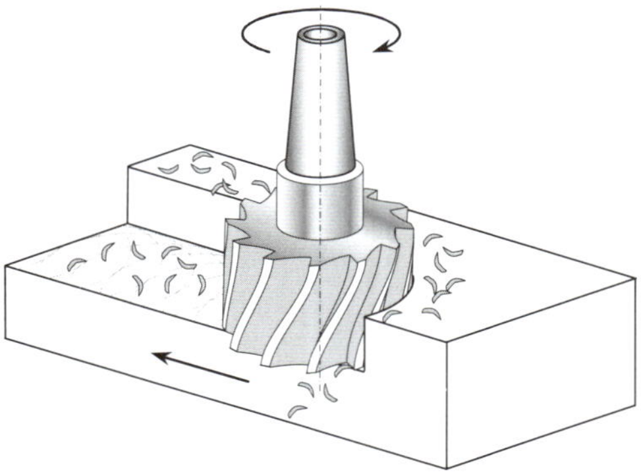

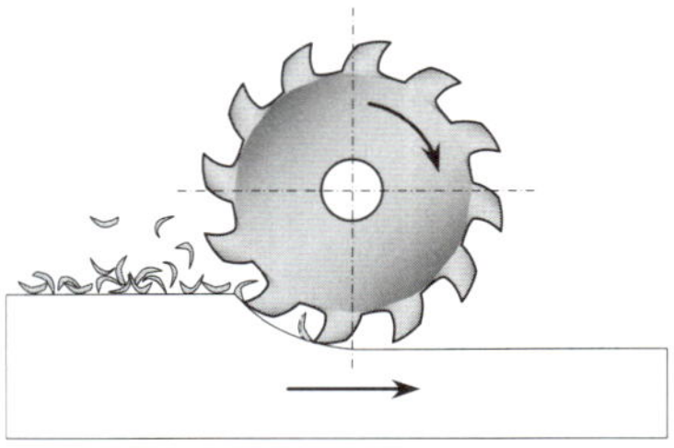

Fraisage des rainures de clavettes

Hormis le tournage et le fraisage classiques, il existe de nombreuses opérations utilisant de l'outillage particulier. Les rainures de clavette ont de formes diverses et sont obtenues par fraisage à l'aide de fraises cylindriques ou de fraises disque.

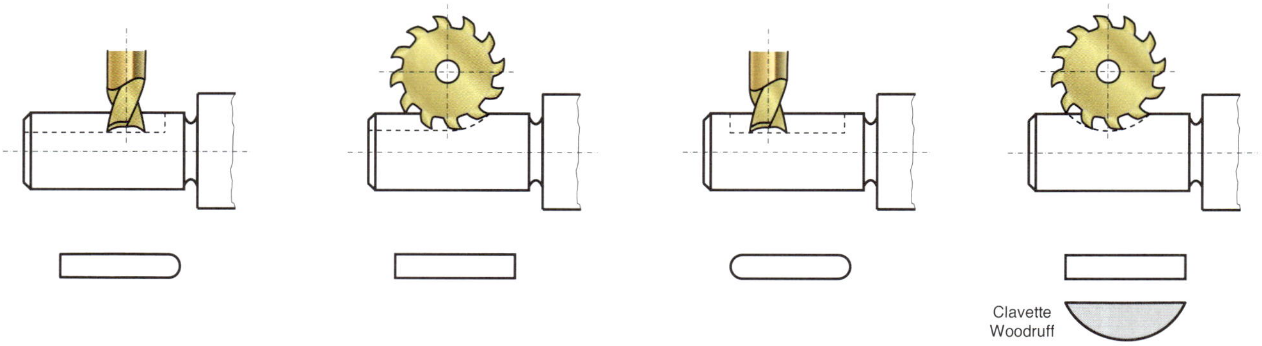

Selon les applications, on choisira un type de clavette plutôt qu'un autre. Le dernier type proposé est la clavette Woodruff ou demi-lune. Très appréciée dans divers petits montages car elle est autocentrante et facile d'utilisation.

Restrictions de fraisage

Certains fraisages sont impossibles à réaliser, à cause de la géométrie de la pièce à réaliser ou à cause de l'utilisation inappropriée de la fraise. Il existe de nombreux cas. En voici quelques-uns :

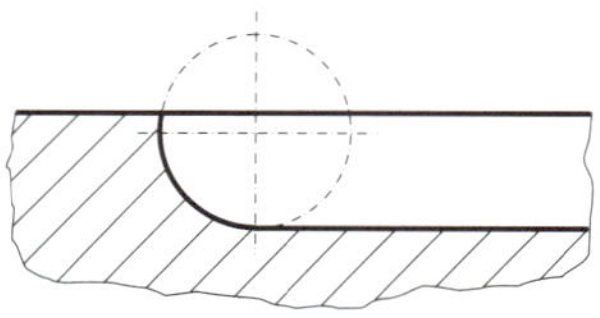

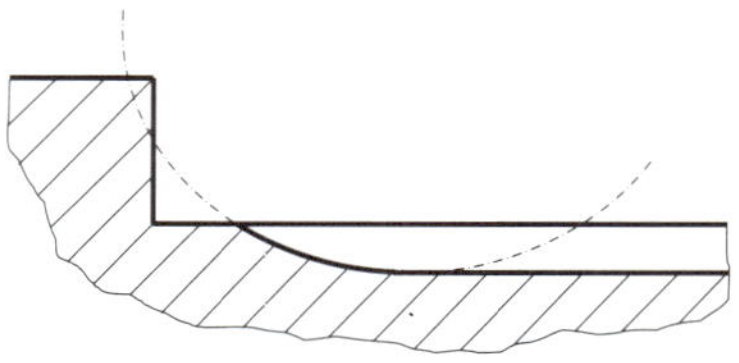

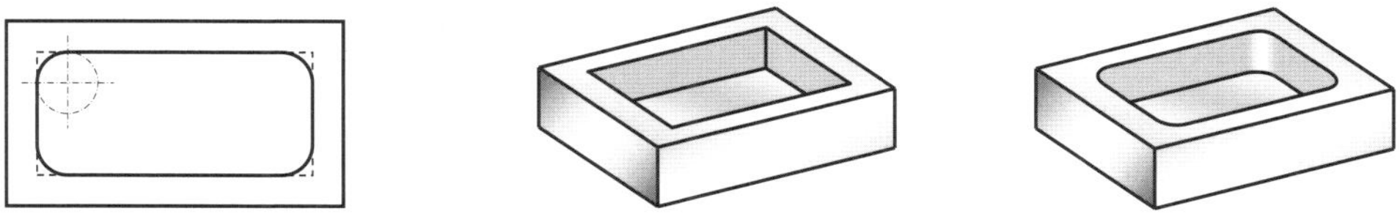

Les angles obtenus lors d'un évidement avec une fraise cylindrique vont avoir un rayon minimal qui est celui de la fraise. Il n'est pas possible d'obtenir un angle vif par ce procédé. Utiliser une fraise de très petit diamètre va fortement limiter la profondeur de fraisage.

5.4 Filetage

L'opération consistant à tailler un filet hélicoïdal sur un cylindre se nomme fileter. Le filetage peut se faire à la main avec des outils d'établi, ou à la machine, tour ou centre d'usinage. Le choix de l'outillage dépend de la dimension du filetage à fabriquer, du nombre de pièces, de la matière, etc.

Le filetage sur un tour consiste à déplacer de manière constante, selon un pas défini, un burin qui va enlever la matière en creusant un sillon. Plusieurs passages sont nécessaires en augmentant progressivement la profondeur de la passe jusqu'à atteindre le diamètre de fond de filet, et ainsi la forme définitive du filetage. L'angle du flanc de filet (angle du burin) est de 60° pour les filetages métriques, UNC, UNF, NPT, de 55° pour les filetages à pas gaz et 30° pour le filetage trapézoïdal.

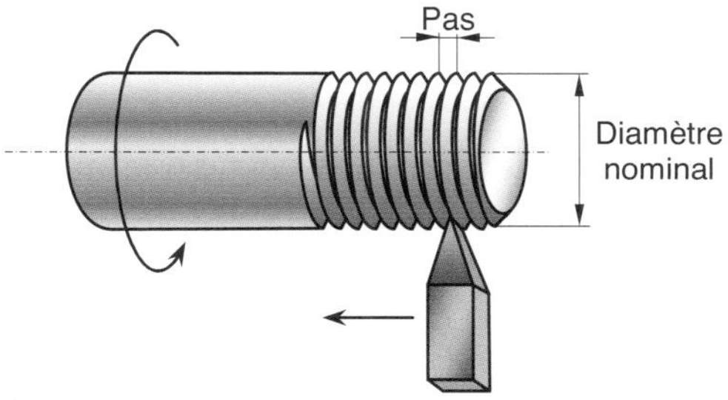

Pour le filetage à la main, une filière et un porte-filière sont nécessaires. L'engagement de la filière sur le début de l'axe cylindrique est facilité par un cône d'entrée. Il est préférable de s'assurer de la perpendicularité de la filière par rapport à l'axe du cylindre après les deux trois premiers tours. Une filière engagée de travers garantit un filetage de piètre qualité…

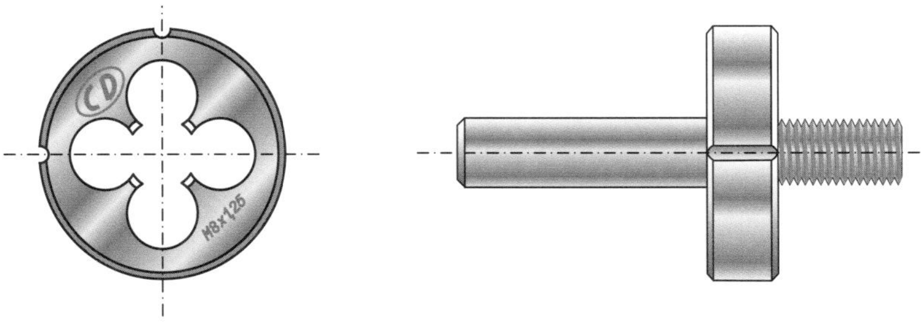

5.5 Taraudage

Pour réaliser un filetage intérieur, ou taraudage, il est nécessaire de percer un trou circulaire dont le diamètre correspond au diamètre de fond de filet. Ce dernier est calculé grossièrement par le diamètre nominal moins le pas du filetage. Pour un filetage de M5, le pas est de 0,8 mm. Le diamètre de perçage est de 4,2 mm. L'axe du perçage est normal (perpendiculaire) au plan de perçage, à moins qu'il s'agisse d'une exécution particulière.

Les taraudages en métrique fin (MF) et taraudages en inches (UNC, UNF et Wwh), nécessitent des diamètres de perçage spécifiques ; se référer au tableau ci-dessous.

Une fois la position du taraudage localisée, on perce un trou de centrage à l'aide d'une mèche à centrer (1). Ce trou est peu profond et sert à éviter que la mèche (2) ne dévie au début du perçage. Pour faciliter l'introduction du taraud, un chanfrein d'une profondeur égale à la moitié du pas est effectué à l'aide d'une fraise conique à 90° (3) (fraise à ébavurer). Finalement, le filet hélicoïdal est taillé grâce au taraud (4) jusqu'à la profondeur désirée (borgne ou traversant).

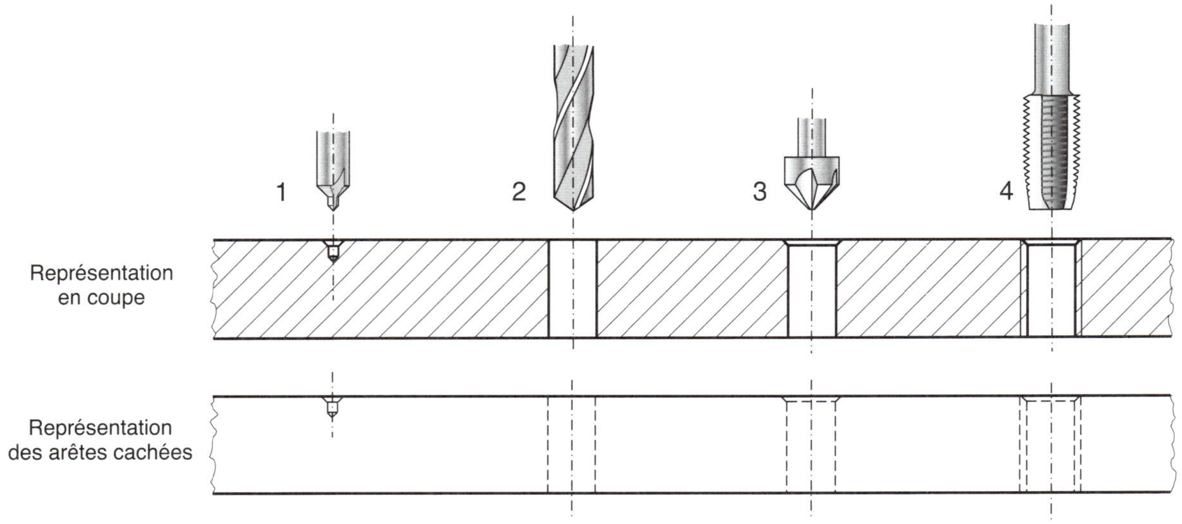

Le diamètre de perçage avant taraudage: Ø nominal moins le pas. *Exemple*: MF8 – 1,00 = 7,00

M	*Pas mm*	*Foret Ø*	*MF*	*Pas mm*	*Foret Ø*	*UNC*	*Filets/ inch*	*Foret Ø*	*UNF*	*Filets/ inch*	*Foret Ø*	*Wwh**	*Filets/ inch*	*Foret Ø*
1,6	0,35	1,25	2,5	0,35	2,2	2	56	1,8	2	64	1,8	$^{1}/_{8}$"	40	2,5
1,8	0,35	1,45	3	0,35	2,65	3	48	2,0	3	56	2,1	$^{3}/_{16}$"	24	3,6
2	0,40	1,60	3,5	0,35	3,15	4	40	2,3	4	48	2,4	$^{1}/_{4}$"	20	5,1
2,5	0,45	2,05	4	0,50	3,5	5	40	2,6	5	44	2,6	$^{5}/_{16}$"	18	6,5
3	0,50	2,50	4,5	0,50	4	6	32	2,7	6	40	2,9	$^{3}/_{8}$"	16	7,9
4	0,70	3,30	5	0,50	4,5	8	32	3,5	8	36	3,5	$^{7}/_{16}$"	14	9,2
5	0,80	4,20	5,5	0,50	5	10	24	3,8	10	32	4,0	$^{1}/_{2}$"	12	10,4
6	1,00	5,00	6	0,75	5,2	12	24	4,5	12	28	4,6	$^{5}/_{8}$"	11	13,4
8	1,25	6,80	7	0,75	6,2	$^{1}/_{4}$"	20	5,1	$^{1}/_{4}$"	28	5,4	$^{3}/_{4}$"	10	16,2
10	1,50	8,50	8	0,75	7,2	$^{5}/_{16}$"	18	6,5	$^{5}/_{16}$"	24	6,9	$^{7}/_{8}$"	9	19,2
12	1,75	10,2	8	1,00	7	$^{3}/_{8}$"	16	7,9	$^{3}/_{8}$"	24	8,4	1"	8	22,0
16	2,00	14,0	9	0,75	8,2	$^{7}/_{16}$"	14	9,3	$^{7}/_{16}$"	20	9,9	1$^{1}/_{8}$"	7	24,5
20	2,50	17,5	9	1,00	8	$^{1}/_{2}$"	13	10,7	$^{1}/_{2}$"	20	11,5	1$^{1}/_{4}$"	7	27,7
24	3,00	21,0	10	0,75	9,2	$^{9}/_{16}$"	12	12,3	$^{9}/_{16}$"	18	13,0	1$^{3}/_{8}$"	6	30,2
27	3,00	24,0	10	1,00	9	$^{5}/_{8}$"	11	13,5	$^{5}/_{8}$"	18	14,5	1$^{1}/_{2}$"	6	33,5
30	3,50	26,5	10	1,25	8,8	$^{3}/_{4}$"	10	16,5	$^{3}/_{4}$"	16	17,4	1$^{5}/_{8}$"	5	35,5
33	3,50	29,5	11	0,75	10,2	$^{7}/_{8}$"	9	19,3	$^{7}/_{8}$"	14	20,4	1$^{3}/_{4}$"	5	38,5
36	4,00	32,0	11	1,00	10	1"	8	22,2	1"	12	23,2	1$^{7}/_{8}$"	4,5	41,2

* Wwh: filetage Whitworth, référencé en inches. Le pas pour les filetages UNC, UNF et Wwh est donné en nombre de filets par inch.

Exercice 5.1

Une pièce en aluminium possède quatre taraudages $^{5}/_{16}$" UNF profonds de $^{7}/_{8}$". Tous les filets sont partiellement arrachés et vous voulez sauver cette pièce en usinant un taraudage métrique fin à la place du taraudage UNF. Quelle dimension minimale allez-vous adopter ? Justifiez votre choix. Indiquer le diamètre de perçage et sa profondeur (1" correspond à 1 inch, soit 25,4 mm).

5.6 Alésage

Pour obtenir un trou circulaire d'un diamètre selon la tolérance H7 et d'un état de surface de qualité élevée, on utilise un alésoir. Cet outil existe en version à main ou en version machine. Le perçage initial doit être de 0,10 à 0,20 mm en dessous de la cote nominale. Le passage de l'alésoir ne va enlever qu'une faible quantité de matière et assurer une excellente finition.

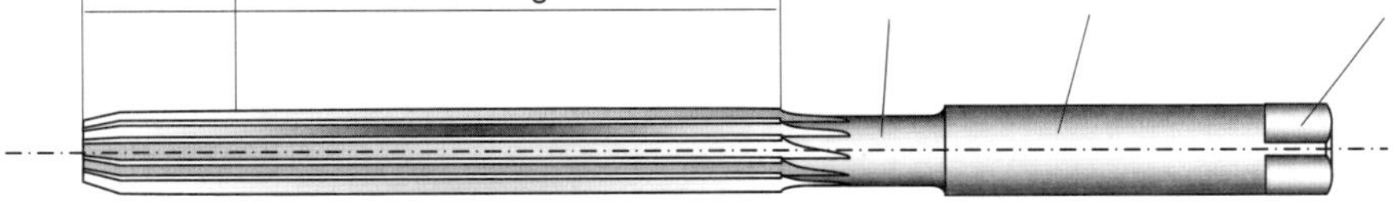

Exercice 5.2

Citer quels sont les usinages appropriés notés pour chaque position, afin d'obtenir la dimension spécifiée.

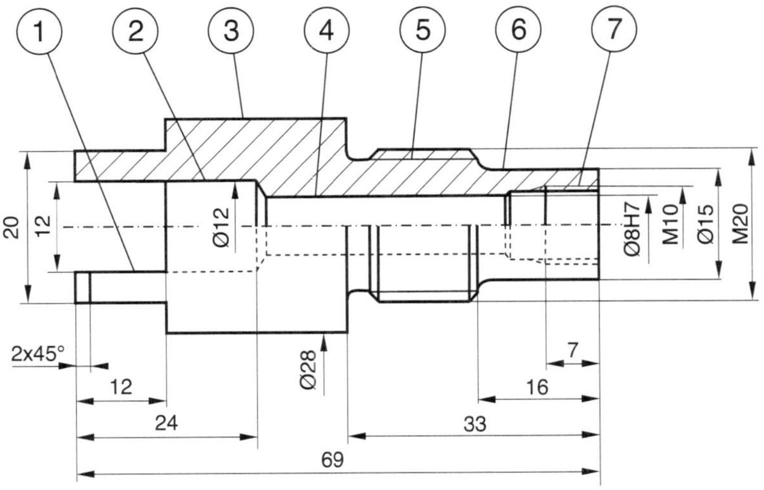

1
2
3
4
5
6
7

5.7 Tolérances géométriques

Pour réaliser un élément mécanique, il est nécessaire que le document de fabrication porte les indications dimensionnelles, avec ou sans tolérance, ainsi que les indications relatives à la géométrie, qui sont essentielles pour assurer la fonctionnalité et l'interchangeabilité des éléments. Les indications des tolérances géométriques doivent être observées indépendamment des tolérances dimensionnelles.

Les tolérances dimensionnelles ne sont généralement pas suffisantes pour définir avec exactitude la forme d'un objet. La correction est apportée avec les tolérances géométriques qui précisent les variations permises. Ces dernières sont toujours plus restrictives que les tolérances dimensionnelles.

Les tolérances géométriques sont données par un symbole normalisé et sont répertoriées comme suit :

Type	*Cas*	*Symbole*	*Observation*
Tolérances de forme	Planéité (surface)	⏥	S'utilisent isolément ou sans élément de référence
	Rectitude (axe, ligne)	—	
	Cylindricité (cylindre)	⌭	
	Circularité (cylindre, cône)	○	
	Profil d'une ligne	⌒	
	Profil d'une surface	⌓	
Tolérances d'orientation	Inclinaison (ligne, surface)	∠	S'utilisent avec un élément de référence (axe, surface…)
	Parallélisme (ligne, surface)	//	
	Perpendicularité (ligne, surface)	⊥	
Tolérances de position	Localisation (ligne, surface)	⌖	
	Symétrie (ligne, surface)	⌯	
	Concentricité (centres) Coaxialité (axes)	◎	
Tolérances de battement	Battement circulaire (ligne, surface)	↗	
	Battement total (ligne, surface)	⌰	

L'inscription des tolérances se fait en repérant par une flèche la forme à coter. Un petit cartouche contient les informations suivantes, données dans un ordre précis :
- le symbole du défaut ;
- la valeur de la tolérance ;
- l'(les) élément(s) de référence (dans certains cas).

L'axe du cylindre représenté ci-dessous a une tolérance de rectitude, donnée à 0,07 mm. Cette notation signifie que l'axe du cylindre doit être compris dans une enveloppe fictive dont le diamètre est de 0,07 mm. Cette tolérance de forme s'applique sur la longueur totale du cylindre.

La pièce suivante comporte deux faces dont le parallélisme fait l'objet d'une tolérance de 0,02 mm. La face inférieure sert de référence B. La face supérieure doit être comprise entre deux plans fictifs distants de *t* = 0,02 mm.

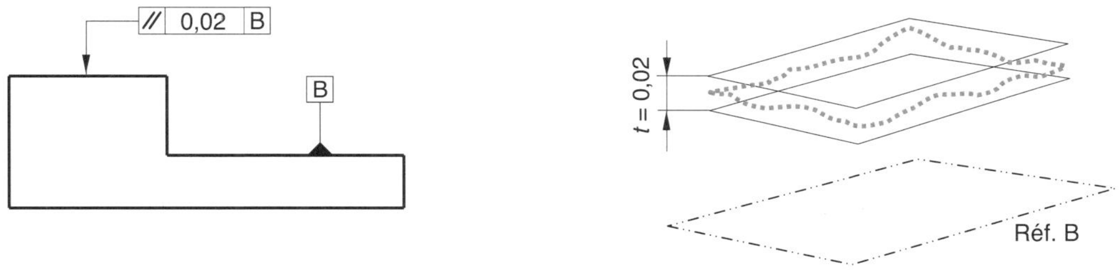

Le diamètre de perçage central de Ø14 de cette flasque sert de référence (notée C) pour la perpendicularité de la grande face de Ø112. Cette face doit être comprise entre deux faces fictives parallèles distantes de 0,05 mm.

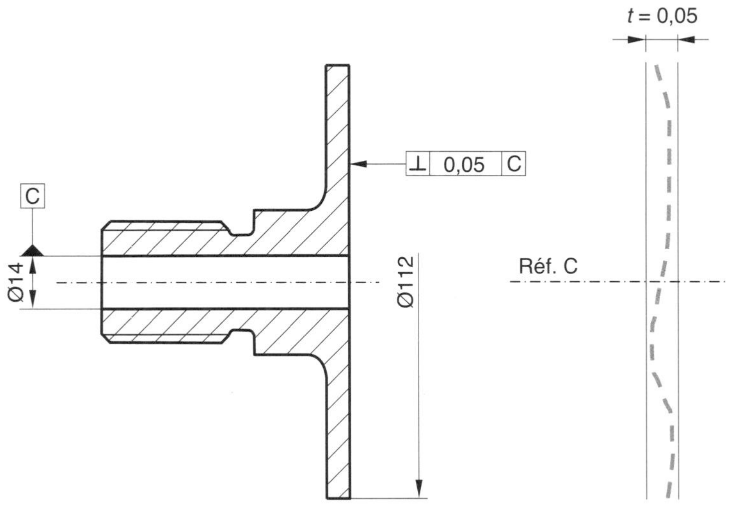

La pièce suivante est un axe avec plusieurs portées. Trois de ces portées doivent avoir un déport radial (battement) de 0,02 mm au maximum. La position de la portée de Ø70 dépend simultanément des portées de Ø75 et de Ø64.

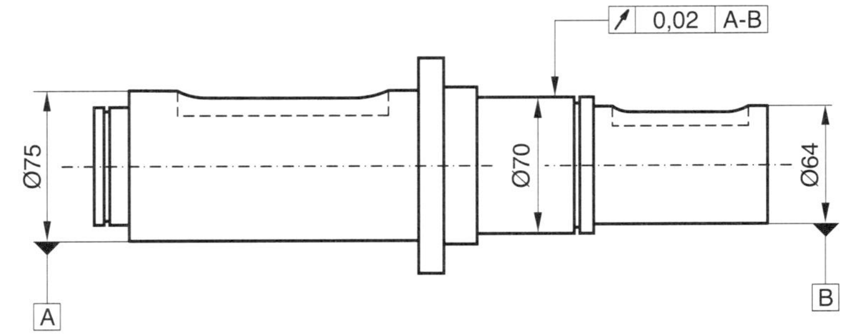

Exercice 5.3

Compléter les tolérances géométriques de manière à respecter les conditions données.

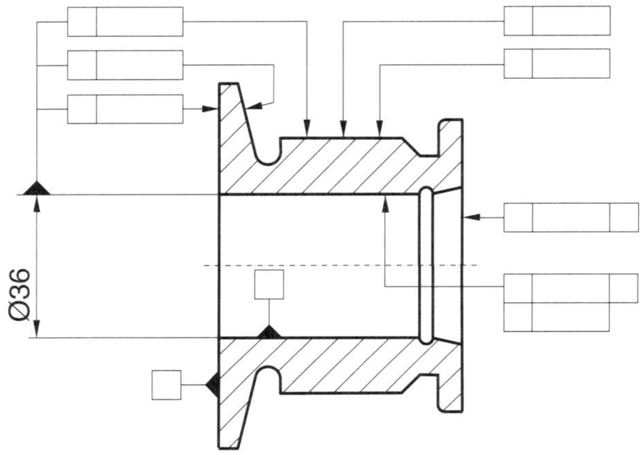

1 Tolérances de l'alésage: ES = +0,008
EI = –0,012
2 Parallélisme des surfaces frontales 0,03
3 Parallélisme des génératrices de l'alésage 0,015
4 Perpendicularité de la surface frontale gauche par rapport à l'axe 0,01
5 Battement axial de la surface de l'épaulement de gauche 0,004
6 Battement radial de la portée par rapport à l'axe 0,015
7 Circularité de la portée et de l'alésage 0,006
8 Rectitude des génératrices de la portée 0,003

Exercice 5.4

Compléter les tolérances géométriques de manière à respecter les conditions données.

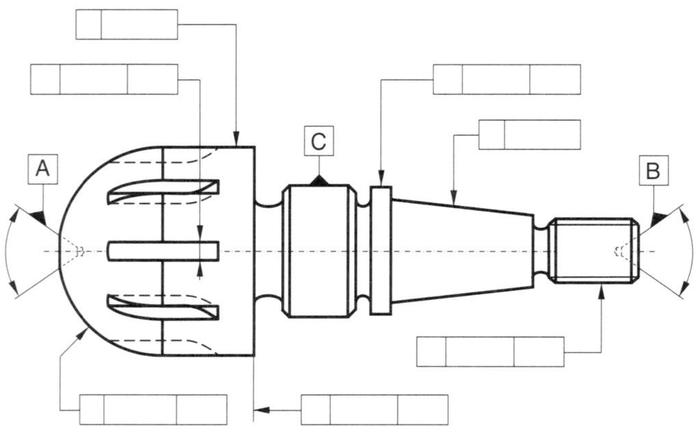

1 Cylindricité de la portée de gauche 0,01
2 Battement radial du cône par rapport à l'axe 0,006
3 Battement total radial du filetage par rapport à la portée centrale 0,015
4 Coaxialité de la portée centrale par rapport à l'axe 0,025
5 Symétrie des huit rainures par rapport à l'axe principal 0,05
6 Battement axial de la surface frontale à droite de la portée de grand diamètre 0,02
7 Forme de la calotte sphérique 0,03

5.8 États de surface

La fabrication d'un élément mécanique, que ce soit par enlèvement de matière ou par déformation, va donner une qualité à la surface du produit fini. La définition du paramètre d'état de surface consiste à donner une appréciation d'un profil en fonction de sa rugosité.

Techniquement, l'éprouvette (la surface testée) est positionnée sur un banc de mesure et lors de son déplacement linéaire, un palpeur (capteur électronique de haute précision) va recueillir toutes les imperfections, aussi infimes soient-elles, les amplifier et obtenir la ligne moyenne du profil de rugosité. Pour un profil testé, le palpeur peut révéler un profil comme celui du graphe ci-dessous:

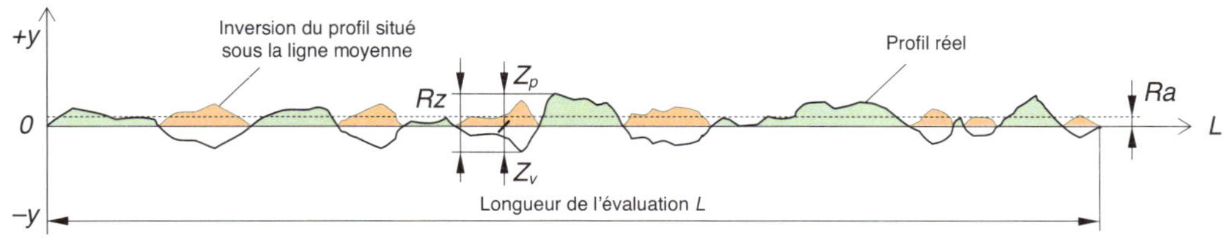

Du tracé primitif de la courbe de rugosité (partie supérieure en vert) est déduite la partie négative (partie en rose, initialement négative) qui vient se superposer à la partie positive. De ce nouveau graphe se détermine la valeur moyenne *Ra*, représentée en traitillé, qui est la ***valeur maximale de la rugosité moyenne admissible***. C'est cette valeur qui est à la base de l'établissement du tableau des classes de rugosité.

Procédé d'usinage (plage de rugosités possibles)		*Classe de rugosité*	*Rugosité moyenne Ra*	
			1 µm = 0,001 mm	*1 µin = 0,025 mm*
Oxycoupage	N12 – N10	N12	50	2000
Sciage	N12 – N9	N11	25	1000
Sablage	N12 – N8	N10	12,5	500
Meulage	N11 – N9	N 9	6,3	250
Tournage	N11 – N7	N 8	3,2	125
Perçage	N11 – N7	N 7	1,6	63
Fraisage	N10 – N6	N 6	0,8	32
Rectifiage	N9 – N5	N 5	0,4	16
Honage	N8 – N3	N 4	0,2	8
Tournage (diamant)	N7 – N4	N 3	0,1	4
Polissage	N6 – N1	N 2	0,05	2
Brunissage	N4 – N1	N 1	0,025	1

Une autre mesure de rugosité *Rz* correspond à la somme du point le plus haut Z_p et du point le plus bas Z_v par rapport à la ligne médiane du profil de rugosité. En règle générale on utilise la rugosité *Rz* pour les pièces fortement entaillées, sinon on utilise la rugosité *Ra*.

Les symboles pour les rugosités sont indiqués en fonction du type de traitement appliqué à la surface. Basiquement c'est un V dont chaque trait a une signification précise.

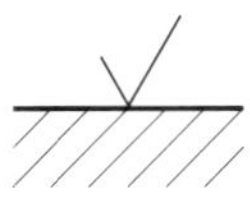

Symbole de base
Sa représentation vient complétée par des indications

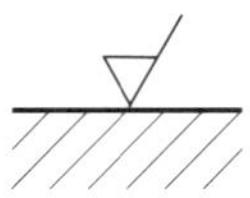

Surface usinée
par enlèvement de copeaux

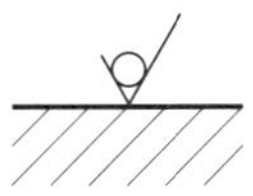

Surface interdisant
tout enlèvement de copeaux

Il n'y a pas que le symbole de base sur lequel viennent s'ajouter des indications supplémentaires ; le symbole complet est affublé d'un trait horizontal prolongeant le trait oblique de droite.

Les pièces fabriquées doivent comporter les indications relatives à l'état de surface. À chaque usinage correspond un état de surface. Dans la pratique, il y a l'état de surface général qui correspond au type d'usinage et l'indication supplémentaire s'il y a une particularité. Par exemple, une pièce tournée peur avoir un état général correspondant à un état N10, et une portée dont la qualité doit impérativement être très élevée, soit un état de surface N4 obtenue par un polissage. Dans ce cas, seule la portée sera notée avec cette indication supplémentaire.

13

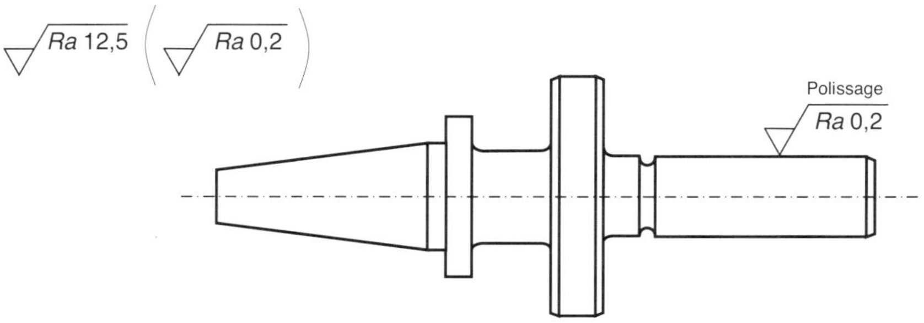

Certaines pièces doivent comporter une ***surépaisseur d'usinage*** afin de garantir leur fabrication. C'est le cas des pièces coulées ou forgées devant subir plusieurs usinages. Une pièce, dont l'état de surface est brut avant usinage, doit avoir une réserve de matière. Une barre en acier d'usage général utilisée en tournage n'est jamais livrée par le fournisseur à la cote finale ; en fonction de son diamètre, la cote est plus grande de quelques dixièmes de millimètre.

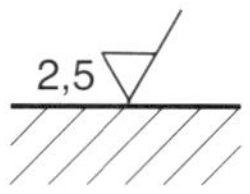

L'enlèvement de matière avec un outil produit des stries sur l'élément usiné. Si l'usinage est grossier, comme un perçage de qualité N11, il y aura de nombreuses griffures et rugosités à l'intérieur du trou. Chaque procédé d'usinage produit des marques différentes, ce qui permet souvent d'identifier le procédé utilisé. Voici les différentes directions des stries lors d'usinages :

Symbole	=	⊥	X	M	C	R
Notation	▽=	▽⊥	▽X	▽M	▽C	▽R

Représentation

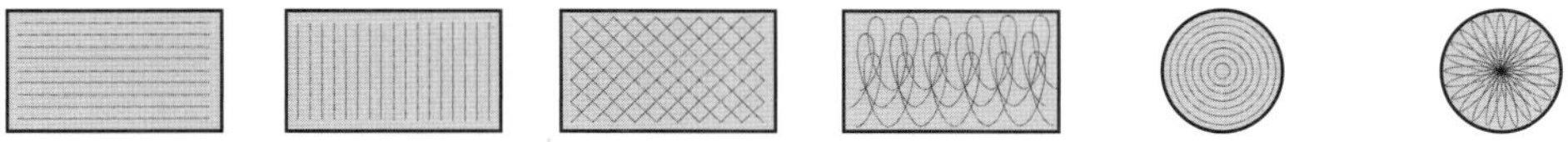

Dans la plupart des cas, les marques inhérentes à l'usinage n'ont que peu ou pas d'effet sur la fonctionnalité de la pièce. L'aspect visuel est important et donne une touche de finition soignée sur une pièce usinée. L'expérience montre qu'un simple réglage lors de l'usinage donne une qualité d'état de surface sensiblement amélioré, sans compromettre ni la production, ni les coûts de fabrication. Les éléments hautement soignés sont livrés avec un film protecteur en plastique.

Exercice 5.5

Les indications des états de surface doivent être notées pour une pièce de tournage. Compléter la vue de la pièce selon les indications suivantes : les faces aux extrémités sont tronçonnées finement à la meule. La face gauche de la collerette a une rugosité de 0,8 μm. Le diamètre de la collerette doit avoir une rugosité comprise entre N7 et N5 obtenue par meulage. Le cône doit subir un brunissage de qualité N1. L'alésage doit être poli grossièrement. Le fond de la gorge de gauche doit être de qualité N4.

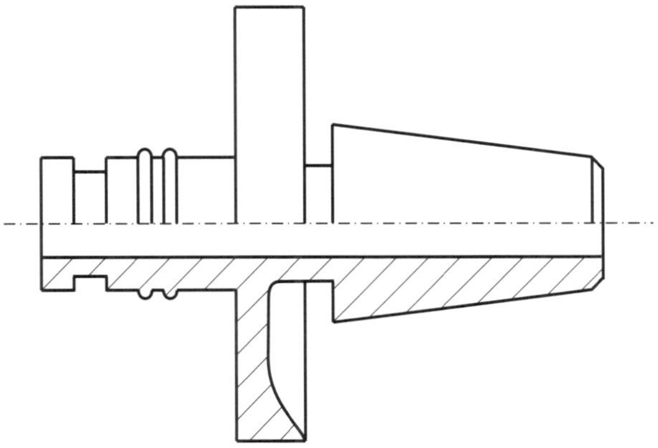

Exercice 5.6

Compléter les deux vues en inscrivant les états de surface conformément aux données.

Les deux faces principales :	0,8 µm…0,2 µm, stries croisées.
Faces longues du pourtour :	3,2 µm, stries perpendiculaires.
Trous circulaires :	aucune indication particulière.
Faces courtes du pourtour :	25 µm, pas d'usinage en plus.
Rainure de profil elliptique :	3,2 µm, stries longitudinales.
Ouverture oblongue centrale :	1,6 µm.

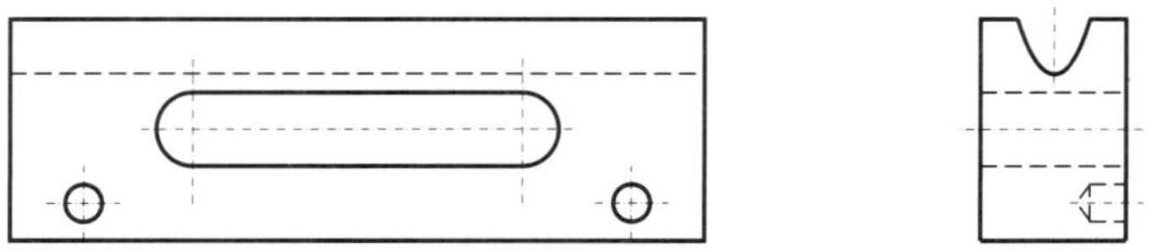

Exercice 5.7

Le corps central d'un axe de Ø32g6 est usiné avec une rugosité N5. Sur la totalité de sa longueur utile, soit 115 mm, il subit un chromage dur (hr) sur acier (Fe) sur une épaisseur de 50 µm sans précision de la rugosité. Puis il est rectifié sur 82 mm avec une rugosité *Ra* 1,6.

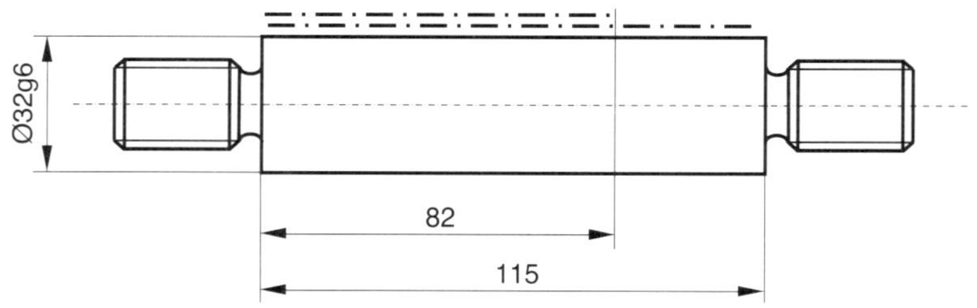

6 TECHNIQUES D'ASSEMBLAGE

6.1 Types d'assemblage

Pour rendre solidaires plusieurs éléments, de nombreuses techniques relativement différentes sont à disposition. La première question à se poser est de savoir si ce sera un assemblage démontable ou indémontable. Par ***démontable***, on entend une séparation des éléments assemblés, avec ou sans outillage, comme l'utilisation de la visserie ou d'une bande velcro.

Un assemblage ***indémontable*** ne permet pas la séparation des pièces constituant le montage. Dans la plupart des cas, le démontage d'un assemblage indémontable (!) provoque la destruction des éléments de fixation ou, pire, la destruction des éléments assemblés. Ces assemblages sont réalisés par soudage, brasage, collage, rivetage, sertissage, etc.

6.2 Assemblages démontables

La propriété d'un assemblage pouvant se démonter a l'avantage de rendre séparés et individuels tous les éléments constitutifs de l'assemblage. Une modification technique ou un remplacement peuvent être opérés sur un élément ou sur une partie de l'assemblage, sans modifier les propriétés du reste de l'ensemble. Lors de la mise au point de prototypes, il est conseillé, pour ne pas dire indispensable, de prévoir un démontage complet. Il faut également veiller à concevoir des éléments facilement compatibles, tout en respectant le cahier des charges.

Le confort d'utilisation tient parfois à peu de chose. L'introduction ou l'extraction de la carte SIM (*Subscriber Identity Module*) de certains téléphones cellulaires est un vrai casse-tête, alors que sur d'autres modèles, c'est un jeu d'enfant. Pourtant la fonctionnalité est la même, mais la mise en œuvre est fortement différente. Souvent la manipulation d'un objet technique simple pose problème. Qui n'a pas été, une fois, confronté à l'ouverture d'une boîte ? Derrière ces réalisations, des ingénieurs ont entrepris des investigations pour aboutir à une solution. Le système démontable demande des connaissances approfondies de tous les éléments constitutifs, et plus particulièrement les éléments normalisés.

Les éléments d'assemblage standards, rencontrés dans la majorité des montages, sont normalisés et répertoriés dans les catalogues de nombreux fabricants et fournisseurs. La visserie au sens large regroupe principalement les tiges filetées, les vis, les écrous et les rondelles. Moins fréquemment, les goupilles, les clavettes, les bagues d'arrêt, les roulements, les engrenages, les ressorts, les transmissions, les guidages et les joints sont utilisés dans les assemblages de tous types. Cette liste n'est pas exhaustive.

6.3 Vis filetée

Les origines de la vis remontent à l'Antiquité, avec un lien de parenté proche du filetage classique. C'est la vis d'Archimède, dont la fonction était initialement de produire le déplacement d'un liquide. La rotation d'un cylindre équipé d'un sillon hélicoïdal à pas constant, sur son axe principal, produit un déplacement axial. Ce principe est celui de la ***vis.*** Une variante est la ***vis sans fin***, utilisé dans de nombreuses applications, comme les engrenages à grand taux de réduction, les systèmes de vidange, l'approvisionnement en divers matériaux.

Il existe une grande quantité de filetages normalisés. Indépendamment de son diamètre nominal, un filetage se caractérise par la forme de son profil, le nombre de filets et le sens de l'hélice.

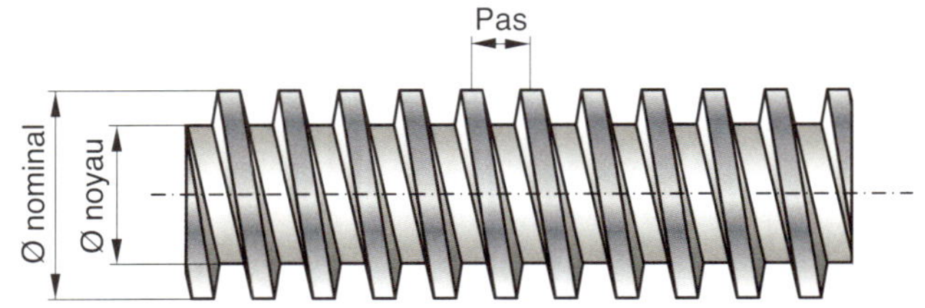

Vis trapézoïdale de traction

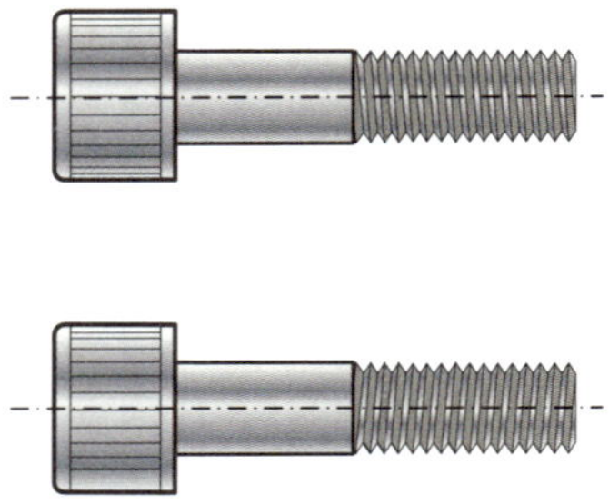

Vis standard RH
Filetage à droite

Vis spéciale LH
Filetage à gauche

Dans la mesure du possible, il est préférable d'utiliser le filetage métrique standard, car il est normalisé et présente une grande facilité d'interchangeabilité. Les difficultés apparaissent avec les machines et éléments provenant du monde anglo-saxon, la base du dimensionnement étant en inches (25,4 mm), ce qui impose également l'utilisation d'un outillage en inch. Rares sont les compatibilités entre les deux systèmes ; l'exemple le plus connu est la vis ou l'écrou ayant un six pans de ¾ inch pouvant se démonter avec une clé de 19 mm.

Si le dimensionnement du filetage métrique standard est trop restrictif, il existe la possibilité d'utiliser le filetage métrique fin. Le diamètre nominal est identique, le pas du filet est plus faible, ce qui donne un diamètre de noyau (fond de filet) plus grand.

Pour de l'assemblage, le filetage standard répond aux différents besoins. Toutefois, si le diamètre nominal doit être conservé avec un pas différent, il existe plusieurs pas fins à disposition. Lors de la cotation, seul le diamètre nominal standard est inscrit. Pour un pas fin, le diamètre nominal et le pas sont inscrits. Tous les pas fins ne sont pas forcément normalisés.

Filetage	*Dimension*	*Pas*	*Ø perçage*
Normal	M10	1,5	8,5
	M10x0,75	0,75	9,25
Pas fin	M10x1,00	1	9
	M10x1,25	1,25	8,75

D'autres types de filetages sont utilisés dans l'industrie. Le filetage métrique étant principalement utilisé pour l'assemblage, au sens large, il y a le filetage en dent de scie et le filetage rond utilisés pour les applications nécessitant de fortes charges axiales. Les filetages électriques, dont le profil est rond, ne subissent que de faibles sollicitations mécaniques. Ils sont principalement construits avec de la fine tôle en laiton, comme les culots d'ampoule à vis.

Toute la tuyauterie utilisée dans les ouvrages de génie est usinée avec des filetages de type NPT (*National Pipe Taper*). Leurs dimensions nominales sont en inch et le pas est donné en nombre de filets par pouce.

Dans les domaines de l'aéronautique et du spatial, c'est une variante du filetage métrique qui est utilisée. Sa particularité est d'avoir les flancs du filet liés par un rayon. Ce procédé évite une amorce de rupture. La notation dispose de l'ajout J définissant ce type de filetage:

MJ16x1,5

La représentation de la vue d'un filetage s'effectue avec un trait fort continu pour le diamètre extérieur et un trait fin continu pour le fond de filet. Au-delà de la longueur utile du filetage, le trait de fond de filet est interrompu (ou finissant en mourant pour rejoindre le diamètre nominal, les deux versions étant admises). La vue en coupe donne le fond de filet en trait fin continu jusqu'à la longueur utile du filetage. Sur la vue en bout, le fond de filet est indiqué par trois quarts de cercle en trait fin continu.

Pour le filetage intérieur (taraudage), la vue est donnée par des traits fins interrompus car ce sont des arêtes cachées. Pour la coupe, le diamètre de perçage est en trait fort continu et le fond de filet est en trait fin continu. Pour les vues en bout (vue et coupe) le diamètre de perçage est en trait fort continu et le fond de filet correspond à trois quarts de cercle en trait fin continu.

Vue *Coupe*

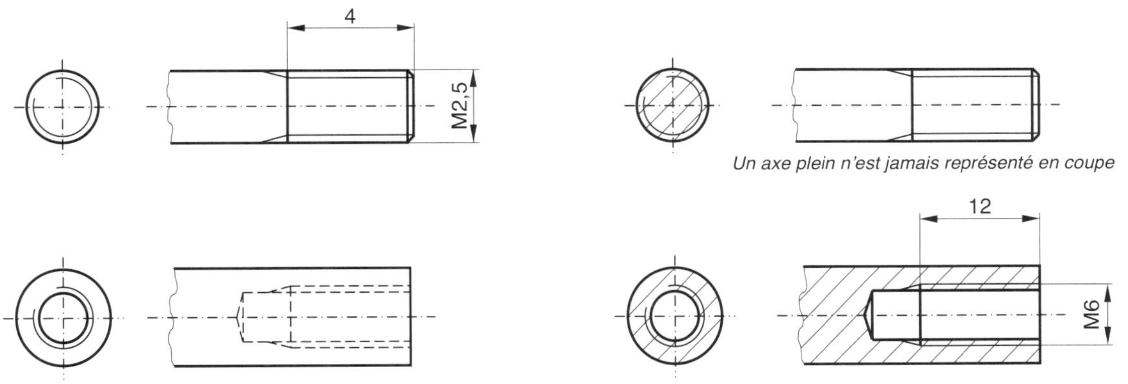

Les sorties de filetage ont des dimensions normalisées. Le choix du type de sortie de filetage est dicté par l'utilisation de la pièce usinée. Pour une tige filetée dont le diamètre nominal correspond au diamètre du filetage, la fabrication de la partie filetée s'arrête en mourant au diamètre de la tige, car la sollicitation mécanique n'est pas élevée. Pour un goujon (tige filetée fortement sollicitée en traction), il est indispensable d'usiner une gorge de fin de filetage, avec des rayons de raccordement de dimensions spécifiées.

Tige filetée *Goujon*

Exercice 6.1

Effectuer, selon la vue partielle ci-dessous, la cotation simplifiée de la gorge de filetage métrique ISO (68-1) de nominal 10. Cette gorge est de longueur normale.

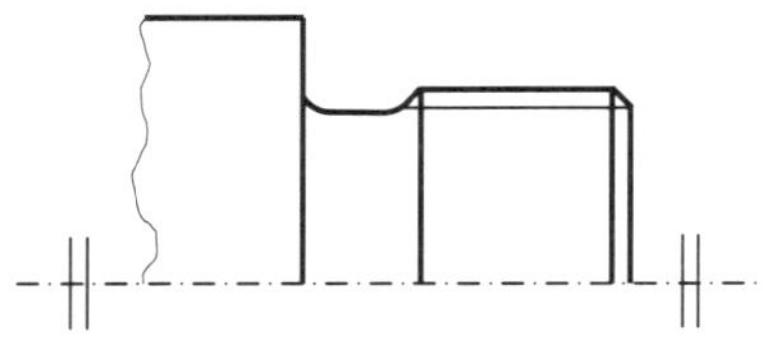

6.4 Vis d'assemblage normalisée

Les assemblages démontables avec éléments de fixation simples utilisent des vis ou vis et écrous. L'*Extrait de normes* donne une abondante documentation concernant ces éléments d'assemblage à vis. Sans revenir sur tous ces listings et tableaux comparatifs, il est important de fixer les notions quant à la destination d'un choix de visserie plutôt qu'un autre. Toutes les vis ont pour rôle premier d'assembler deux éléments.

L'assemblage d'une plaque sur une base épaisse à l'aide d'une vis non traversante est représenté en utilisant les quatre types de vis les plus courants. Pour les trois premiers types, le montage est flottant de plusieurs dixièmes de millimètre (en fonction du diamètre nominal) et le centrage précis n'est pas assuré. Il faudrait prévoir une goupille ou un autre artifice. La vis à tête conique permet un bon autocentrage des deux éléments assemblés. Pour un positionnement de précision, il faut utiliser des goupilles de centrage (axes de précision garantissant la répétabilité du positionnement).

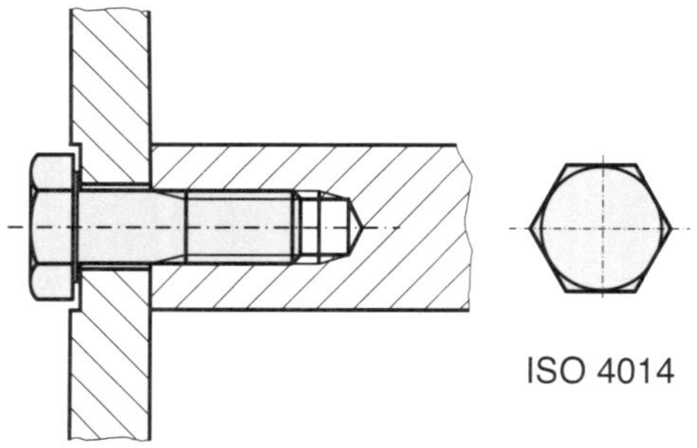

ISO 4014

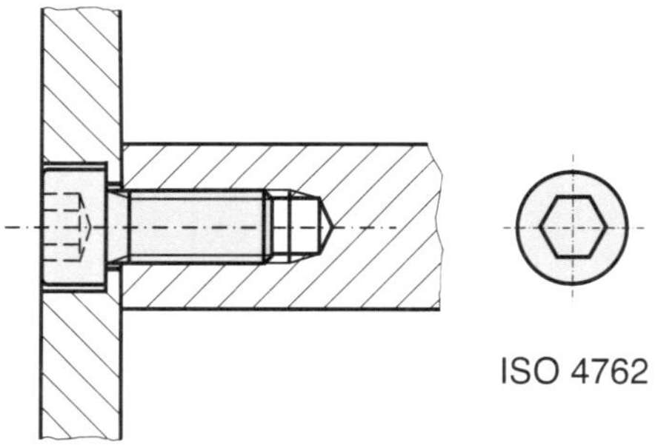

ISO 4762

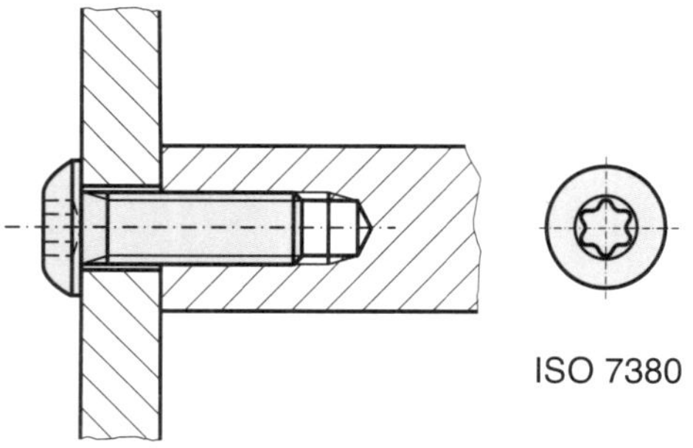

ISO 7380

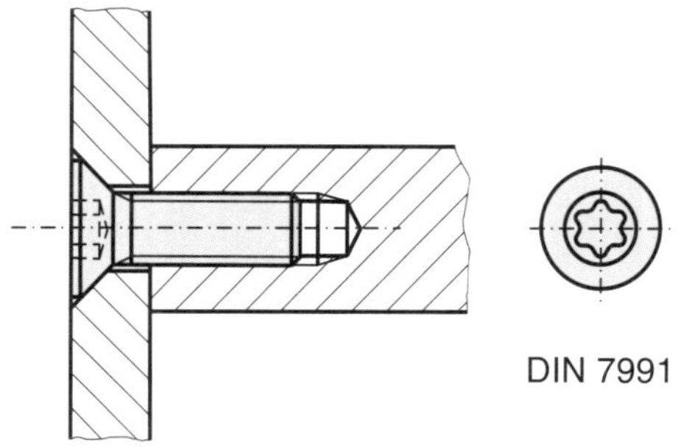

DIN 7991

Les quatre cas présentés sont réalisés avec de la visserie classique. Les vis à tête conique sont autocentrantes. Toutefois, une vis dans son logement a toujours un peu de jeu résiduel, même si les cônes de la vis et de la pièce sont ajustés.

Hormis les différentes sortes de vis proposées dans l'*Extrait de normes*, il existe plusieurs cas particuliers d'éléments d'assemblage pour applications spécifiques. Le remplacement de ces éléments par de la visserie classique n'est pas possible. Voici deux cas rencontrés dans certains assemblages : la ***vis à tête extrêmement basse*** et la ***vis d'ajustement à épaulement***.

La ***vis à tête extrêmement basse*** est utilisée où les restrictions d'encombrement sont prépondérantes. Le six pans creux n'est utilisé que pour éviter la rotation lors du serrage de l'écrou. Sa faible profondeur provoquerait une déformation du logement ou éventuellement une déformation du six pans de la clé. En cas d'utilisation comme élément d'assemblage sans écrou, la classe de résistance à la traction devrait être employée à seulement 60 %.

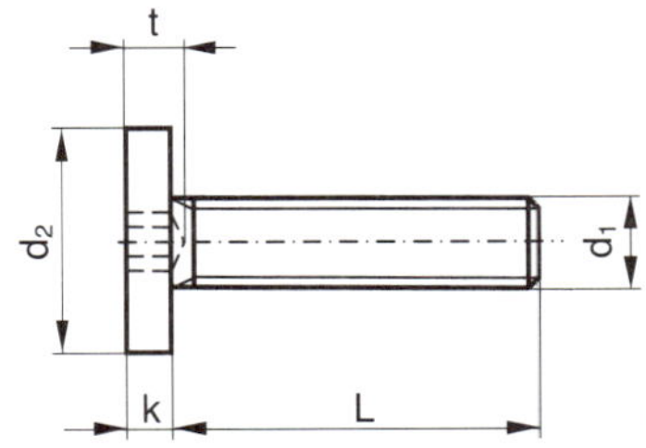

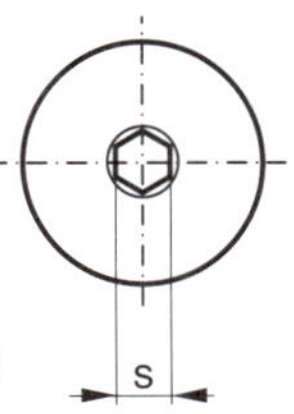

BN 1206

d_1	***M4***	***M5***	***M6***	***M8***	***M10***
d_2	8	9	10	13	16
k	1,5	1,5	1,5	1,5	1,5
s	2	3	3	4	5
$t_{max.}$	2,5	3	4	5	6

La fonction de la ***vis d'ajustement à épaulement*** est d'assurer un alignement de qualité entre deux éléments pouvant être démontés à plusieurs reprises. Cette vis supprime le travail d'alignement sans avoir recours à une goupille de centrage. Le corps principal est rectifié (meulage de précision) avec un état de surface *Ra* 0,8. La coaxialité du cylindre rectifié est tolérancée par rapport au filetage. L'utilisation de la vis d'ajustement à épaulement comporte quelques restrictions : elle n'est pas destinée à un serrage de grande intensité comme le serait une vis d'assemblage de haute résistance à la traction. Le six pans creux a seulement la fonction de tenir la vis lors du serrage de l'écrou. Au cas où elle serait utilisée sans écrou, la classe de résistance à la traction devrait seulement être utilisée à 60 %, du fait de l'ouverture de clé et de la faible profondeur du six pans creux. La clé utilisée lors du serrage risque d'être déformée.

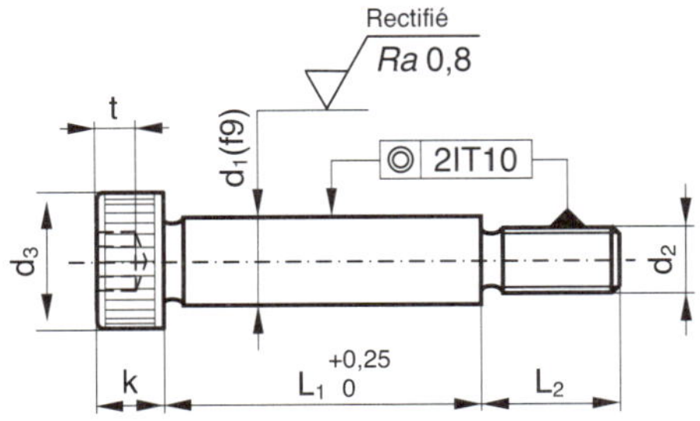

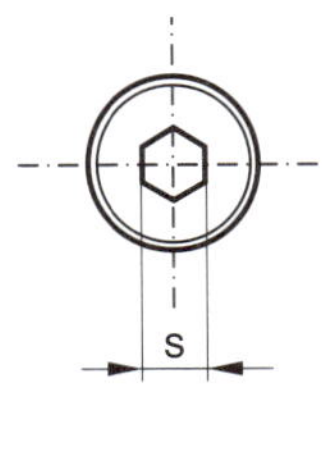

ISO 7379

d_1	***6***	***8***	***10***	***12***	***16***	***20***	***24***
max.	5,990	7,987	9,987	11,984	15,984	19,980	23,980
min.	5,960	7,951	9,951	11,941	15,941	19,928	23,928
d_2	M5	M6	M8	M10	M12	M16	M20
2IT10	0,12	0,12	0,12	0,12	0,14	0,14	0,14
d_3	10	13	16	18	24	30	36
$k_{max.}$	4,5	5,5	7	8	10	14	16
$t_{min.}$	2,4	3,3	4,2	4,9	6,6	8,8	10
L_2	9,5	11	13	16	18	22	27
s	3	4	5	6	8	10	12

Exercice 6.2

Trouver la dénomination de chaque élément d'assemblage ainsi que son identification normalisée raccourcie. Prendre avec précision les mesures sur les représentations à l'échelle 1:1.

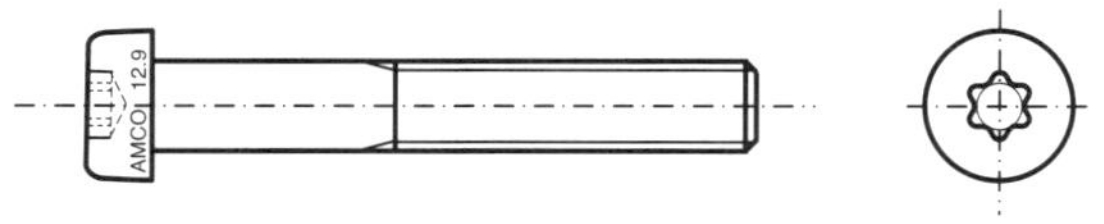

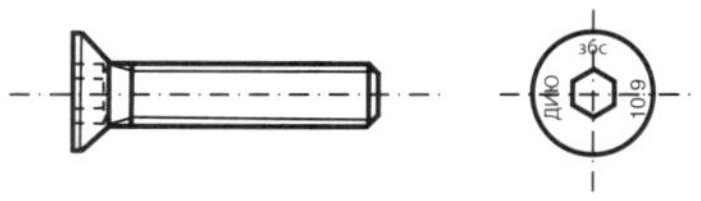

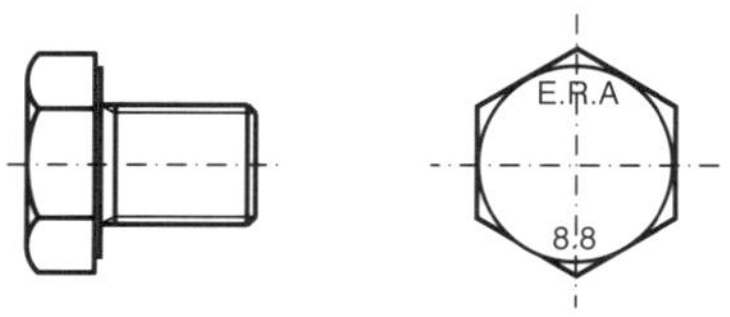

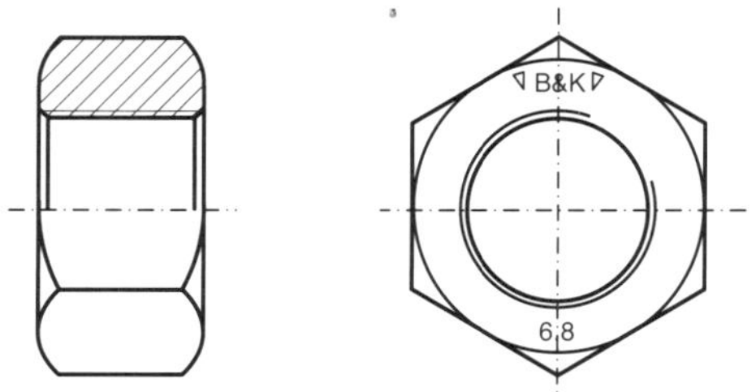

Exercice 6.3

Une vis différentielle est utilisée pour déplacer deux éléments mobiles A et B solidaires d'un guidage en queue-d'aronde. Les pas de vis sont de MF6x0,75 et UNEF1/4"-32. Calculer la variation de distance entre A et B lorsque la vis subit une rotation de 7π radians.

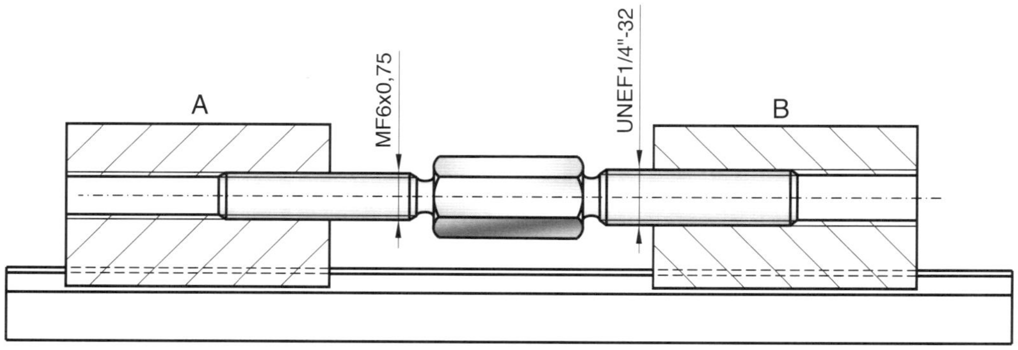

Le marquage de la qualité des vis, en plus de la marque du fabricant, est apposé sur la tête de la vis, tête six pans comme tête cylindrique. Ce marquage donne la résistance à la traction du matériau de la vis, soit la résistance nominale $\boldsymbol{R_m}$ en N/mm². Le marquage indique également la limite élastique du matériau $\boldsymbol{R_e}$ en N/mm². (1 N/mm² = 1 MPa).

Exemple: **6.8** → $6 \cdot 8 \cdot 10 =$ **480** N/mm² — R_e Limite élastique

→ $6 \cdot 100 =$ **600** N/mm² — R_m Résistance à la traction

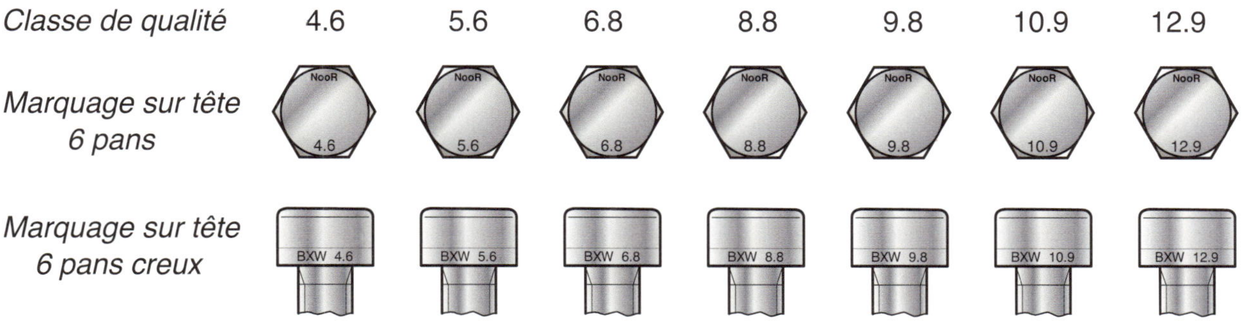

Cette représentation n'est pas exhaustive; elle correspond aux qualités disponibles chez les fournisseurs. Les autres qualités font l'objet de commandes spéciales. La visserie rencontrée le plus fréquemment dans les ateliers et entreprises est de qualité 8.8 pour le standard et pour la qualité supérieure, 10.9 pour les têtes six pans et 12.9 pour les têtes six pans creux.

Pour la visserie SAE (*Society of Automotive Engineers*), qui est utilisée dans le monde anglo-saxon, le code de classification est quelque peu différent du système métrique selon ISO. L'équivalence des tensions admissibles est à prendre de manière informative. Il est nécessaire de consulter les fabricants pour obtenir des valeurs de contraintes précises.

Le marquage de la visserie sur les vis à tête six pans est défini par le nombre de segments visibles sur le dessus de la tête de vis.

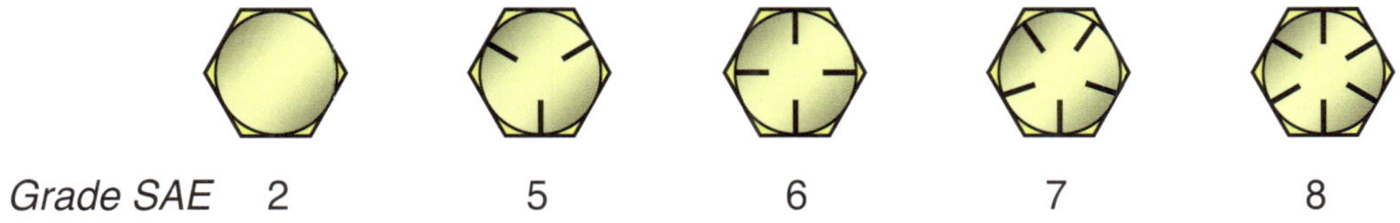

Grade SAE	*2*	*5*	*6*	*7*	*8*
R_e *(N/mm²)*	375	580	640	720	820
R_m *(N/mm²)*	510	820	870	910	1030
Équivalent ISO	5.8	8.8	8.8	9.8	10.9

Exercice 6.4

La plaque de fermeture d'un cylindre de 70 mm de diamètre est assemblée avec huit vis à six pans creux de M10 pas normal. La pression à l'intérieur du cylindre est de 107 MPa. Déterminer le choix de la qualité minimale de visserie pour garantir l'assemblage (sans dépassement de la limite élastique R_e).

Exercice 6.5

Un crochet de suspente est soudé sur une plaque qui est fixée au plafond à l'aide de quatre vis M8 x 50-12.9. Chaque vis est serrée avec une précontrainte de 7,2 kN. Calculer la charge maximale (en kg) que l'on peut suspendre à ce crochet, en respectant la limite élastique R_e et avec un facteur de sécurité de 2,5.

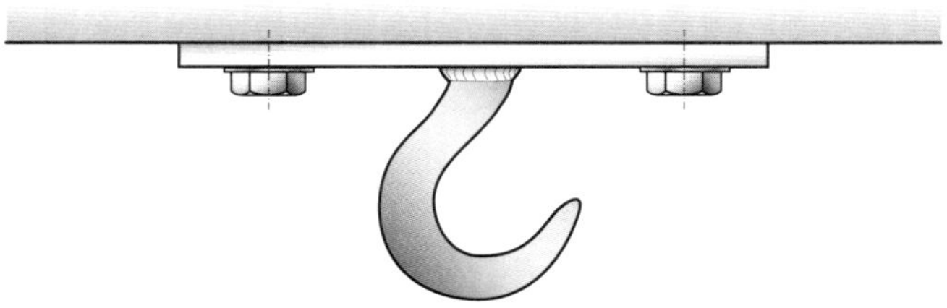

6.5 Écrou

L'élément de fermeture d'un assemblage avec vis est l'écrou six pans. L'écrou standard ISO 4032 existe en plusieurs épaisseurs également normalisées, dont la courante correspond à 0,8 d. Les autres épaisseurs (également normalisées selon d'autres normes) sont fonction du diamètre nominal.

0,5 d

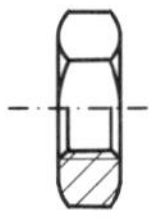

DIN 439

0,8 d

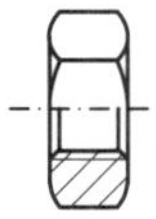

ISO 4023

1 d

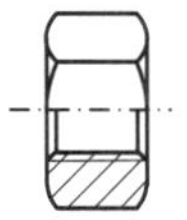

ISO 4033

3 d

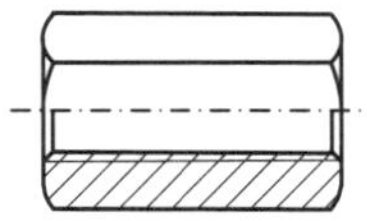

DIN 6334

En plus des exécutions courantes, il existe une grande quantité d'écrous devant répondre à diverses applications. Parmi les types couramment utilisés, citons les écrous suivants:

Écrou borgne

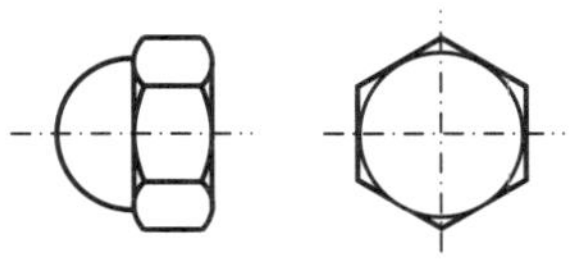

DIN 986

Écrou carré

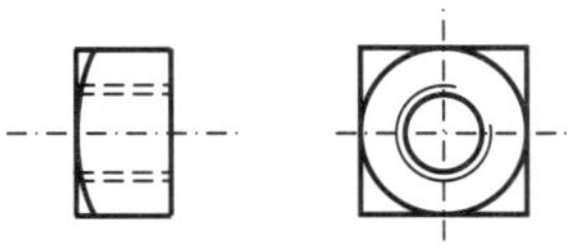

DIN 557

Écrou triangulaire

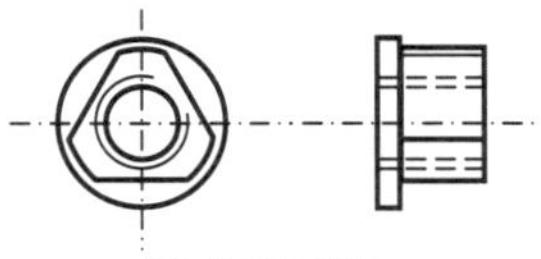

DIN 22425

Écrou cylindrique à fente

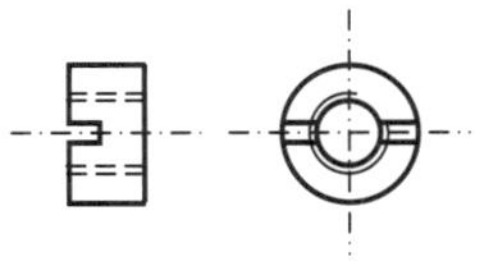

DIN 546

Écrou cylindrique à trous

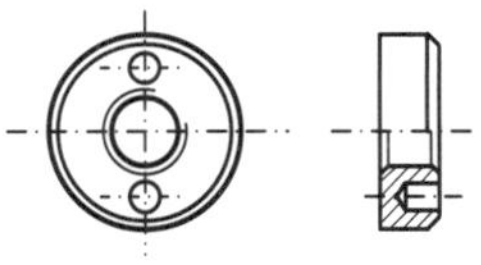

DIN 547

Écrou cylindique à encoches

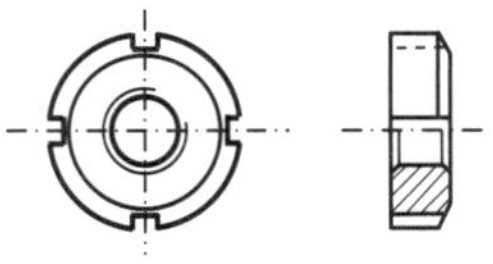

DIN 1804

Écrou à oreilles

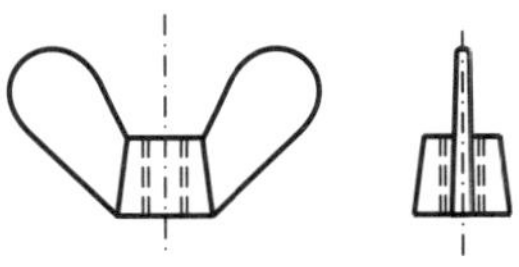

DIN 315

Écrou moleté

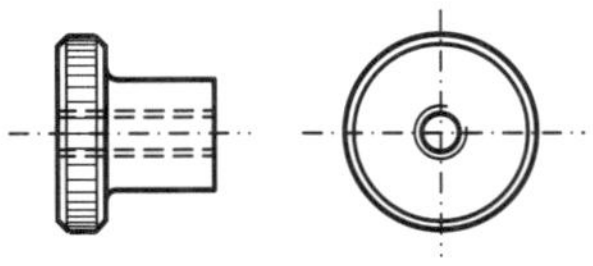

DIN 466

Écrou à croisillons

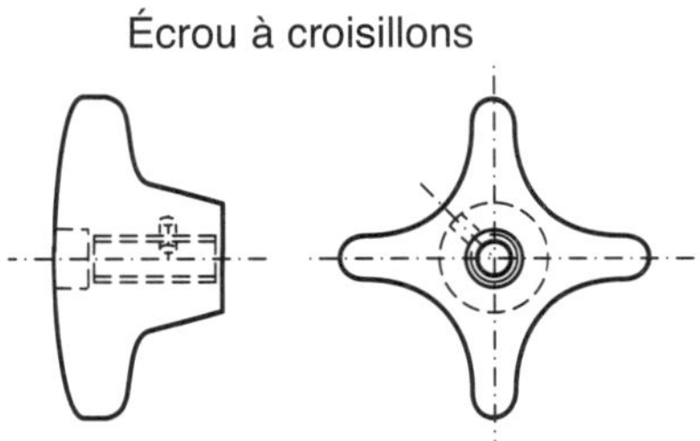

Produit non normalisé

Il faut ajouter à cette liste tous les écrous spéciaux pour applications spécifiques: les écrous à souder (Norme DIN 928 et 929), les écrous à presser (selon normes des fabricants) et les écrous à river (selon normes des fabricants).

Pour assurer le blocage (antirotation) d'un écrou, sans utiliser de rondelle ressort, de rondelle à griffes ou autres, il existe des écrous de sécurité type V3 (DIN 980) dont trois des six faces ont subi une déformation de quelques dixièmes de millimètres. Lors du vissage à vide, la rotation de l'écrou nécessite l'emploi d'outils car le frottement est important, rendant ainsi le dévissage impossible.

L'emploi de ces écrous est à usage unique. L'arrachage de matière, principalement sur l'écrou, est élevé en cas de dévissage volontaire, ce qui produit des particules de métal pouvant compromettre le fonctionnement de l'ensemble. Il arrive que la vis soit également hors d'usage lors du démontage d'un tel écrou.

Un autre type d'écrou autobloquant à usage unique, est l'écrou de sécurité de forme basse avec rondelle en polyamide (ISO 7040/DIN 985). Son serrage est moyennement élevé et permet un démontage sans laisser de trace sur la vis. Comme la rondelle de polyamide se déforme pour épouser le profil de la vis, il est préférable de changer d'écrou après quelques démontages, car l'autobloquant s'affaiblit après quelques utilisations.

Écrou de sécurité avec rondelle polyamide

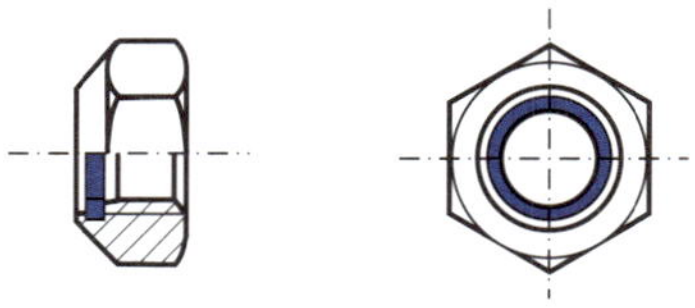

DIN 985

L'écrou crénelé nécessite l'emploi d'une goupille entravant la rotation. Les trois rainures permettent un verrouillage du serrage tous les 60°.

Écrou crénelé

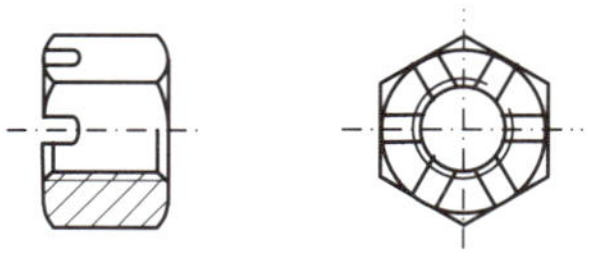

DIN 935

6.6 Rondelle

Un assemblage de qualité réalisé par une vis et un écrou nécessite l'emploi d'une (ou plusieurs) rondelle(s). La rondelle plate (ISO 7089) donne une meilleure répartition de la pression. Derrière la tête de la vis six pans, il y a une fine collerette évitant l'arrachage de matière lors d'un serrage dans un taraudage borgne. La rondelle plate vient entre l'écrou et la pièce à assembler.

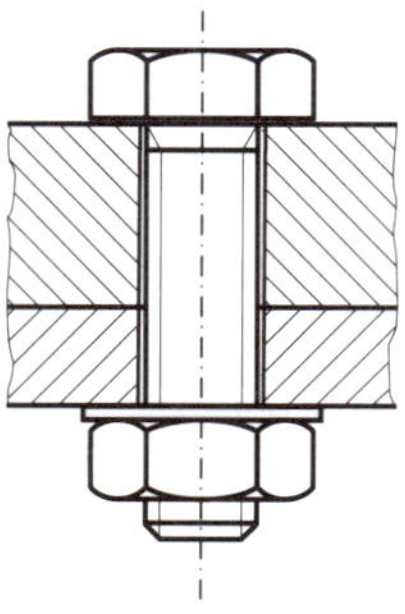

La classification des rondelles se fait selon leur fonction. Leurs deux fonctions principales sont la protection des surfaces des éléments à assembler, et l'assurance d'un serrage sans démontage intempestif. Une rondelle peut aussi avoir un rôle d'élément isolant électrique. D'autres fonctions, comme les besoins esthétiques, restent secondaires.

- Rondelle plate servant à ***protéger la surface*** de la pièce au serrage de la vis.

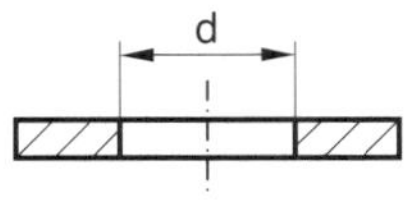

Rdl DIN 125-A 8,4-140 HV

Rdl	:	Rondelle
DIN 125	:	Norme
A	:	Forme (sans chanfrein)
8,4	:	Diamètre intérieur (d)
140 HV	:	Spécification de la matière

- Rondelles de sécurité et rondelles-frein servant à ***assurer la vis ou l'écrou*** contre un desserrage spontané.

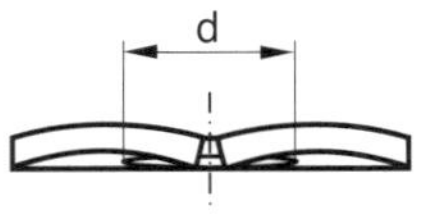

Rdl élast. DIN 128-A 12-Ac ress

Rdl élast.	:	Rondelle élastique
DIN 128	:	Norme
A	:	Forme (bombée)
12	:	Diamètre intérieur (d)
Ac ress	:	Spécification de la matière

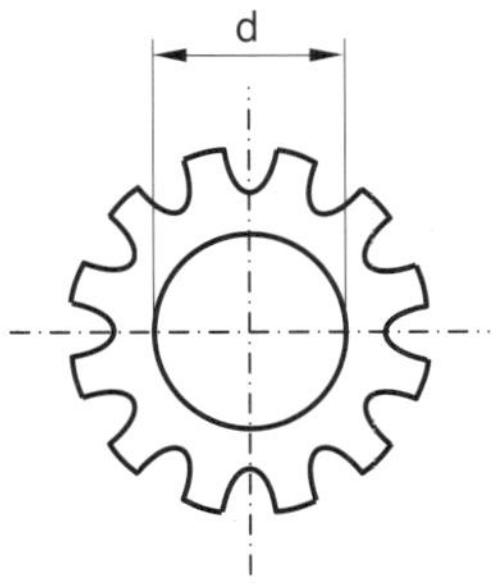

Rdl dentée DIN 6797-A 6,4-Ac ress

Rdl dentée	:	Rondelle dentée
DIN 6797	:	Norme
A	:	Forme (denture extérieure)
6,4	:	Diamètre intérieur (d)
Ac ress	:	Spécification de la matière

Selon les besoins, une rondelle élastique (DIN 6796) est utilisée afin d'éviter le desserrement du montage. Une solution plus drastique est l'emploi de la rondelle Grower, ayant l'allure d'une spire de ressort de section carrée. Son rôle est d'obliger l'écrou à rester en contact avec la tige filetée de la vis durant les vibrations. La coupe en biseau convenablement inclinée et la présence de becs s'opposent au desserrage en imprimant dans la pièce fixe et dans l'écrou un petit obstacle par déformation permanente.

Rondelle Grower

DIN 127 A

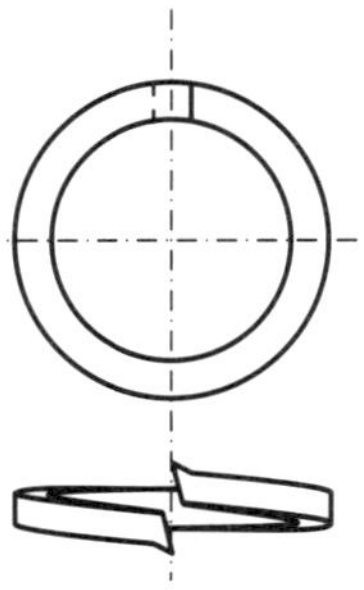

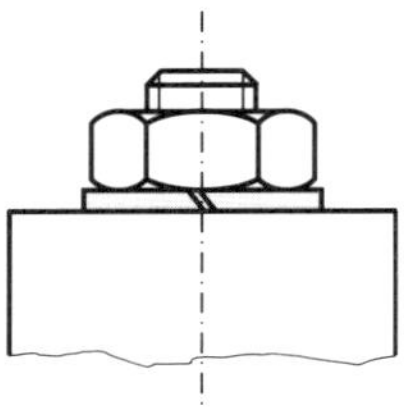

Ensemble monté

Une série importante de rondelles éventail (DIN 6798) est à disposition pour assurer tous types d'assemblages. Elles sont fabriquées à partir de rondelles plates et des dents sont découpées puis tordues en hélice à gauche, ce qui facilite le serrage et empêche le desserrage. Cette denture est fabriquée sur le diamètre intérieur ou sur le diamètre extérieur de la rondelle.

Rondelle élastique

DIN 6798

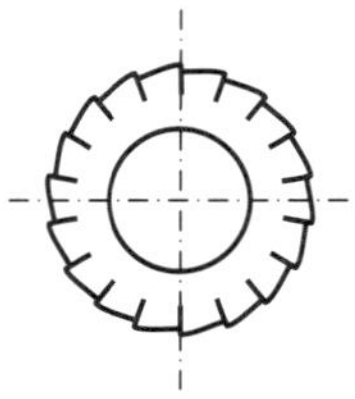

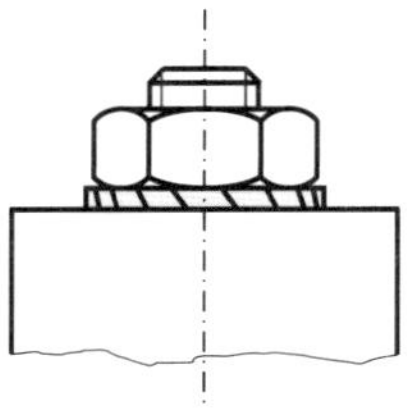

Ensemble monté

Le frein au desserrage de ces différentes rondelles est efficace si les conditions d'utilisation sont respectées, à savoir les pressions de service et l'emploi unique (pas de multiples montages et démontages avec la même rondelle). Les rondelles élastiques arrachent la matière des éléments assemblés lors de démontages fréquents. Il convient de prévoir une autre solution dans ce cas.

6.7 Goupille

Dans les assemblages, les goupilles ont deux fonctions distinctes : elles sont utilisées pour la fixation ou pour l'ajustage. Elles ne sont pas prévues pour assurer les deux fonctions simultanément, car leur type est différent selon leur utilisation. Elles travaillent le plus souvent en cisaillement.

Goupille de fixation

Ce type de goupille sert essentiellement à transmettre des forces et des couples. Leur fonction est d'assurer la sécurité ; en cas de surcharge, c'est la goupille qui va être cisaillée et non pas un autre élément de l'assemblage qui subira une déformation permanente ou la casse. Une goupille défectueuse est facilement remplaçable et son prix de revient est très bas, comparativement à certains éléments mécaniques à forte valeur ajoutée.

Les applications les plus courantes des goupilles de fixation sont l'assemblage d'un axe et d'un moyeu, pour la transmission d'un couple. Le montage de la goupille est tangentiel ou radial.

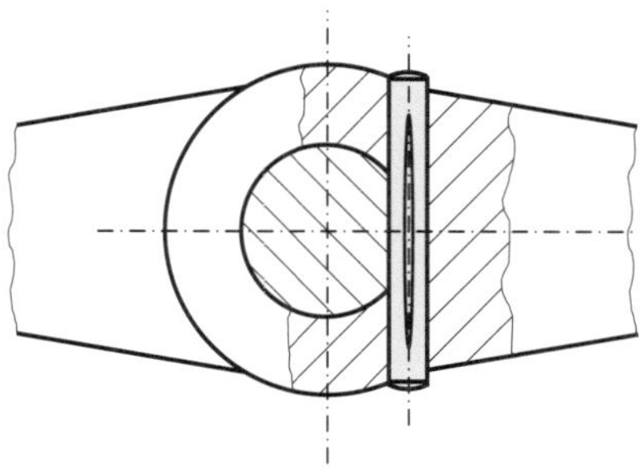

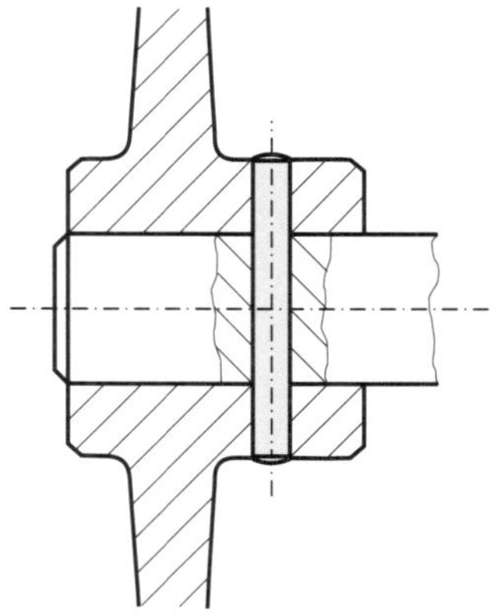

Le choix du type de goupille dépendra des sollicitations et du couple à transmettre. De nombreux modèles sont disponibles, dans toutes tailles et formes.

Goupille d'ajustage

La fonction de la goupille d'ajustage est d'assurer le positionnement précis des éléments d'un assemblage, que ce soit pour un montage unique et permanent ou pour un montage appelé à être fréquemment démonté et réassemblé. La goupille d'ajustage est l'élément idéal pour satisfaire cette opération de positionnement.

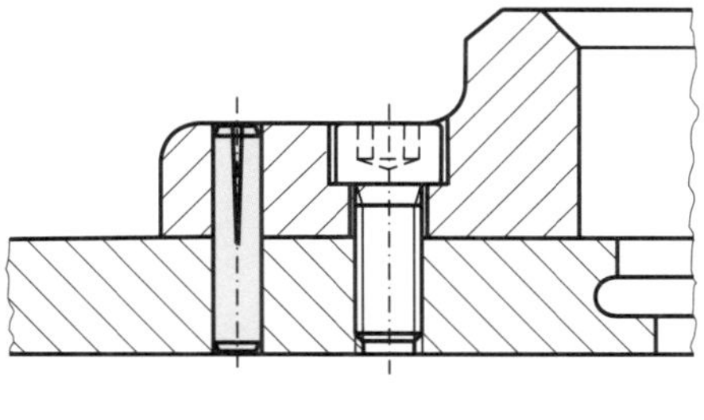

Les goupilles cylindriques existent en différentes classes de tolérance. Elles sont trempées ou non trempées, rectifiées ou non. Pour l'utilisation d'une goupille dans un trou borgne, certains types sont équipés d'un taraudage facilitant leur extraction. Elles sont pourvues d'un méplat ou d'une gorge longitudinale permettant l'échappement de l'air emprisonné lors du montage. Les logements pour les goupilles cylindriques doivent être alésés.

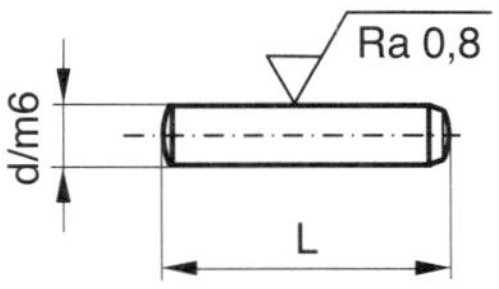

Goupille cylindrique trempée, rectifiée
Classe de tolérance: m6

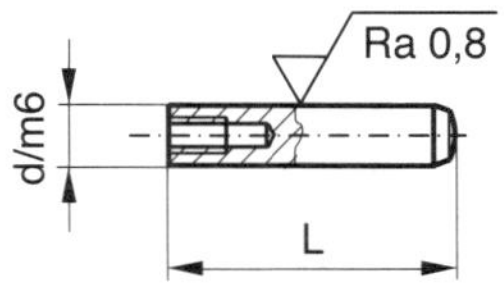

Goupille cylindrique trempée, rectifiée
Classe de tolérance: m6

Lors de l'utilisation d'une goupille cylindrique pour un ajustement, l'assemblage est réalisé afin d'obtenir un ajustement incertain dans la pièce la plus épaisse. La pièce la plus mince aura un ajustement avec jeu.

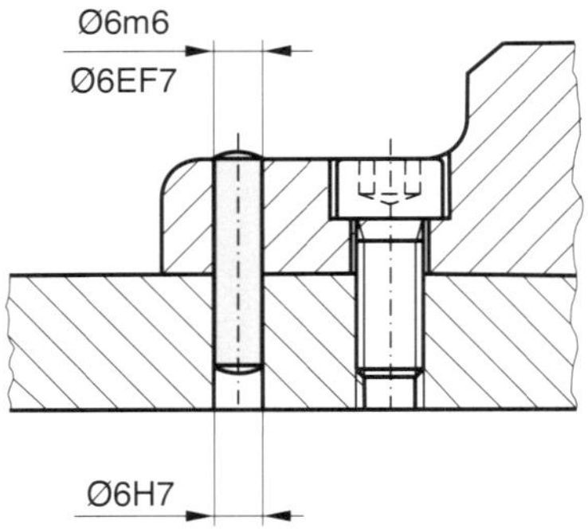

Exercice 6.6

Déterminer quels sont le jeu maximal et le serrage maximal du montage ci-dessus. Rechercher la tolérance EF7, qui n'est pas courante, dans la documentation technique, dans les *Extraits de norme* ou encore sur les sites web.

Goupille conique

La goupille conique possède un rapport de pente de 1:50. Cette goupille nécessite le passage d'un alésoir conique dans les pièces à assembler, donc le diamètre de perçage doit être inférieur au petit diamètre de la goupille d'au moins 0,2 mm. La goupille conique existe en trois versions, dont deux possèdent soit un taraudage soit un filetage pour l'extraction hors de son logement.

Goupille conique

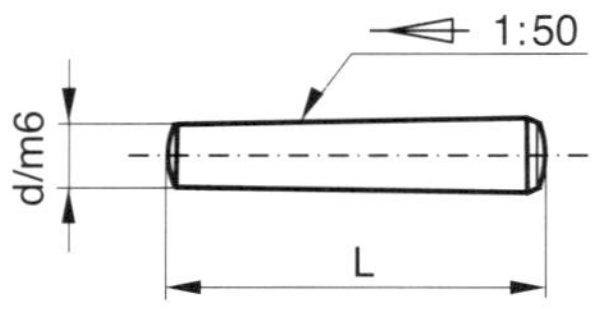

ISO 2339

Goupille conique avec trou taraudé

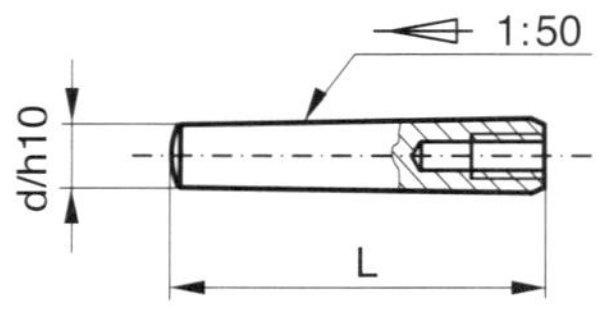

DIN 7978

Goupille conique à téton fileté

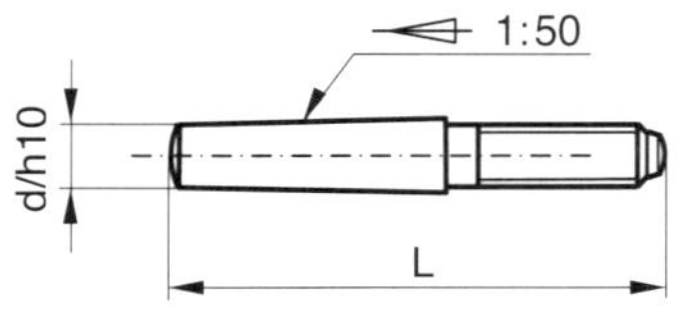

ISO 8737

Goupille élastique

Cette goupille est fabriquée en acier à ressort ou en acier inoxydable. C'est un élément facile à utiliser. Son diamètre avant montage est supérieur de 0,2 à 0,5 mm au diamètre nominal. La surcote est de 0,2 mm pour les diamètres 1 et 1,5 mm. Pour les diamètres de 2 à 3,5 mm, la surcote est de 0,3 mm. Pour les diamètres de 4 à 6 mm, la surcote est de 0,4 mm. À partir de 8 mm, la surcote est de 0,5 mm. Lors du montage, elle est comprimée, ce qui assure son maintien en position.

Goupille élastique

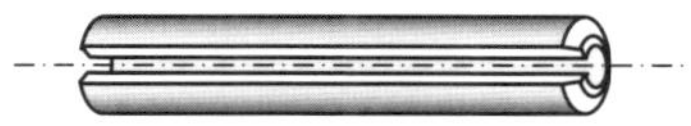

ISO 8752

Exercice 6.7

Une goupille élastique au nominal 6 est utilisée comme arrêt. Déterminer quel est le diamètre de perçage du logement devant la recevoir.

Goupille cannelée

À partir du corps cylindrique de la goupille, trois entailles longitudinales suivant trois génératrices à 120° débordant du diamètre nominal sont pratiquées. Elles assurent par déformation élastique le maintien de la goupille dans son logement. Le diamètre de perçage est égal au diamètre nominal avec tolérance H11.

Il existe de nombreuses variantes destinées à chaque application spécifique. En fonction de la position des entailles, le serrage sera effectif sur une pièce et non pas sur l'autre ; très pratique pour créer un pivot de manière simple et économique.

Goupilles cannelées

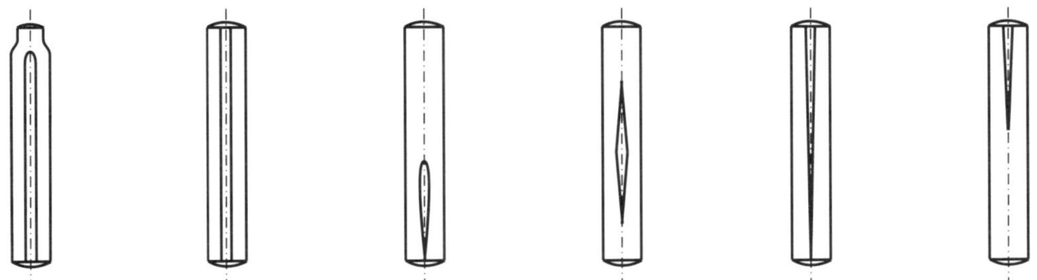

ISO 8739 ISO 8740 ISO 8741 ISO 8742/43 ISO 8744 ISO 8745

Exercice 6.8

Un assemblage, constitué d'une biellette S_1 et d'une fourchette S_2, est maintenu par une goupille cylindrique. La biellette S_1 doit pivoter librement dans la fourchette S_2. Le montage est au nominal 12. Donner la dénomination normalisée de la goupille choisie ainsi que les tolérances des alésages dans les pièces S_1 et S_2. Veiller à ce que la goupille soit fixe dans S_1 et mobile dans S_2, ceci afin que la partie en mouvement soit plus longue, diminuant ainsi l'usure de l'ensemble.

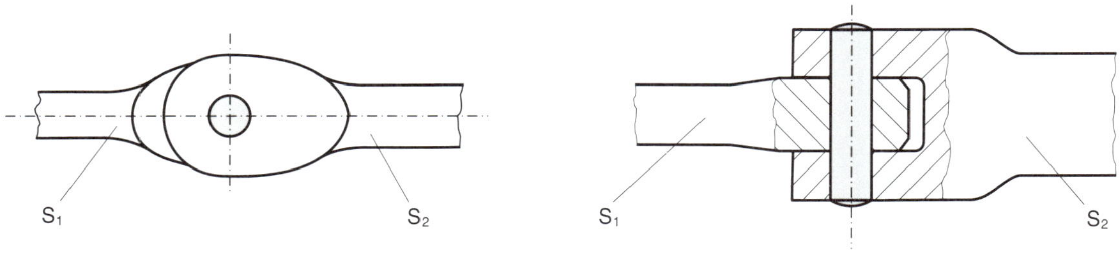

Exercice 6.9

Placer une croix dans le tableau ci-dessous selon les affirmations correctes.

Caractéristique	*Goupille cylindrique Gp cy*	*Goupille conique Gp co*	*Goupille cannelée Gp ca*	*Goupille élastique Gp ela*
Un perçage suffit				
Alésage nécessaire				
Liaison bon marché				
Liaison assurée contre les vibrations				
Pour liaison à démontage fréquent				
Sert généralement de goupille de fixation				
Sert généralement de goupille d'ajustage				
En acier à ressort				

6.8 Clavette

La fonction d'une clavette est de transmettre un couple entre un arbre et un moyeu. Le couple transmis est plus important qu'en utilisant une goupille. Toutefois, pour les couples très importants, on recourt à l'emploi d'arbres cannelés, qui sont une duplication de la fonction de la clavette. Il existe un grand nombre de types de clavettes choisies selon l'effort à transmettre, les procédés d'usinage et les procédures de montage.

Clavette parallèle

Le logement sur l'arbre est réalisé avec une fraise cylindrique deux tailles (voir p. 66). La profondeur est fonction du diamètre de l'arbre. La largeur de la rainure doit permettre un montage libre ou avec serrage. La tolérance de la largeur de la clavette est de classe h9. La rainure doit être usinée en fonction des besoins de l'assemblage.

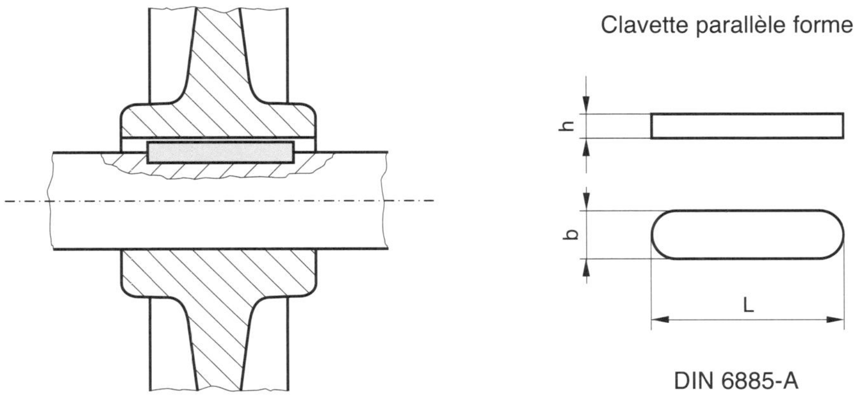

Clavette parallèle forme A

DIN 6885-A

La clavette parallèle de type B peut coulisser dans son logement pour le positionnement. Elle n'est pas maintenue longitudinalement. Pour cette raison, son logement est plus long que la longueur de la clavette, et il est usiné avec une fraise disque (p. 66).

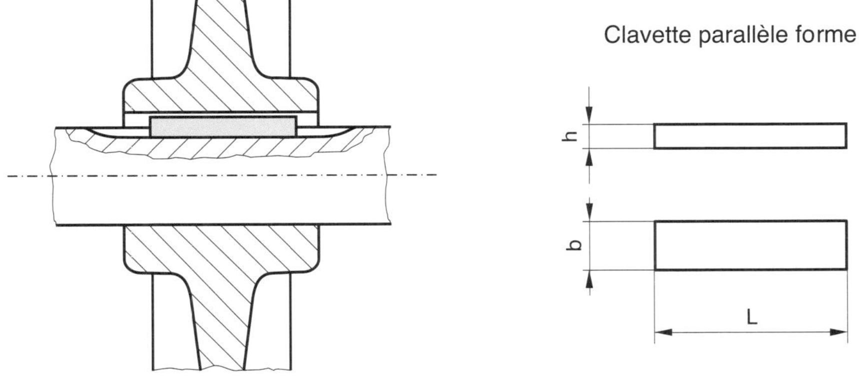

Clavette parallèle forme B

DIN 6885-B

Clavette inclinée

Une variante des clavettes parallèles de type A et B est la clavette inclinée, également de type A et B. La face supérieure a une pente normalisée de 1% par rapport à la face inférieure. La clavette inclinée de type A se monte sur l'arbre et le moyeu (alésage) vient chasser sur l'ensemble.

Cette clavette est un élément de serrage et ne s'utilise pas pour les montages précis et très concentriques. La clavette inclinée de type B ayant les faces frontales planes vient montée en la chassant entre l'arbre et le moyeu préalablement appairés.

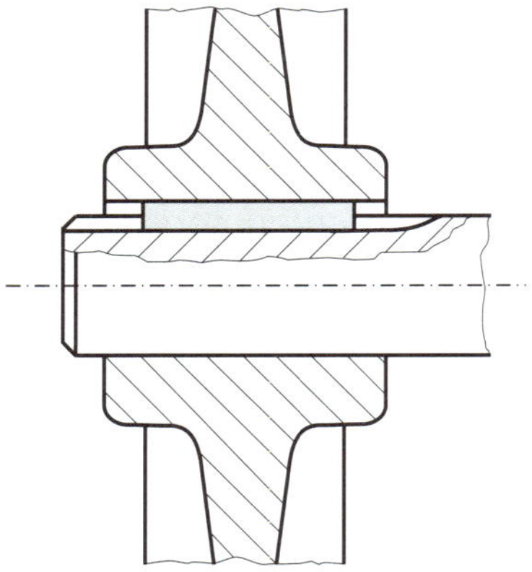

Clavette inclinée forme A

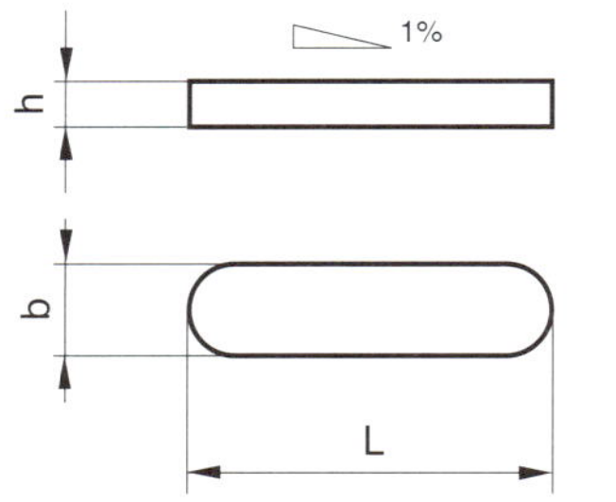

DIN 6886-A

Clavette inclinée forme B

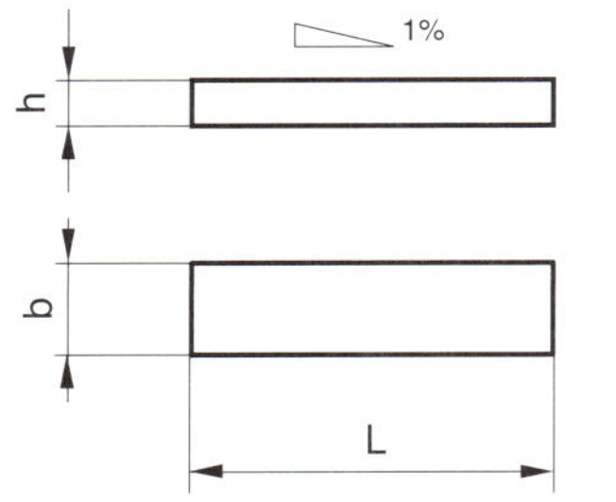

DIN 6886-B

Clavette à talon

Avec une pente identique à la clavette inclinée, la clavette à talon est utilisée dans les assemblages montables et démontables que d'un seul côté. Le talon en surépaisseur permet de retirer la clavette à l'aide d'un outil en forme de coin. Le chassage de ce dernier entre le moyeu et le talon de la clavette permet l'extraction.

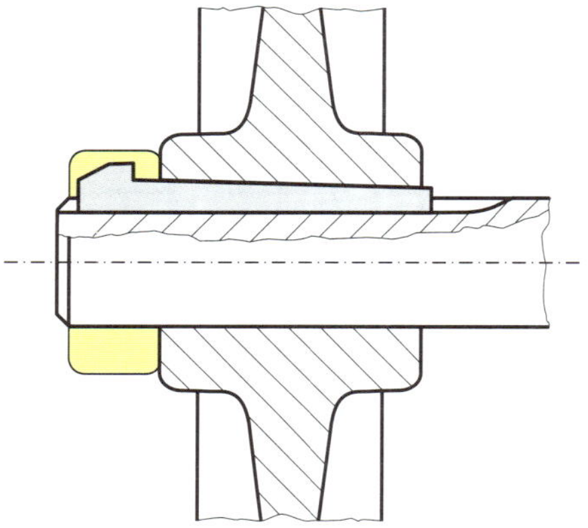

Clavette à talon

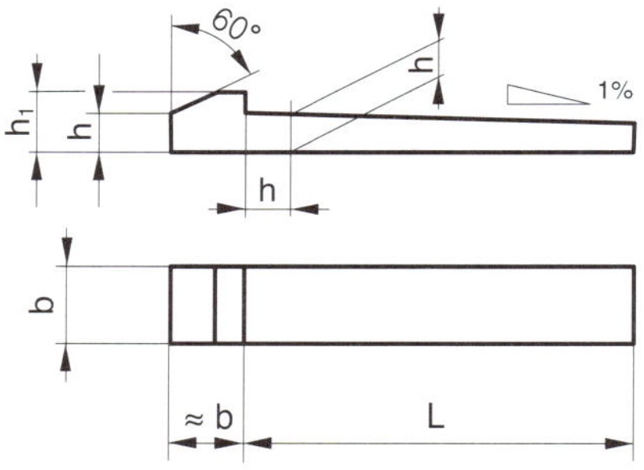

DIN 6887

Afin de prévenir les accidents produits par l'utilisation de ce type de clavette, un manchon de protection (ci-dessus en couleur jaune) est placé sur le talon. Le risque principal est l'accrochage des habits de travail.

Clavette disque (Woodruff)

Pour les faibles couples à transmettre et les arbres de petite dimension (< 25 mm), la clavette disque est une solution pratique et d'un montage simple. Ce type de clavette ne s'utilise que pour les arbres coniques. Une fois le logement fraisé sur l'arbre, la clavette est introduite à son emplacement et prendra son inclinaison d'elle-même au montage du moyeu, car elle pivote sur sa portion semi-circulaire. Un jeu de quelques dixièmes de millimètre doit subsister entre le haut de la clavette et le logement du moyeu afin d'éviter un ajustement critique en hauteur.

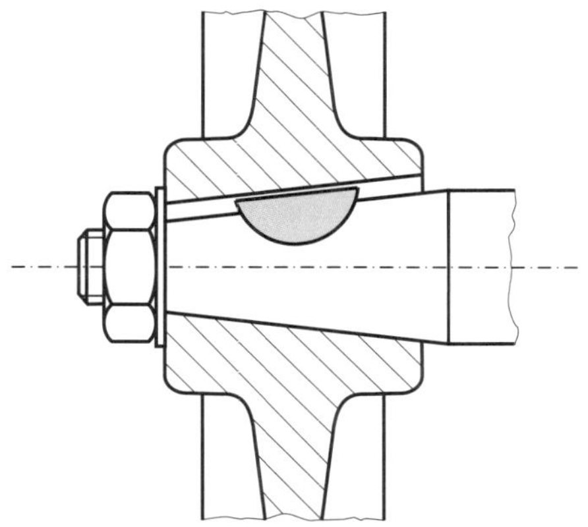

Clavette disque

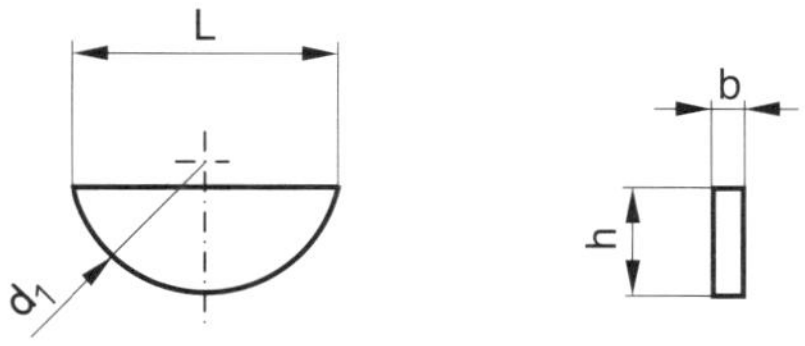

DIN 6888

Exercice 6.10

L'assemblage d'un pignon sur un axe est assuré par une clavette DIN 6885-A. L'arbre a un diamètre de 40 mm et peut recevoir une clavette dont L = 70 mm pour un ajustement avec serrage. Donner la désignation normalisée de la clavette choisie ainsi que le type d'ajustement.

Exercice 6.11

Une clavette à talon DIN 6887 a une pente de 1%. Elle est utilisée pour un assemblage au nominal 20. La profondeur des rainures est de 3,55 mm dans l'arbre et de 2,21 mm dans le moyeu. Déterminer quelle sera la qualité de l'ajustement.

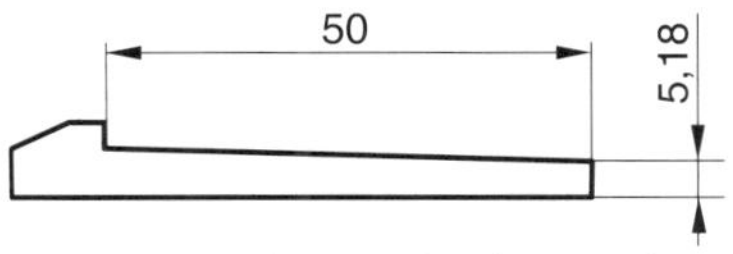

Exercice 6.12

Pour chaque type d'ajustement utilisant une clavette, donner les tolérances appropriées.

Tolérances	*Clavette*	*Arbre*	*Alésage*
Ajustement avec jeu			
Ajustement avec serrage léger			
Ajustement avec serrage fort			

Exercice 6.13

Coter selon les normes, un logement pour une clavette DIN 6885-A sur la portée au nominal 23. La clavette, dont L = 20 mm, vient centrée sur la portée. L'assemblage doit avoir un jeu léger.

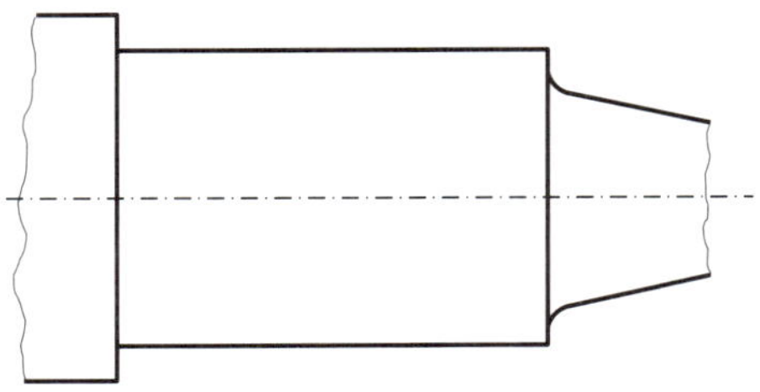

6.9 Bague d'arrêt, segment d'arrêt, circlip

Bague d'arrêt DIN 705

Pour créer sur un axe une butée ou un épaulement qui soient démontables, on utilise une bague d'arrêt. L'avantage principal de cet élément est de ne pas entailler l'axe, comme dans le cas du circlip ou du segment d'arrêt. Seul un point d'ancrage subsiste, pour placer la pointe conique de la vis de serrage de la bague. Un autre avantage est le positionnement à la carte de la butée d'épaulement.

La bague d'arrêt existe en deux versions : forme A avec taraudage et vis sans tête, ou forme B avec alésage tolérancé H11. Cette deuxième version est utilisée pour le positionnement avec une goupille ajustée. La bague reste fixe ou peut coulisser grâce à un guidage oblong réalisé à la fraiseuse.

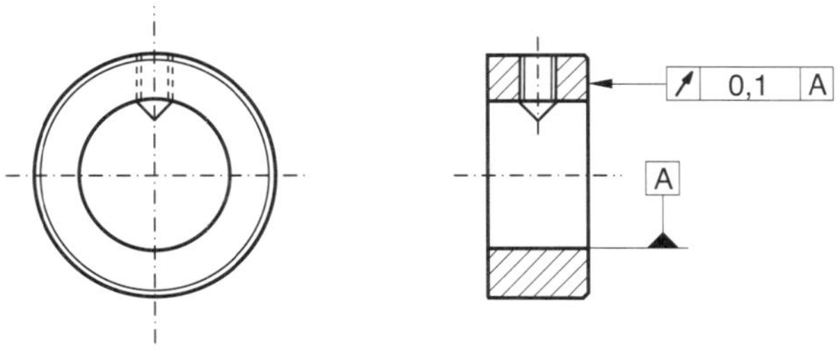

Bague d'arrêt. Forme A

DIN 705-A

Toutes les dimensions d'une bague d'arrêt sont tolérancées, avec la tolérance la plus restrictive pour l'alésage qui est en H8. Le battement circulaire axial est également défini (avec toutefois une tolérance qui n'est pas très restrictive donnée à 0,1).

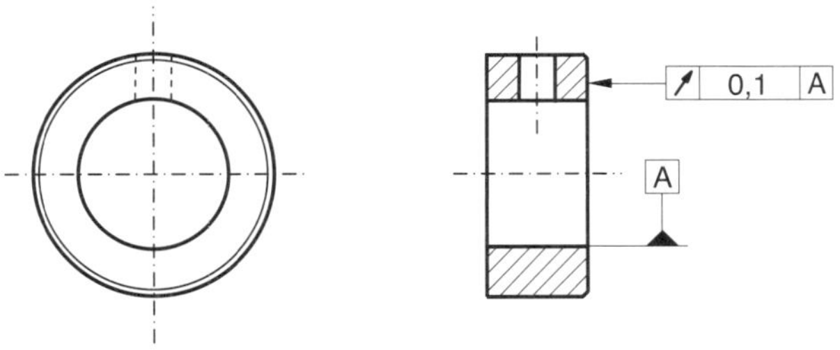

Bague d'arrêt. Forme B

DIN 705-B

Pour la bague d'arrêt de forme B, il existe la possibilité d'utilisation de la goupille conique ou de la goupille élastique, son alésage étant tolérancé en H11.

Segment d'arrêt DIN 6799-5

Dans les séries plus légères, à savoir les séries de faibles sollicitations mécaniques et de petites dimensions, il existe tout un éventail de segments d'arrêt, de colliers d'épaulement, de bagues de butée, de clips en U et d'agrafes de tous types.

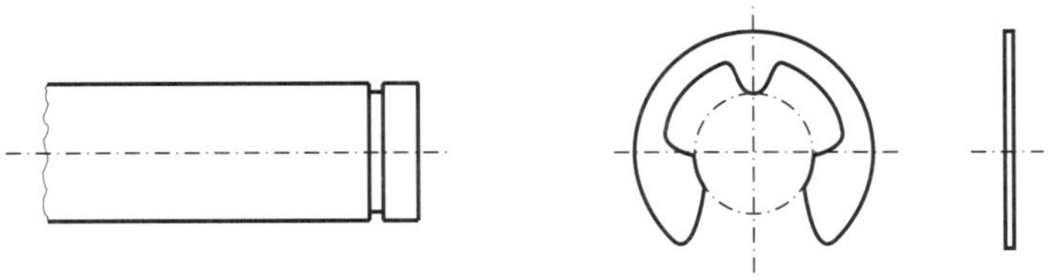

Segment d'arrêt

DIN 6799-5

Le segment d'arrêt est un élément d'assemblage très bon marché et facile d'utilisation. Il ne garantit pas le blocage des éléments assemblés, mais le maintien de l'axe dans sa position. Comme la sollicitation reste faible, ce segment d'arrêt convient parfaitement pour les montages de petites dimensions et les grandes séries de production.

Dans l'exemple ci-dessous, l'articulation peut pivoter librement, et nécessite un minimum de pièces.

Exemple d'utilisation de segments d'arrêt

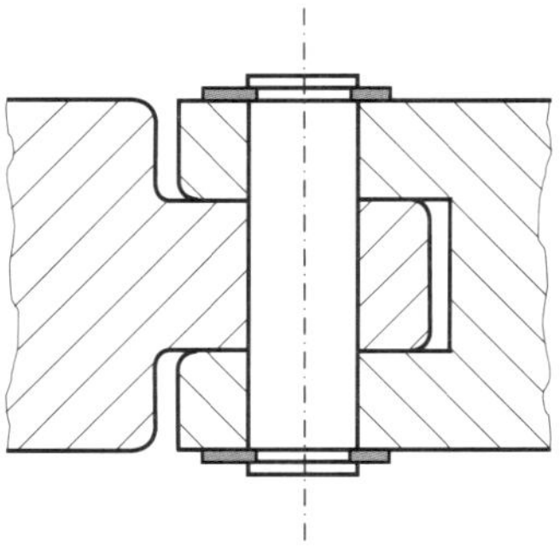

Exercice 6.14

Un segment d'arrêt DIN 6799 est monté sur un arbre de 11 mm de diamètre. Trouver quelles sont les dimensions extrêmes de la largeur de rainure.

Circlip

L'appellation couramment utilisée pour désigner l'anneau élastique est le circlip. Sa fonction est de permettre une fixation axiale ou d'épaulement de différents éléments de machines, comme les bagues, les douilles, les roulements, les pignons, entre autres.

Leur montage se fait sur un axe ou à l'intérieur d'un logement circulaire. Son élasticité permet sa mise en place, à l'aide d'une pince, et le maintien dans son logement est assuré par détente de l'anneau. Le matériau d'un circlip est de l'acier à ressort. Le logement a la forme d'une gorge étroite de dimensions normalisées.

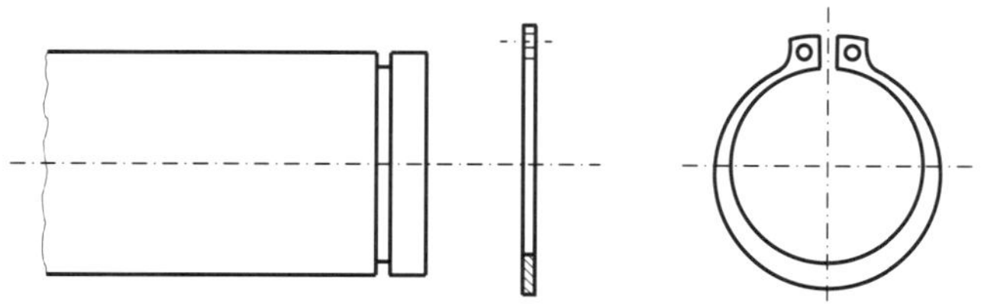

Anneau élastique pour arbre

DIN 471

Les charges axiales assurées par les circlips sont élevées, pour autant que le dimensionnement soit effectué correctement. L'élément en appui contre le circlip doit avoir un diamètre très proche de celui de l'arbre, sinon le risque de déformation et d'arrachage du circlip est élevé. Le problème se pose avec les pignons de boîtes à vitesses bloqués axialement avec des circlips ; la poussée produite par la taille hélicoïdale des pignons est telle que le circlip va sortir de son logement, ce qui décale les pignons, en résulte alors une interférence des dentures et une casse importante. Ce problème se produit uniquement lors d'une utilisation brusque de la boîte à vitesses.

Pour les circlips utilisés dans un alésage, la technique de montage est identique, à savoir l'emploi d'une pince spéciale pour tendre le circlip en diminuant son diamètre extérieur suffisamment pour qu'il puisse être introduit dans son logement. Une fois en place, il est détendu et l'élasticité de son matériau l'empêche de ressortir.

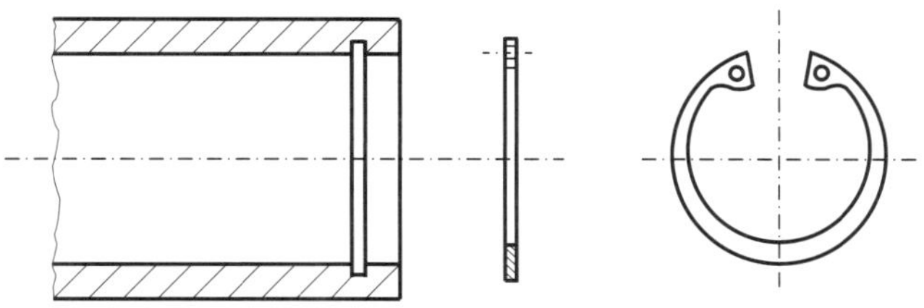

Anneau élastique
pour alésage

DIN 472

L'élément directement en appui contre le circlip doit avoir un angle vif, pour éviter la torsion de l'anneau. Si ce n'est pas possible, une rondelle doit être ajoutée au montage.

Exercice 6.15

La vérification d'un arbre de transmission au nominal 40 donne une dimension de 93,015 mm entre l'épaulement de la portée et la gorge d'un circlip. Un pignon mesurant 40,875 mm d'épaisseur, une entretoise dont l'épaisseur normalisée vaut 20f7, et une couronne épaisse de 32,50 mm sont positionnés sur cet arbre. Est-il possible de réaliser le montage de ces trois éléments sur l'arbre de transmission et de les assurer avec un circlip DIN 471 approprié ? Justifier votre réponse.

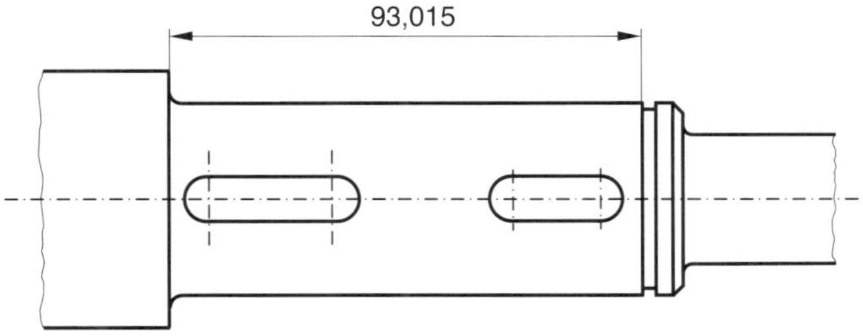

7 CONSEILS PRATIQUES POUR LE PROJET

Choix des tolérances

Un problème courant est celui du choix des tolérances à donner pour un arbre pour le montage d'une roue dentée ou d'une poulie. Ces deux éléments sont utilisés pour transmettre un moment de force. Il existe plusieurs possibilités pour transmettre le mouvement par rotation.

Type de montage	*Avantage*	*Inconvénient*	*Couple transmis*
Serrage	Aucun usinage supplémentaire	Glissement si serrage mal calculé	Faible à moyen
Vis tangentielle	Positionnement simple	Taraudage dans le moyeu	Moyen
Goupille	Indexage garanti	Axe et moyeu affaiblis par perçage	Élevé
Clavette	Indexage garanti	Usinage axe et moyeu, coûteux	Très élevé
Arbre cannelé	Indexage garanti	Appairage des éléments, très coûteux	Extrême

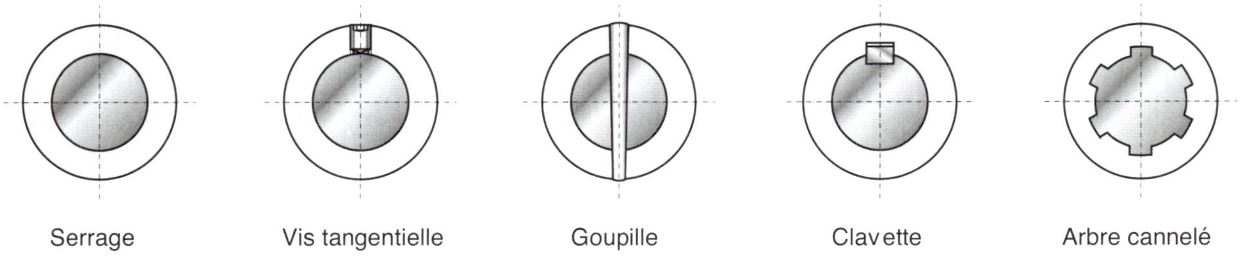

Tous les montages effectués dans les règles de l'art permettent une transmission correcte du moment, en tenant compte bien sûr du type de montage choisi. Seule la transmission par serrage nécessite la maîtrise des tolérances choisies, car le glissement va dépendre directement de la qualité de l'ajustement.

Pour une approche simple permettant de choisir correctement les tolérances de l'axe et du moyeu, la théorie du frottement s'applique, donnant des résultats tout à fait acceptables.

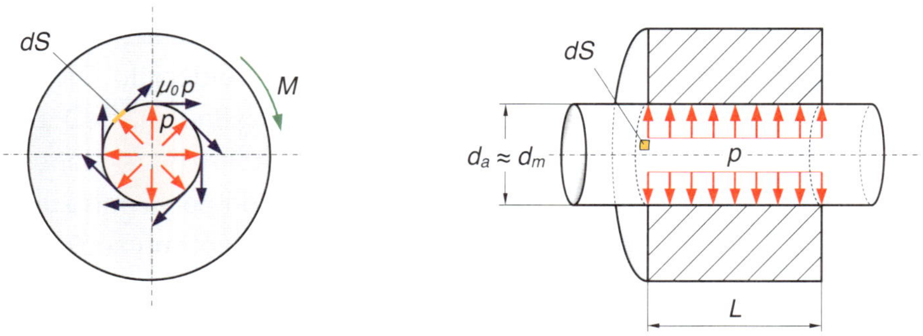

La pression due au serrage se répartit uniformément sur toute la surface commune de contact de l'axe et du moyeu. Une surface élémentaire dS peut transmettre la force tangentielle $\mu_0 p$. Le moment admissible maximal s'obtient en calculant par rapport à l'axe de l'ensemble, par intégration sur toute la surface de contact :

$$M = \frac{d}{2} \cdot \int_S \mu_0 \cdot p \cdot dS = \mu_0 \cdot \frac{\pi \cdot d^2}{2} \cdot \int_0^L p \cdot dL$$

Ce type de montage présente une pression uniformément répartie, ce qui n'est pas toujours le cas avec la distribution axiale. On admet pour la pression de contact une valeur moyenne donnée $\bar{p}$.

$$M = \mu_0 \cdot \frac{\pi \cdot d^2 \cdot L}{2} \cdot \bar{p}$$

La pression moyenne dépend de la force d'appui et de la surface de contact. De manière empirique, et acceptable pour nos besoins, la pression moyenne de contact peut se déterminer de la manière suivante grâce aux autres relations :

Contrainte : $\sigma = \frac{F}{S}$ $\quad \sigma = E \cdot \frac{\Delta d}{d}$ $\quad$ relation obtenue : $\frac{\bar{p}}{2} \cdot \frac{d}{\Delta d} = E \cdot \frac{\Delta d}{d}$

Pression moyenne : $\bar{p} = 2 \cdot E \cdot \frac{\Delta d^2}{d^2}$ $\quad$ autre relation : $\bar{p} = \frac{2 \cdot M}{\pi \cdot \mu_0 \cdot d^2 \cdot L}$

Exemple

Une poulie dont l'alésage mesure Ø60G7 est montée sur un axe mesurant Ø60s6. Les deux pièces sont en acier et le module d'élasticité vaut 200 kN/mm². L'état des surfaces est de qualité moyenne. L'ajustement (longueur de la portée) mesure 58 mm. Quelles sont les valeurs limites du moment transmissible avec ce choix de tolérances ?

Alésage :	Ø60G7	$Ø60^{+40}_{+10}$
Axe :	Ø60s6	$Ø60^{+78}_{+59}$
Serrage maximal :	Δd_{max} :	78 – 10 = 68 μm
Serrage minimal :	Δd_{min} :	59 – 40 = 19 μm

Moment maximal : $M_{max} = \mu_0 \cdot \pi \cdot E \cdot \Delta d^2_{max} \cdot L$

$M_{max} = 0{,}2 \cdot \pi \cdot 200 \cdot 10^3 \cdot 0{,}068^2 \cdot 58 = 33{,}7$ kNmm ou 33,7 Nm

Moment minimal : $M_{min} = \mu_0 \cdot \pi \cdot E \cdot \Delta d^2_{min} \cdot L$

$M_{min} = 0{,}2 \cdot \pi \cdot 200 \cdot 10^3 \cdot 0{,}019^2 \cdot 58 = 2{,}63$ kNmm ou 2,63 Nm

Les tolérances sont données pour fabriquer les pièces. Les pièces réelles n'ont qu'une valeur de dimension. De ce fait, le moment transmissible se trouvera dans l'intervalle entre 2,63 et 33,7 Nm.

À la lecture de cet intervalle, on observe que le moment obtenu est plus que décuplé entre sa valeur minimale et sa valeur maximale. Cela pose bien évidemment un problème en pratique. Un tel assemblage n'est pas vraiment fiable.

Le cas le plus défavorable est celui de l'arbre au minimum de sa tolérance et l'alésage au maximum de sa tolérance. Le risque de glissement à très faible sollicitation est réel. Veiller au choix correct des tolérances lors du dimensionnement.

Exemple

Un moyeu vient monté sur un arbre. Les deux pièces sont en acier dont $d = Ø20$, $L = 30$, $\mu_0 = 0{,}15$, $M = 430$ Nm. Déterminer, grâce à l'abaque ci-dessous et par calcul, quel serrage choisir.

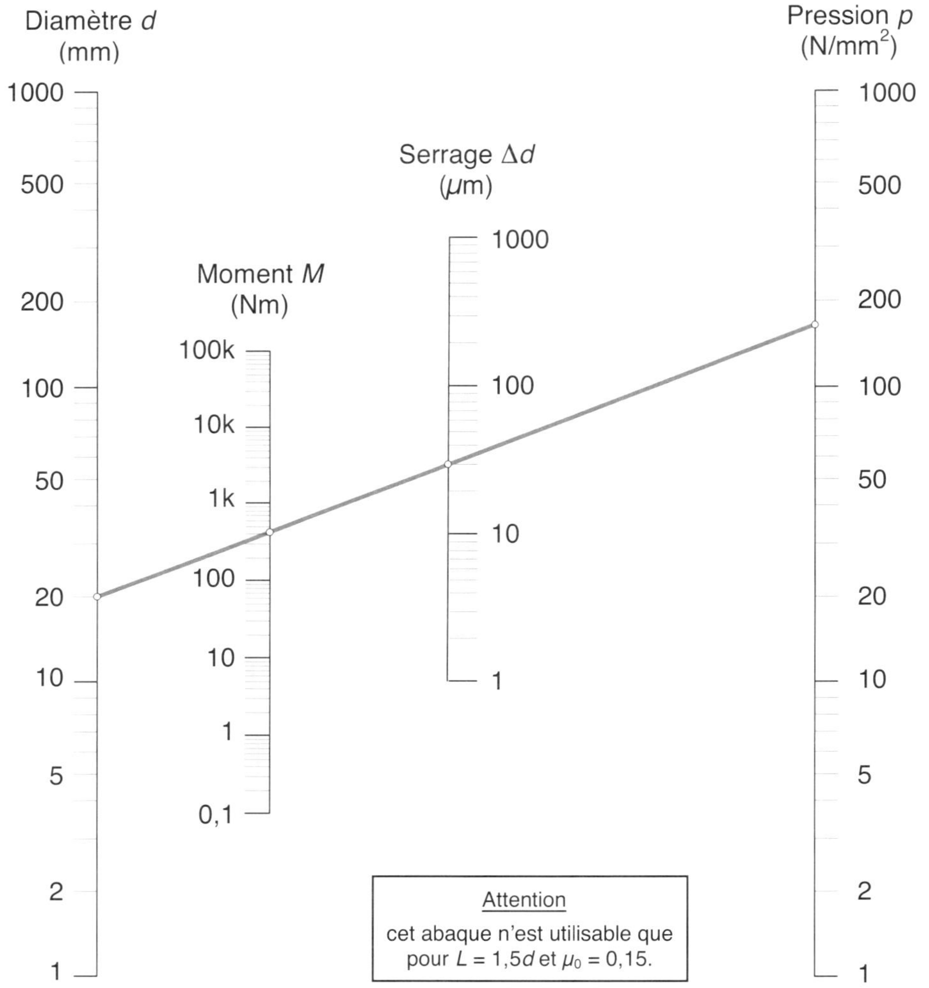

Pression: $\overline{p} = \dfrac{2 \cdot M}{\pi \cdot \mu_0 \cdot d^2 \cdot L}$ $\qquad \overline{p} = \dfrac{2 \cdot 430 \cdot 10^3}{\pi \cdot 0{,}15 \cdot 20^2 \cdot 30} = 152 \text{ N/mm}^2$

Serrage: $\Delta d = \dfrac{2 \cdot \overline{p} \cdot d}{E}$ $\qquad \Delta d = \dfrac{2 \cdot 152 \cdot 20}{200 \cdot 10^3} = 30\,\mu\text{m}$

Un serrage de 30 μm correspond au minimum nécessaire pour transmettre un moment de 430 Nm aux conditions données. Deux paramètres supplémentaires interviennent dans le calcul des serrages : les états de surface des pièces de l'assemblage et le rapport entre les diamètres extérieur *D* et intérieur *d* du moyeu.

États de surfaces

Pour un ajustement de qualité, l'état des surfaces en contact, de l'arbre et de l'alésage du moyeu, doit être au minimum *Ra* 0,8 afin d'éviter une trop forte déformation lors du chassage. Les stries d'usinage trop prononcées vont s'écraser, ce qui va diminuer l'effet du serrage.

La relation tenant compte de l'état de surface est :

Serrage : $\Delta d' = \Delta d + 4 \cdot (Ra_{arbre} + Ra_{moyeu})$

Pour un arbre de rugosité *Ra* 1,6 et un moyeu de rugosité *Ra* 0,8 dans l'exemple précédent, avec un serrage de 30 μm, on obtient :

Serrage : $\Delta d' = 30 + 4 \cdot (1{,}6 + 0{,}8) = 39{,}6\ \mu m$

Rapport des diamètres D/d du moyeu

Lorsque le diamètre extérieur *D* d'un moyeu est grand par rapport à celui de son alésage *d*, il n'y a pas de risque d'atteindre rapidement la limite élastique du matériau. Si les deux diamètres sont proches, comme dans le cas d'une bague, la pression de contact diminue sensiblement. Pour un arbre plein de diamètre *d* et un moyeu légèrement plus grand de diamètre *D*, on utilise la relation :

Pression : $$\bar{p} = \frac{\Delta d \cdot E}{\left(1 + \frac{D^2 + d^2}{D^2 - d^2}\right) \cdot d}$$

Choisissons un arbre de diamètre $d = 20$ et un moyeu de diamètre extérieur $D = 24$ pour un serrage de 30 μm, la pression serait :

Pression : $$\bar{p} = \frac{0{,}030 \cdot 200 \cdot 10^3}{\left(1 + \frac{24^2 + 20^2}{24^2 - 20^2}\right) \cdot 20} = 45{,}8\ \text{N/mm}^2$$

En utilisant un diamètre extérieur du moyeu $D = 100$, avec le même serrage et le diamètre d'arbre $d = 20$, la pression va fortement augmenter pour passer à 144 N/mm^2. Un dessin permet de fabriquer une pièce mécanique dont les tolérances représentent la plage dimensionnelle exploitable. La pièce réelle n'a qu'une dimension, au micron près.

Exercice 7.1

Une poulie en acier transmet un moment de 700 Ncm. Ses dimensions sont les suivantes : $d = 4$, $D = 19$, $L = 6$ et sa rugosité *Ra*1,2. L'arbre en acier a le même diamètre nominal pour une rugosité *Ra*0,4. Trouver la pression de contact et le serrage grâce à l'abaque, puis par calcul ($\mu_o = 0{,}15$).

8 FONCTIONS MÉCANIQUES

8.1 Fonctions mécaniques élémentaires

Un assemblage mécanique complexe contient de nombreuses fonctions élémentaires. Il y a les fonctions de liaison, de guidage, de mise en position, de lubrification, de protection et d'étanchéité. Afin de mieux comprendre ces différentes fonctions, l'étude de divers assemblages mécaniques permet la mise en place des bases de la connaissance des éléments de machines.

Au fil des pages suivantes, divers systèmes sont proposés. La fonction de chaque élément composant l'ensemble doit être comprise et expliquée. Au besoin, une modification ou proposition d'amélioration doit être énoncée.

Exemple

Il existe une très grande variété de modèles de pompes à vélo, autant de par leur forme que de par leurs matériaux constitutifs. Autrefois le corps de la pompe et la poignée étaient en aluminium embouti. Ce métal a fait place aux matières plastiques et composites, tout en gagnant en solidité et en gain de masse. Les anciennes pompes à vélo mesuraient 300 à 400 mm alors que les modèles actuels conçus pour le sport ne mesurent guère plus de 200 mm.

La pompe proposée de type classique est constituée de 6 pièces. Ce modèle n'a pas de valve antiretour et s'utilise avec un tuyau flexible vissé à la pompe. Le schéma de la pompe et le tableau des dénominations et des fonctions de chaque pièce constitutive se présente comme suit :

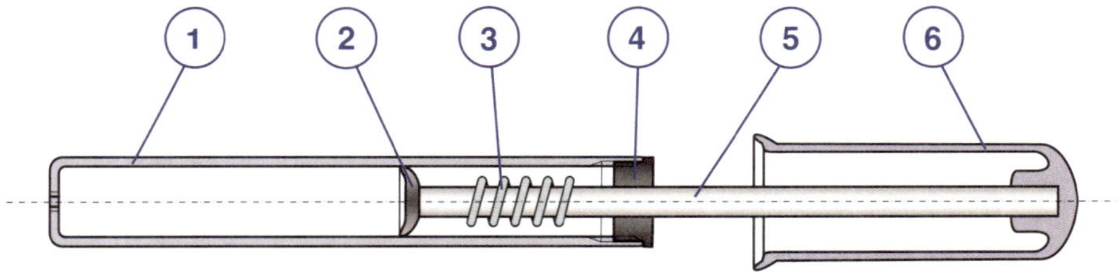

Position	*Dénomination*	*Fonction*
1	Corps principal	Contient la mise en pression, fait office de cylindre
2	Piston	Produit la pression par déplacement longitudinal
3	Ressort	Amortit le retour du piston en fin de course
4	Écrou de fermeture	Maintient les éléments solidaires au corps principal
5	Axe du piston	Lie la poignée au piston
6	Poignée	Transmet la poussée à l'axe du piston

Sur l'extrême gauche du corps de la pompe, on remarque un taraudage servant à visser le flexible de liaison entre la pompe et la valve du pneumatique du vélo.

Exercice 8.1

Donner la dénomination et expliquer la fonction de chaque élément repéré par un numéro sur cette pince à dénuder les fils électriques et à sertir les cosses pour montages électriques.

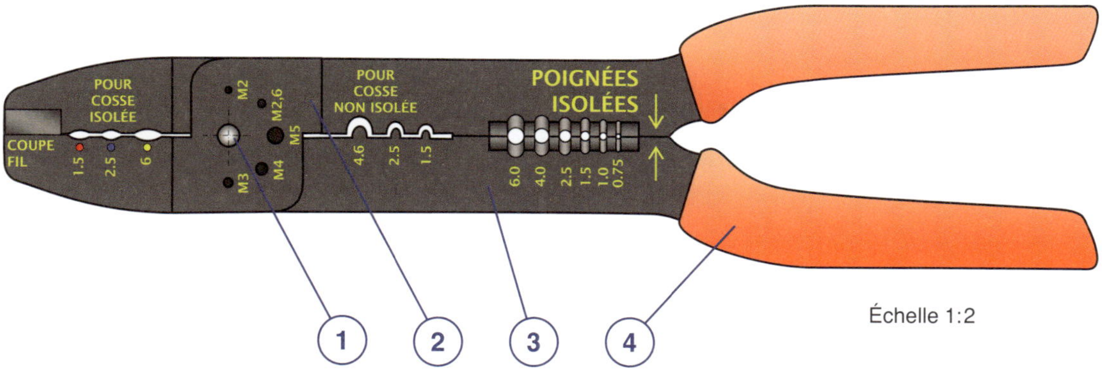

Position	Dénomination	Fonction
1		
2		
3		
4		

Exercice 8.2

Donner la dénomination et expliquer la fonction de quelques éléments repérés par un numéro, sur le dessin d'ensemble de ce dispositif de serrage rapide commandé par air comprimé.

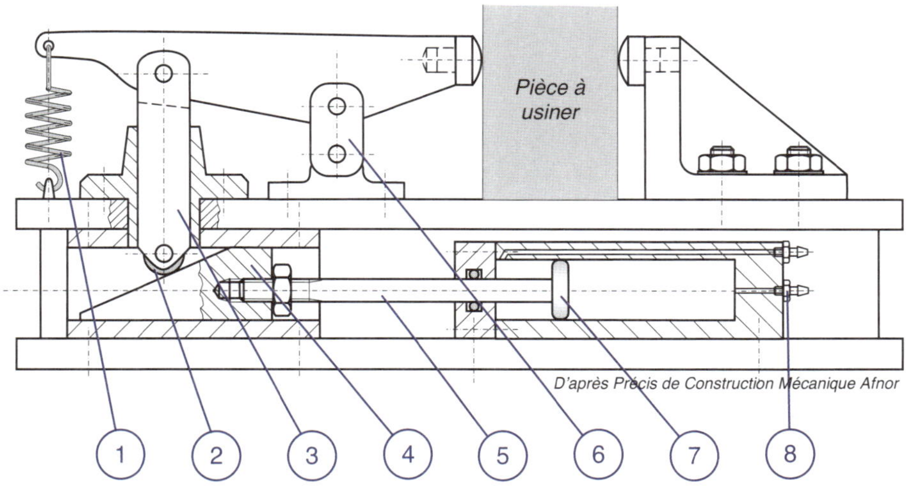

Position	Dénomination	Fonction
1		
2		
3		
4		
5		
6		
7		
8		

Exercice 8.3

Donner la dénomination et expliquer la fonction de chaque élément repéré par un numéro, sur le dessin d'ensemble en coupe de cette transmission par vis sans fin.

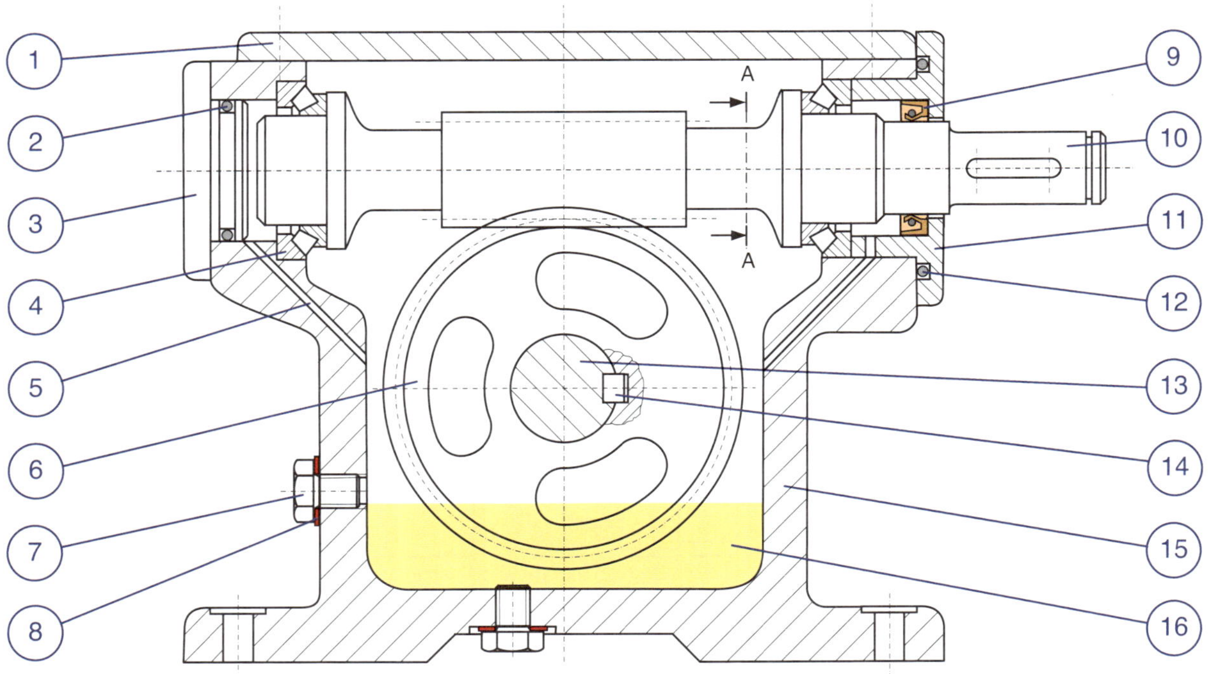

Position	*Dénomination*	*Fonction*
1		
2		
3		
4		
5		
6		
7		
8		
9		
10		
11		
12		
13		
14		
15		
16		

8.2 Liaisons mécaniques

Les exercices précédents apportent des informations quant à la fonction de chaque élément compris dans un ensemble. Les différents éléments sont liés les uns aux autres et interagissent. À part les fonctions de lubrification, de protection et d'étanchéité, il y a l'ensemble des fonctions de transmission. La mécanique opère une distinction entre les différents types de transmission. La notion de dimension ou d'intensité de force, de pression ou de couple à transmettre restant secondaire, c'est le principe d'une transmission qui est analysé présentement.

8.3 Liaisons élémentaires parfaites

Il est important de préciser le sens du mot parfait en parlant de liaisons mécaniques. En physique, dès qu'il y a transformation il y a perte, cela revient à dire que tous les types de transformations mécaniques engendrent des pertes, aussi infimes soient-elles. Il est clair que les phénomènes de frottement, d'adhérence, de gommage et de résistance au roulement rendent une transmission imparfaite. Même un palier sur coussin d'air offre une résistance au roulement. Une liaison entre deux solides S_1 et S_2 est dite parfaite si l'on néglige ces différentes pertes.

8.4 Degrés de liberté

Les différentes liaisons utilisées en construction mécanique sont classifiées par rapport à leurs degrés de liberté, selon un repérage donné par les axes de coordonnées d'un trièdre *Oxyz*. À l'opposé d'un degré de liberté existe un degré de liaison. Les mouvements considérés sont la translation, nommée *T*, et la rotation, nommée *R*.

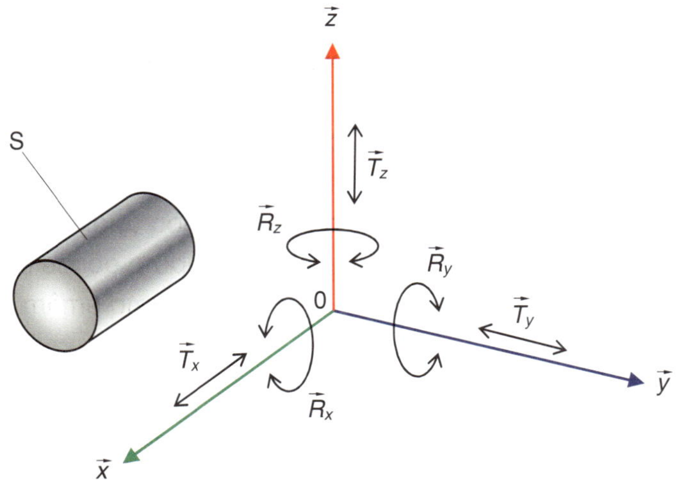

Un solide S a la possibilité de se mouvoir selon les trois axes, en translation et en rotation, et dans les deux sens. Dans un assemblage, quel qu'il soit, en considérant un élément mécanique quelconque lors de son utilisation, le nombre de ses degrés de liberté et le nombre de ses degrés de liaison est égal à six :

$$\text{nombre degrés de liberté} + \text{nombre degrés de liaison} = 6$$

Les degrés de liberté sont propres à chaque axe *x*, *y* et *z*. Il convient de considérer la translation et la rotation selon chacun de ces axes, ce qui donne six degrés de liberté. Un solide dans l'espace libre de toute attache possède six degrés de liberté, soit trois axes de translation et trois axes de rotation.

Un livre posé sur le plan d'une table ne possède que trois degrés de liberté, soit deux axes de translations et un axe de rotation. Afin de saisir l'ensemble des possibilités rencontrées dans la construction courante, voici quelques combinaisons répertoriées ci-après :

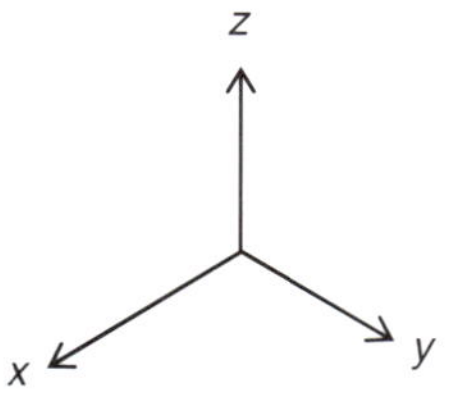	*Nom de la liaison*	*Nb de degrés de liberté (de liaison)*	*Symbolisation normalisée*	*Matrice des degrés de liberté*	*Exemples à inscrire*
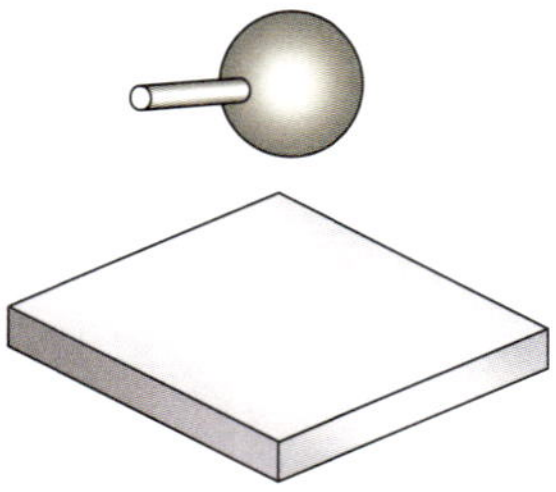	Liaison nulle	6 (0)		$\begin{bmatrix} T_x & R_x \\ T_y & R_y \\ T_z & R_z \end{bmatrix}$	
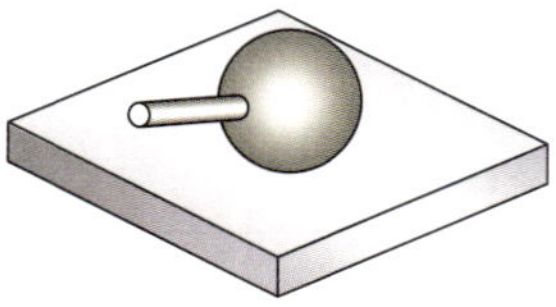	Liaison ponctuelle	5 (1)		$\begin{bmatrix} T_x & R_x \\ T_y & R_y \\ 0 & R_z \end{bmatrix}$	
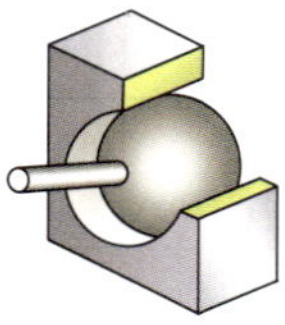	Liaison linéaire annulaire	4 (2)	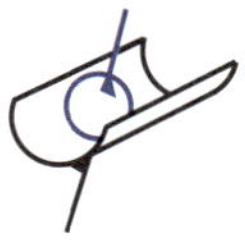	$\begin{bmatrix} T_x & R_x \\ 0 & R_y \\ 0 & R_z \end{bmatrix}$	
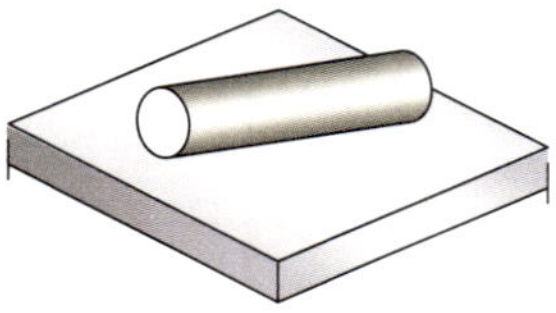	Liaison linéaire rectiligne	4 (2)		$\begin{bmatrix} T_x & R_x \\ T_y & 0 \\ 0 & R_z \end{bmatrix}$	
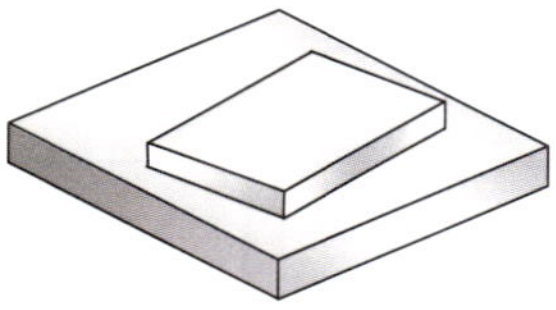	Liaison appui plan	3 (3)		$\begin{bmatrix} T_x & 0 \\ T_y & 0 \\ 0 & R_z \end{bmatrix}$	

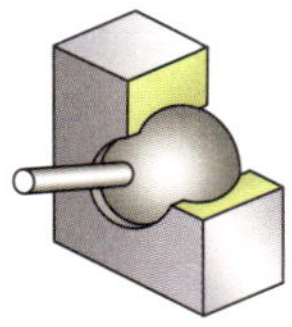	Rotule de centre *A*	3 (3)		$\begin{bmatrix} 0 & R_x \\ 0 & R_y \\ 0 & R_z \end{bmatrix}$	
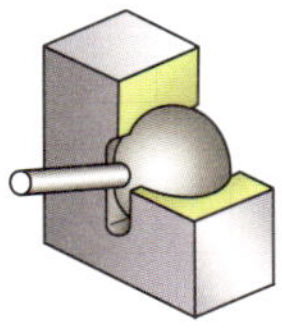	Rotule de centre *A* avec index *(cardan)*	2 (4)		$\begin{bmatrix} 0 & R_x \\ 0 & R_y \\ 0 & 0 \end{bmatrix}$	
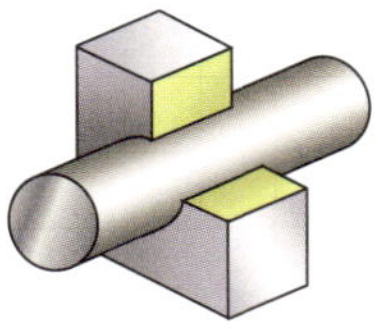	Pivot glissant	2 (4)		$\begin{bmatrix} T_x & R_x \\ 0 & 0 \\ 0 & 0 \end{bmatrix}$	
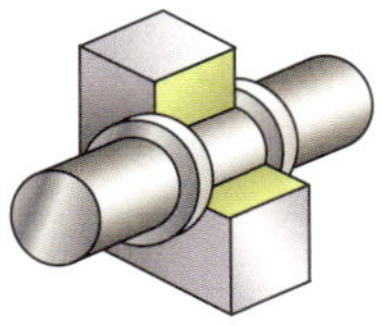	Pivot	1 (5)		$\begin{bmatrix} 0 & R_x \\ 0 & 0 \\ 0 & 0 \end{bmatrix}$	
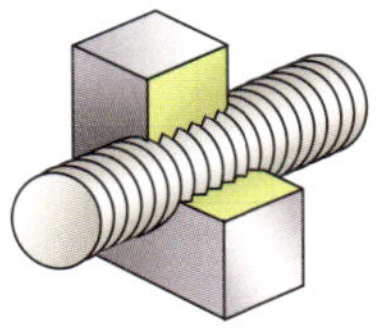	Glissière hélicoïdale	2 (4)		$\begin{bmatrix} T_x & R_x \\ 0 & 0 \\ 0 & 0 \end{bmatrix}$	
	Glissière	1 (5)		$\begin{bmatrix} T_x & 0 \\ 0 & 0 \\ 0 & 0 \end{bmatrix}$	
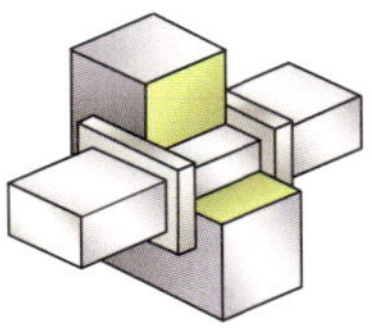	Complète ou rigide	0 (6)		$\begin{bmatrix} 0 & 0 \\ 0 & 0 \\ 0 & 0 \end{bmatrix}$	

8.5 Schéma de liaisons

Tous les éléments d'un assemblage ont une fonction, statique ou mobile. Ils peuvent être interprétés grâce à un ***schéma de liaisons*** sur lequel sont représentés symboliquement les différents degrés de liaison des éléments entre eux. Ce schéma peut se représenter en plan ou en perspective. La couleur bleue est utilisée pour différencier l'élément libre par rapport à l'élément fixe en noir si l'assemblage ne comprend que deux éléments. Dès l'apparition de schémas de liaisons plus complexes, il convient d'utiliser des indices ou de désigner les différentes pièces d'un assemblage.

Considérons un assemblage comprenant un bras articulé 1 solidaire d'une fourchette 3, fixé par un axe 2 et assuré par deux segments d'arrêt.

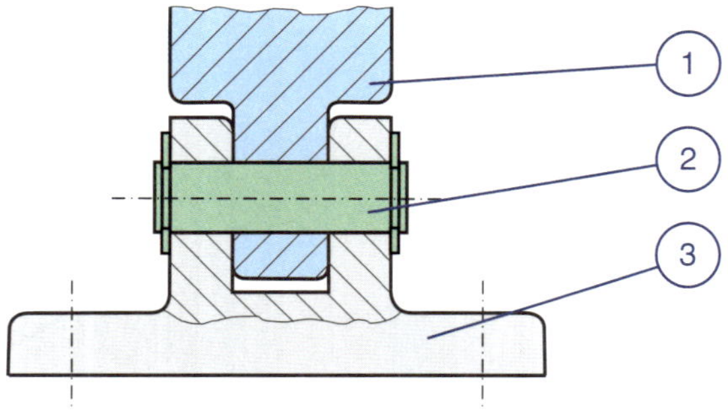

Le schéma de liaison prend la forme suivante :

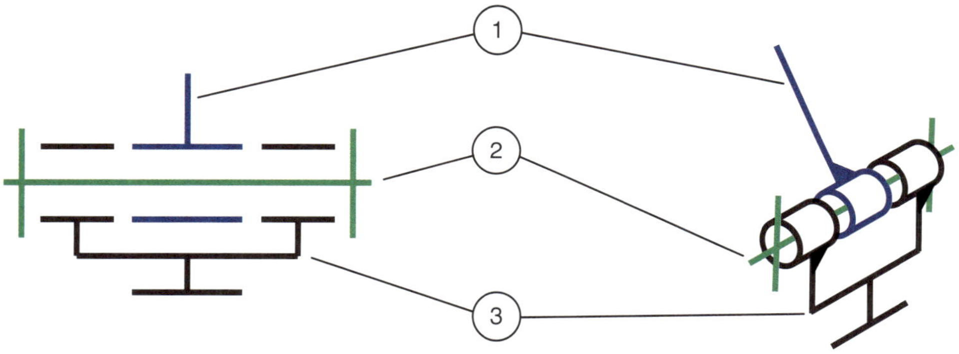

Exercice 8.4

Créer le schéma de liaison correspondant à l'assemblage suivant.

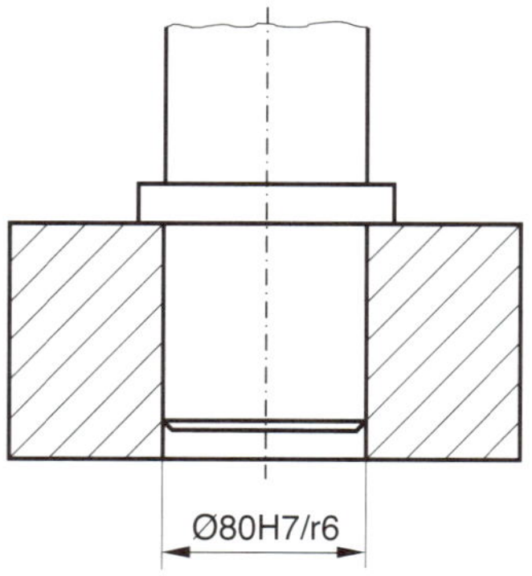

Exercice 8.5

Créer le schéma de liaison correspondant au serre-joints ci-dessous.

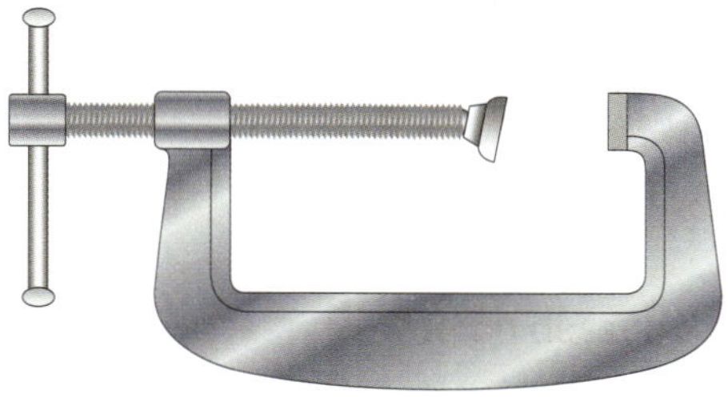

Exercice 8.6

La figure suivante représente un système de renvoi pour le levage des volets sur l'aile d'un avion long-courrier. Créer le schéma de liaison de cet assemblage.

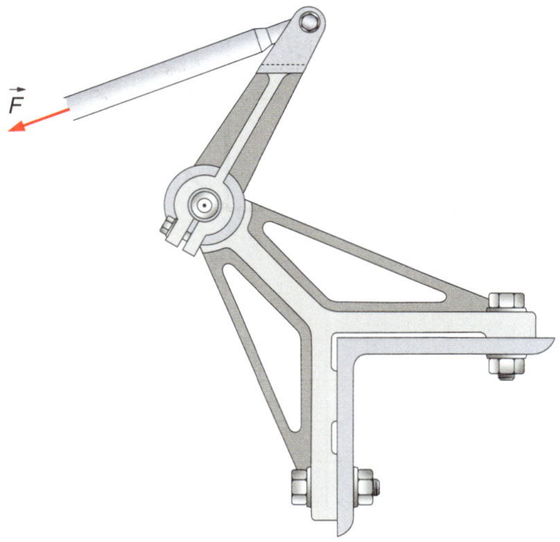

Exercice 8.7

Créer le schéma de liaison de cet étau d'établi amovible.

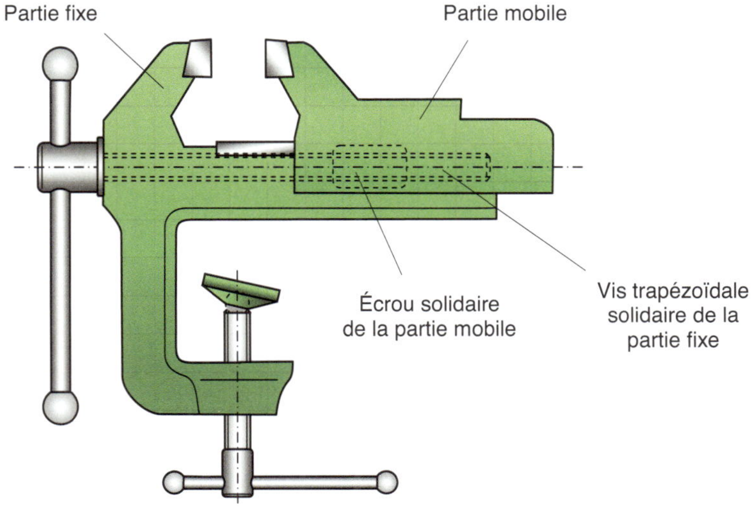

9 ASSEMBLAGES MÉCANIQUES

Étude de systèmes mécaniques

Une machine, un outil, un ustensile, un appareil, quelle que soit sa dénomination, est constitué de un à plusieurs millions d'éléments (pièces au sens large). Prenons quelques exemples courants :

- un décapsuleur 1 pièce
- un tournevis 2 pièces
- une paire de ciseaux 3 pièces
- un doseur à savon 5-8 pièces
- un petit briquet à gaz 15-20 pièces
- une planche à roulettes 50-70 pièces
- une perceuse à main 150-200 pièces
- une voiture ~6500 pièces
- un avion de ligne ~4 000 000 pièces

Ces valeurs sont moyennes, toutes les machines étant fort différentes. Au cours des décennies, les constructeurs ont fait preuve d'imagination pour diminuer le nombre d'éléments constitutifs des machines. Plusieurs raisons en sont la cause : la rationalisation, la simplification de la mise en œuvre et l'économie de matière. Toutefois la simplification à l'extrême d'un mécanisme n'est pas toujours la meilleure solution, fonctionnement et fiabilité peuvent en être affectés.

La compréhension d'un système mécanique, ou d'un assemblage, est possible en analysant la fonctionnalité de chaque composant de l'ensemble. Analysons un outil classique et relativement simple : la clé à molette. Cette clé est composée de quatre pièces, forgées ou coulées, fraisées et tournées. Voici la structure d'une telle clé :

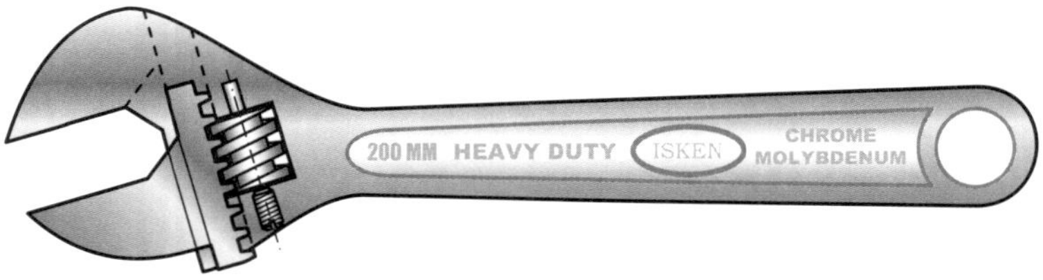

L'élément principal est le corps qui est le plus souvent une pièce forgée en acier pour une clé de qualité supérieure. C'est une pièce en acier inoxydable allié au chrome molybdène ou chrome vanadium. Une clé coulée serait un outil de qualité moyenne à inférieure. Une rainure est usinée pour le montage de la mâchoire mobile. La fenêtre permet de loger la molette de déplacement de la mâchoire mobile. Un perçage et un taraudage sont prévus pour la vis de fixation.

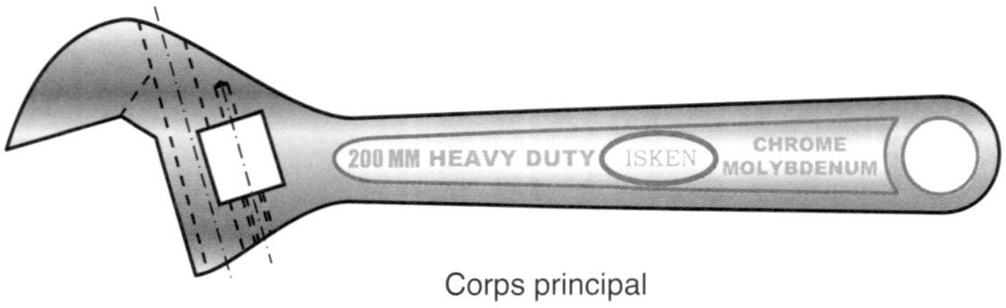

Corps principal

Mâchoire mobile

Molette

Vis de fixation

La mâchoire mobile est maintenue dans la rainure du corps principal par la crémaillère fraisée. La rotation de la molette donne l'ouverture de la clé, variable de 0 à 26 mm pour ce modèle. La molette possède un pas important pour un serrage rapide. Son profil ressemble à celui du filetage trapézoïdal. Le retrait de la vis de fixation permet le démontage complet de l'outil.

Exercice 9.1

Tire-bouchon à pantographe. Réaliser, la mise en plan de la pièce venant en appui sur le goulot de la bouteille. Prévoir un diamètre de goulot de 27 mm. Dessin d'ensemble à l'échelle 1:2.

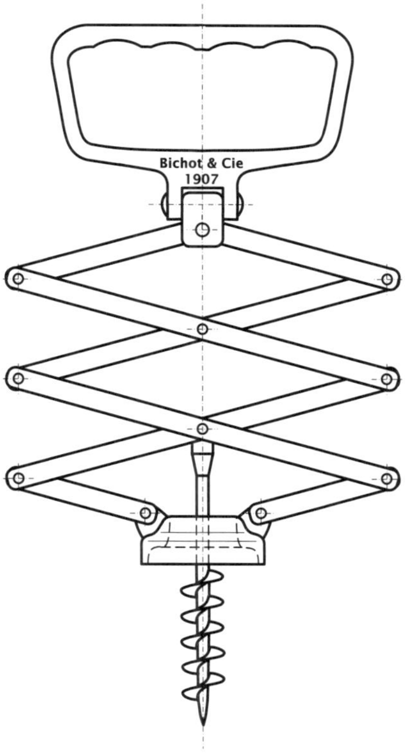

Exercice 9.2

Soupape pneumatique réglable à siège hémisphérique. Réaliser, selon les normes, le dessin de fabrication de la vis centrale M20 (avec carré d'entraînement) en vue de sa fabrication. Dessin d'ensemble à l'échelle 1:1.

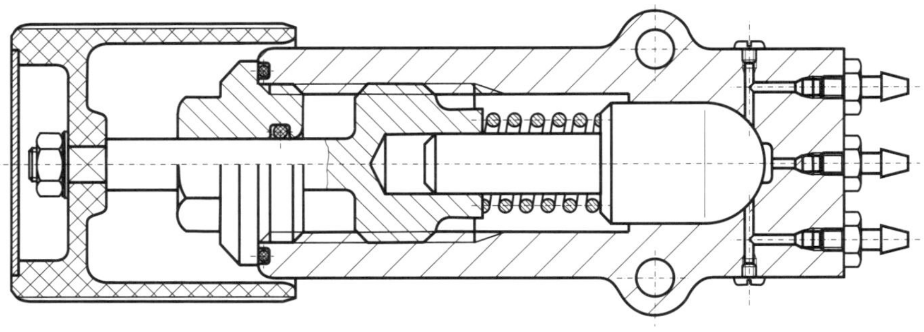

Exercice 9.3

Palier de transmission avec arbre cannelé. Réaliser, selon les normes, uniquement le(s) dessin(s) de détail de l'arbre central, en vue de sa fabrication. Dessin d'ensemble à l'échelle 1:2.

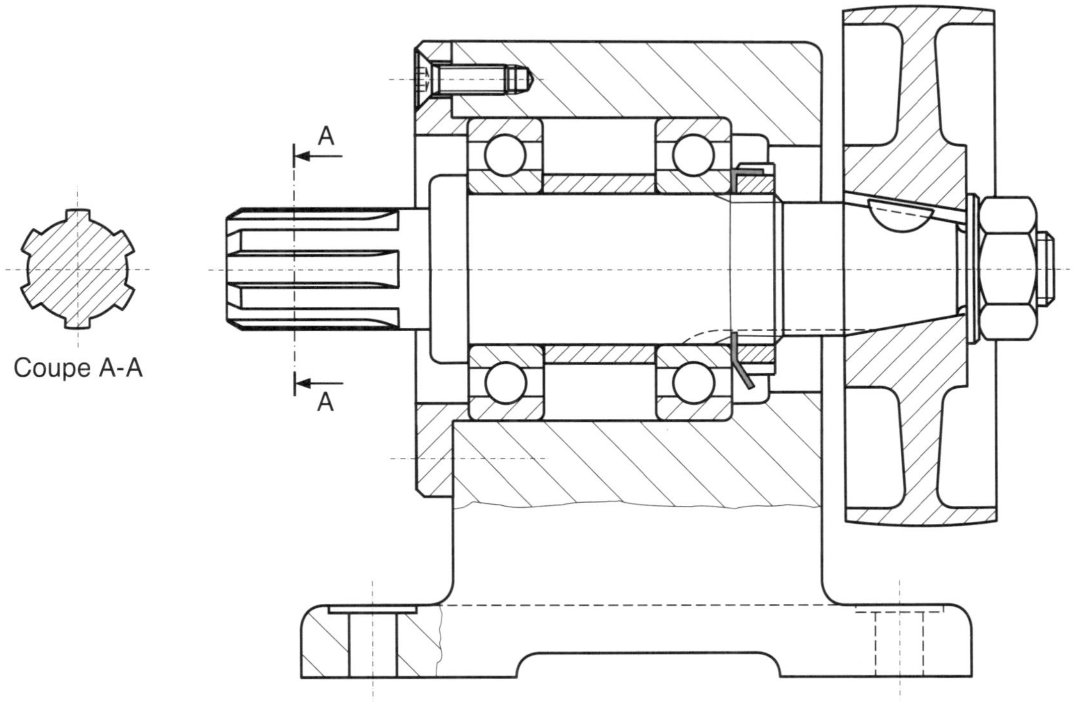

10 EXERCICES

10.1 Utilité des exercices

La construction mécanique fait appel à plusieurs notions devant être maîtrisées. Préalablement, il y a la lecture de dessin, d'une pièce simple ou d'un ensemble relativement complexe. Puis il y a la compréhension des pratiques d'usinage, le choix d'une méthode de mise en œuvre plutôt qu'une autre. L'expérience montre que l'interprétation correcte d'un dessin destiné à la fabrication d'un élément mécanique dépend souvent d'une difficulté à positionner correctement un élément simple dans l'espace.

La maîtrise de la notion de ***vision dans l'espace*** est indispensable et se vérifie quasiment toujours lors d'un processus de construction, puis plus tard, lors d'un processus de conception, cette deuxième phase d'apprentissage intervenant plus tard au cours des études d'ingénieur.

Une mise en pratique du dessin, en commençant par des notions basiques de visualisation de pièces simples, permet à l'étudiant de se familiariser avec les premières mises en plan. Le choix des solides à mettre en plan se porte toujours sur des éléments prismatiques simples sur lesquels des usinages basiques, tels que fraisage et perçage, sont effectués. C'est l'approche la plus simple pour se familiariser avec la vision dans l'espace.

Les pages suivantes proposent des exercices dont le niveau de difficulté est croissant et conduisent l'étudiant vers la maîtrise des processus de construction. Parfois seul un tableau est à compléter, et souvent une vue manquante est à réaliser. Les derniers exercices sont orientés sur la cotation complète à effectuer, en tenant compte des tolérances, des signes d'usinage et surtout de la fonctionnalité des éléments mécaniques d'un ensemble.

Une astuce pratique

Si vous en avez la possibilité, utilisez de la pâte à modeler. Il est très facile de la tailler avec un couteau afin de reproduire les différents usinages pour obtenir l'objet dans sa configuration finale. Une pomme de terre fait également très bien l'affaire. C'est une aide précieuse pour faciliter la compréhension de cette notion. Une imprimante 3D est également utilisable, avec toutefois une mise en œuvre sensiblement plus fastidieuse, mais donne d'excellents résultats.

Recommandations

Afin de gagner en efficacité, l'étudiant doit développer sur son ordinateur portable, grâce au programme de DAO utilisable à domicile, les aptitudes indispensables à la production d'un travail de qualité. Cet apprentissage doit se faire le plus tôt possible.

Lors des séances d'exercices, le travail individuel est seul garant du positionnement de l'étudiant face aux nouvelles notions à acquérir. Il est important d'accomplir, de manière personnelle, les exercices proposés ainsi que le travail à domicile.

10.2 Exercices sur la reconnaissance des vues

Les premiers exercices proposés concernent la reconnaissance simple de vues relatives à une projection orthogonale à partir d'un objet élémentaire donné en perspective. Les objets les plus simples sont prismatiques et ont subi des usinages relativement faciles à comprendre et interpréter. Prenons le cas d'un cube sur lequel un perçage borgne (non traversant) au centre d'une face et une coupe oblique passant pas le milieu de trois arêtes ont été effectués. Voici les projections orthogonales normalisées :

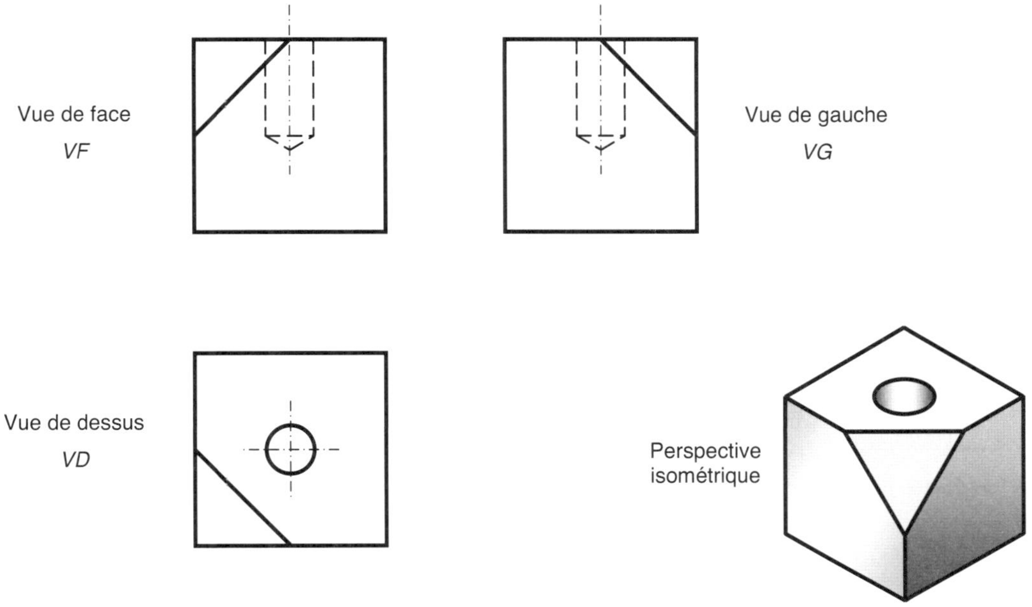

Pour parvenir à la représentation de ces trois vues, il a été nécessaire de prendre les mesures de la pièce initiale à partir de sa représentation en perspective. Ensuite il faut créer chaque projection en s'aidant des mesures prélevées.

L'apprentissage débute avec des objets prismatiques élémentaires, puis le degré de difficulté augmente progressivement afin d'acquérir la maîtrise nécessaire à la lecture de documents plus complexes, notion indispensable dans la construction mécanique.

Exercice 1

Quelle vue correspond à la pièce observée depuis le côté indiqué ?

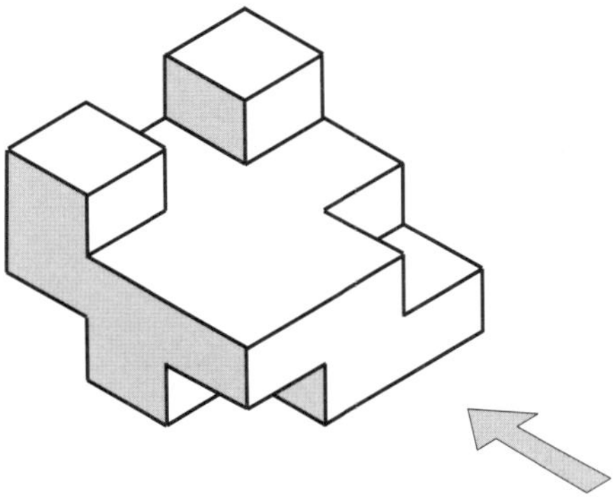

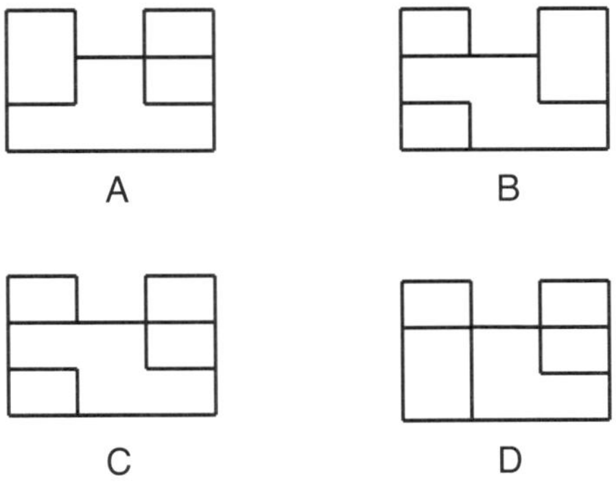

Exercice 2

Compléter le tableau relatif aux quatre pièces selon la vue depuis *A* ou *B* d'après les huit vues proposées.

A

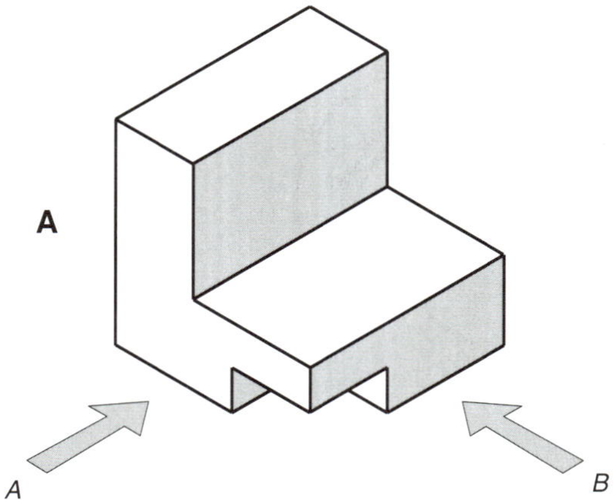

B

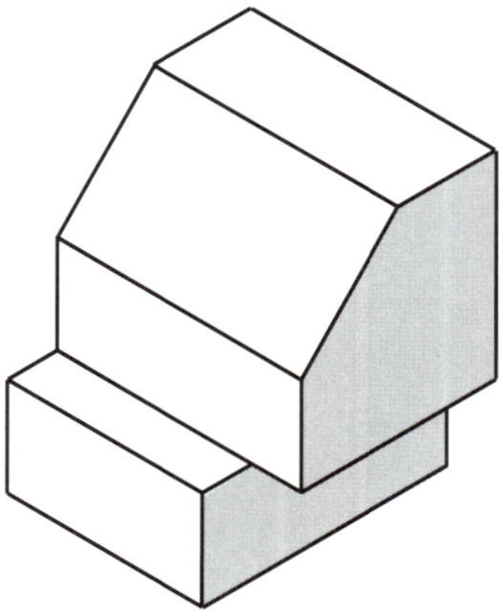

C

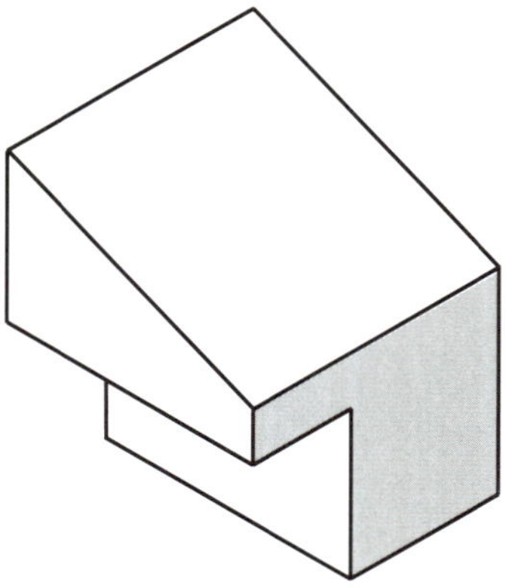

D

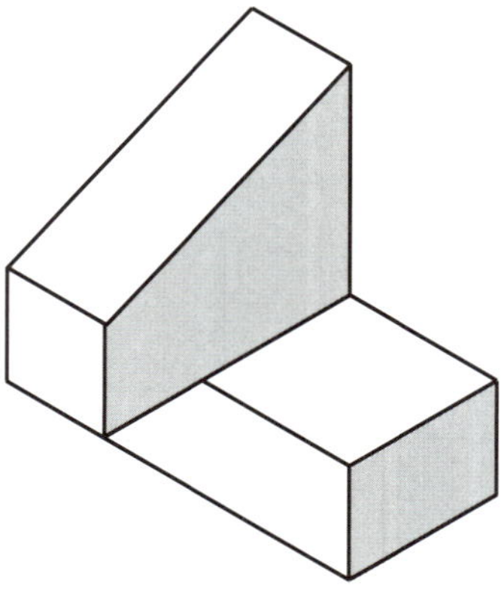

1

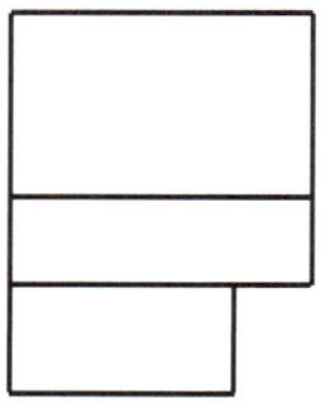

2

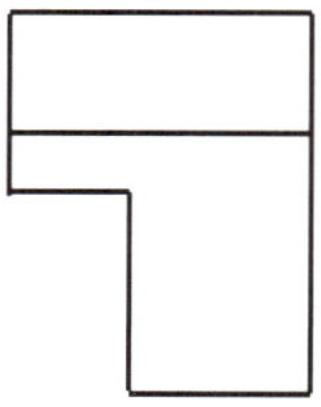

3

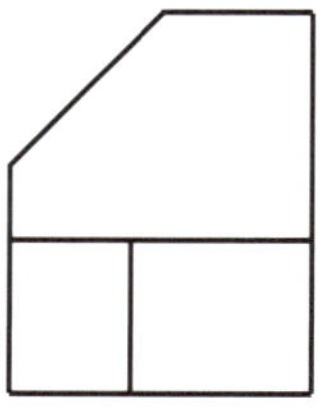

4

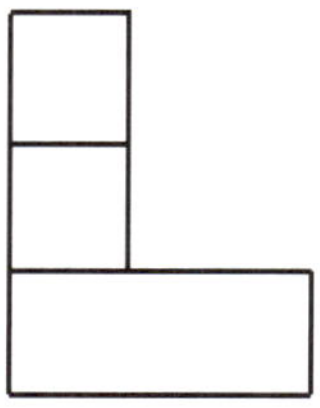

5

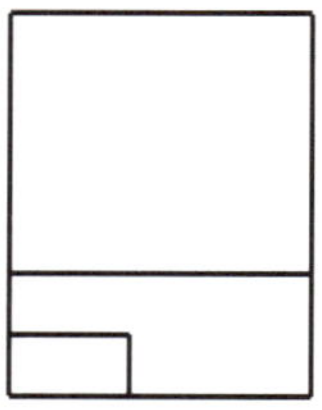

6

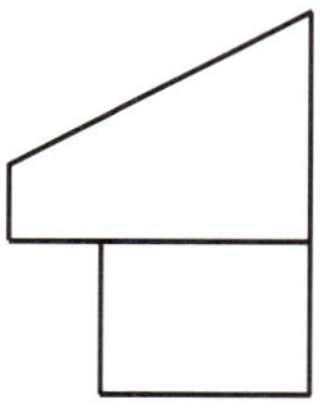

7

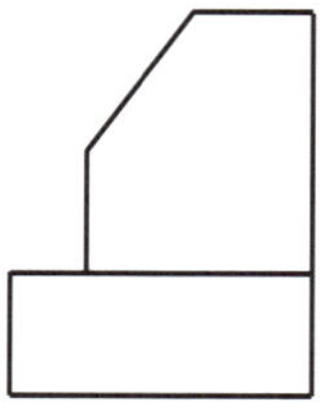

8

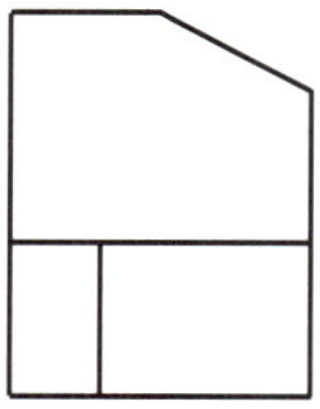

Pièce	**A**		**B**		**C**		**D**	
Vue de	*A*	*B*	*A*	*B*	*A*	*B*	*A*	*B*
Numéro								

Exercice 3

Compléter le tableau relatif aux trois vues *A*, *B* et *C* de chacune des sept pièces proposées. Représenter les arêtes cachées en traitillé, où elles sont nécessaires, sur les 21 vues.

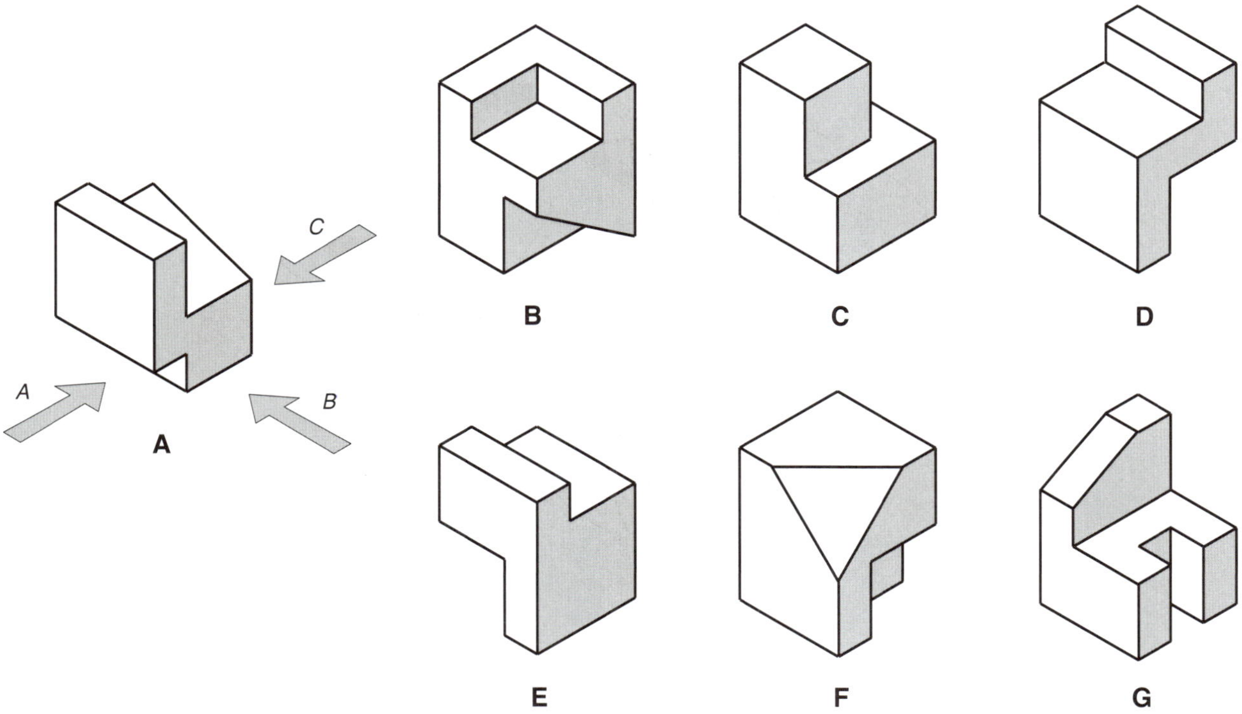

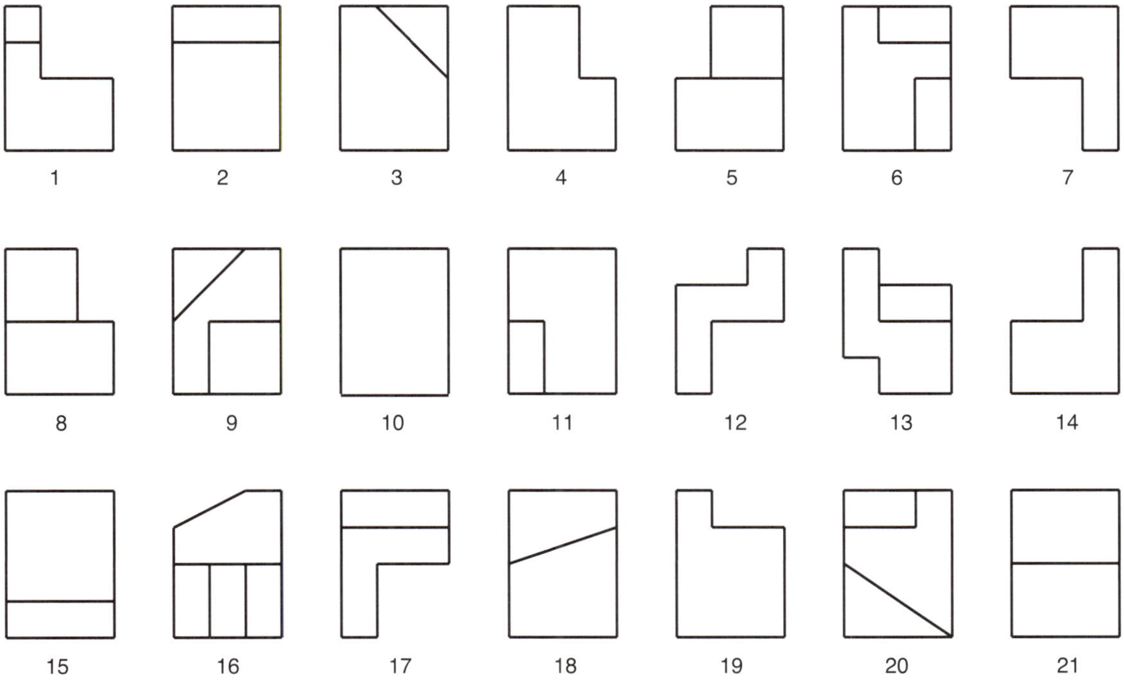

Pièce	**A**			**B**			**C**			**D**			**E**			**F**			**G**		
Vue de	*A*	*B*	*C*	*A*	*B*	*C*	*A*	*B*	*C*	*A*	*B*	*C*	*A*	*B*	*C*	*A*	*B*	*C*	*A*	*B*	*C*
Numéro																					

Exercice 4

Compléter le tableau relatif aux trois vues *A*, *B* et *C* de chacune des sept pièces proposées. Représenter les arêtes cachées en traitillé sur les 21 vues, là où elles sont nécessaires.

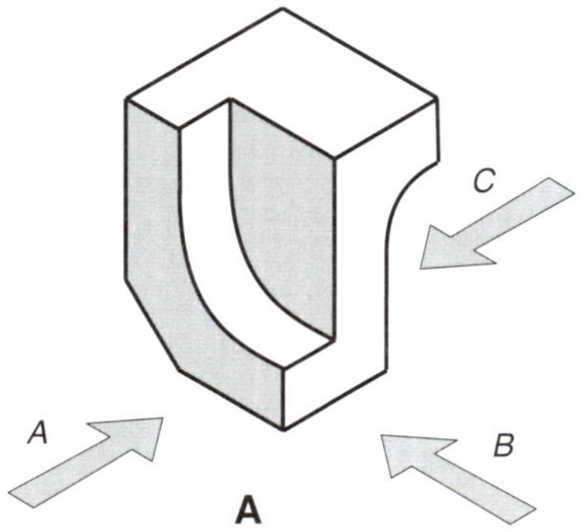

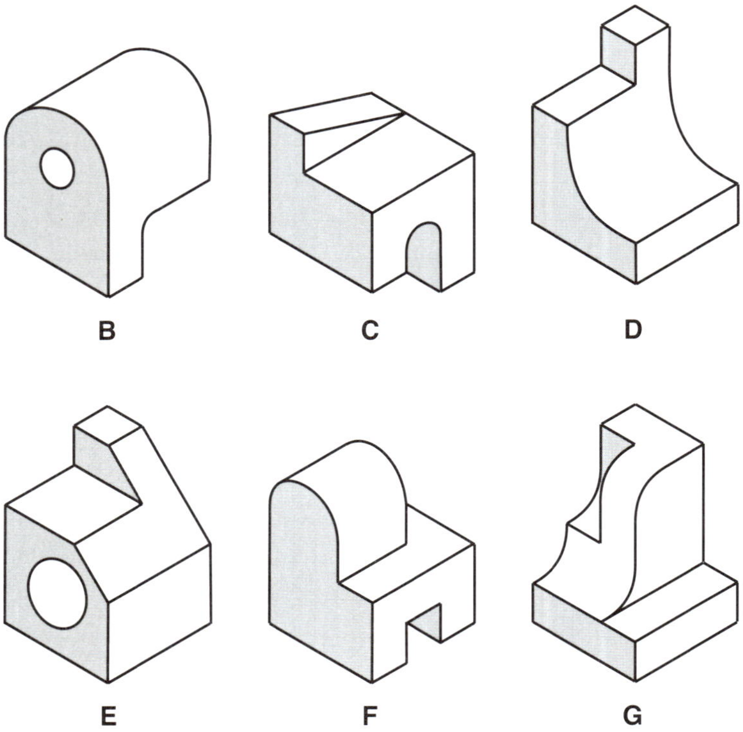

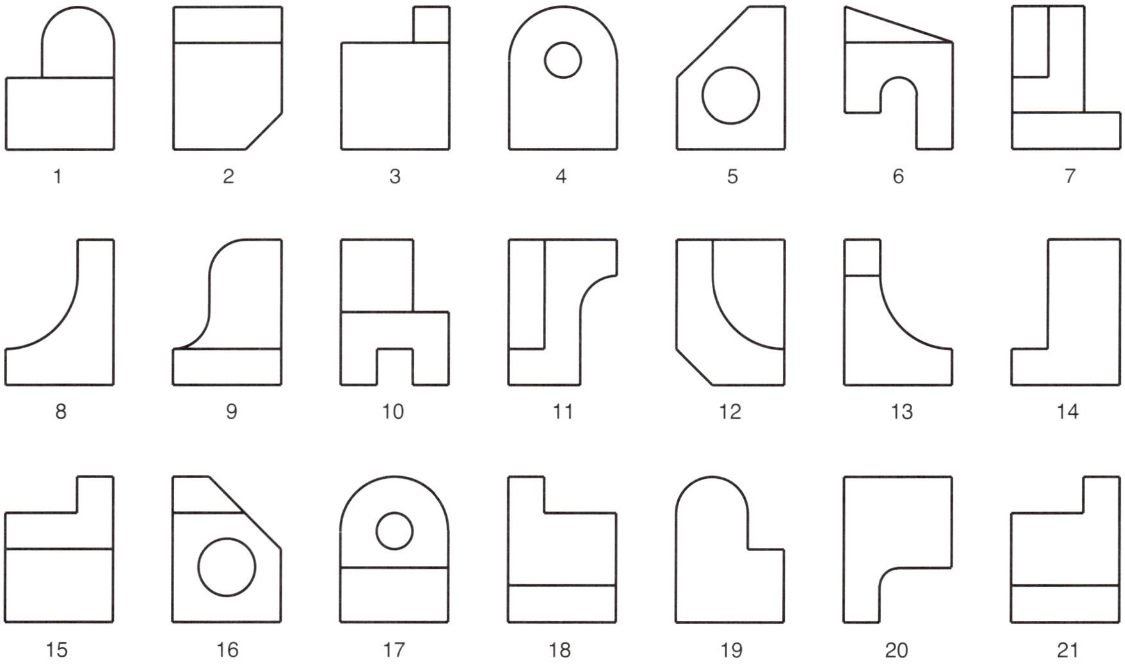

Pièce	**A**			**B**			**C**			**D**			**E**			**F**			**G**		
Vue de	*A*	*B*	*C*	*A*	*B*	*C*	*A*	*B*	*C*	*A*	*B*	*C*	*A*	*B*	*C*	*A*	*B*	*C*	*A*	*B*	*C*
Numéro																					

Exercice 5

Grouper les pièces selon les trois vues : vue de face *VF*, vue de gauche *VG*, vue de dessus *VD*. Représenter les deux vues manquantes 14 et 15.

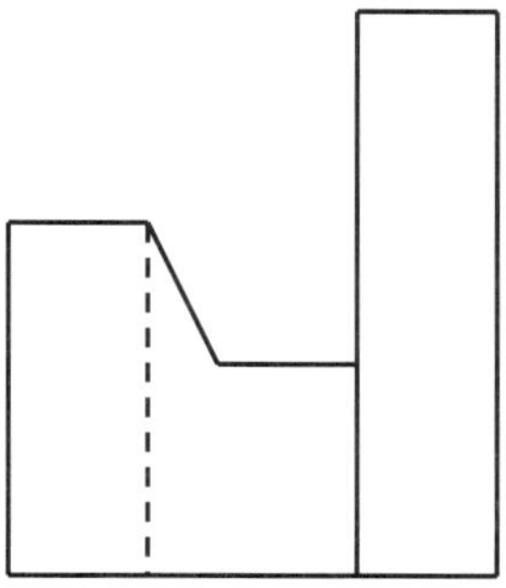
1

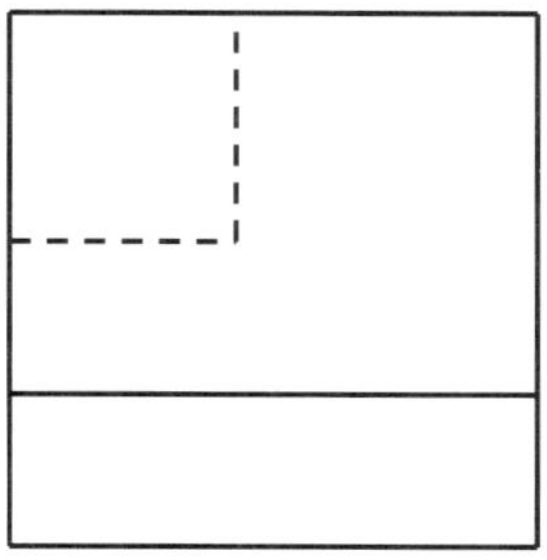
2

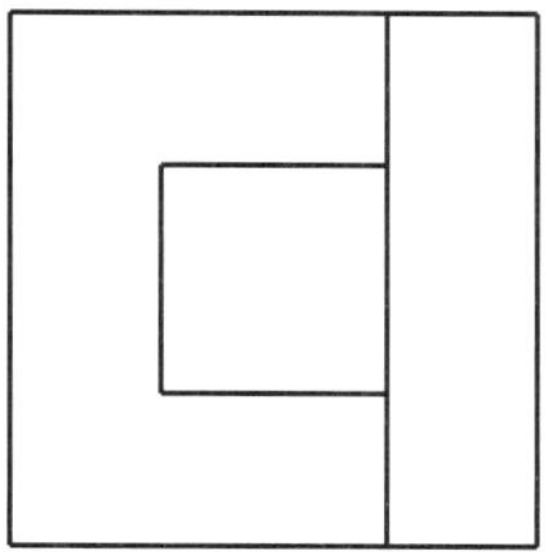
3

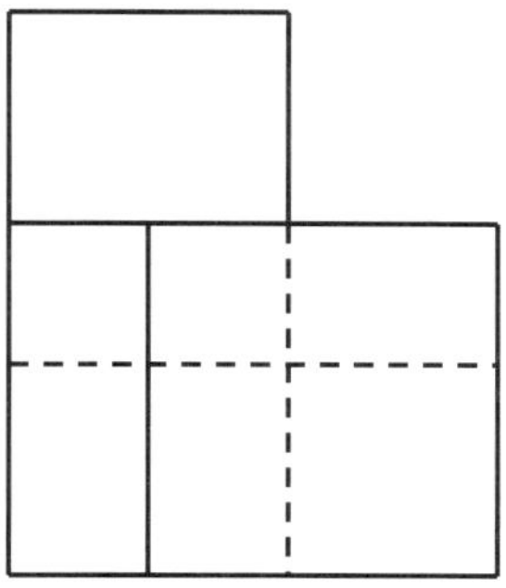
4

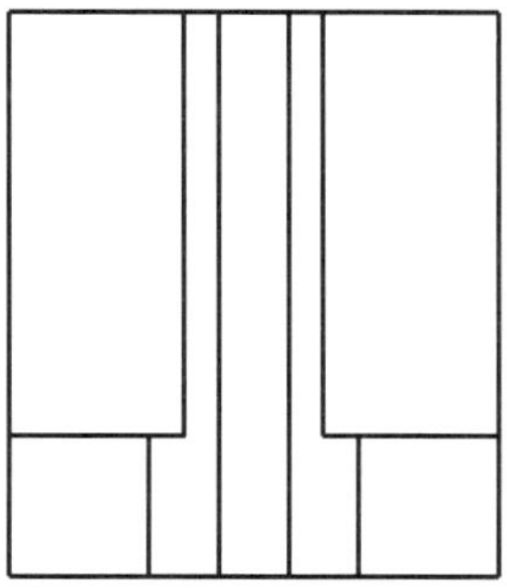
5

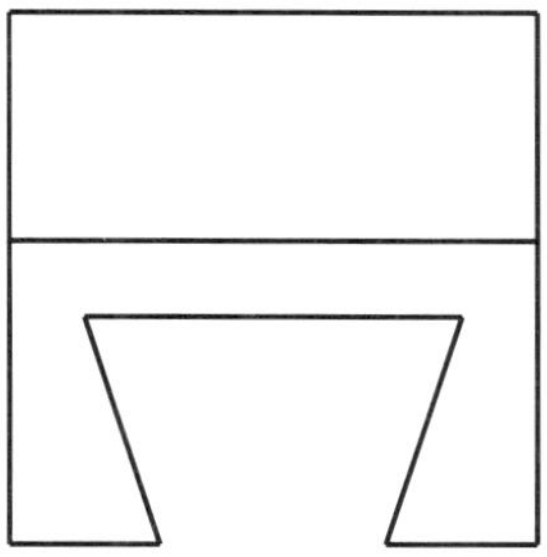
6

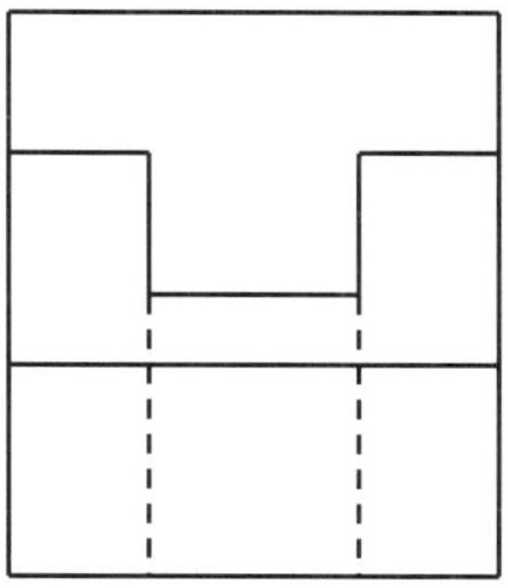
7

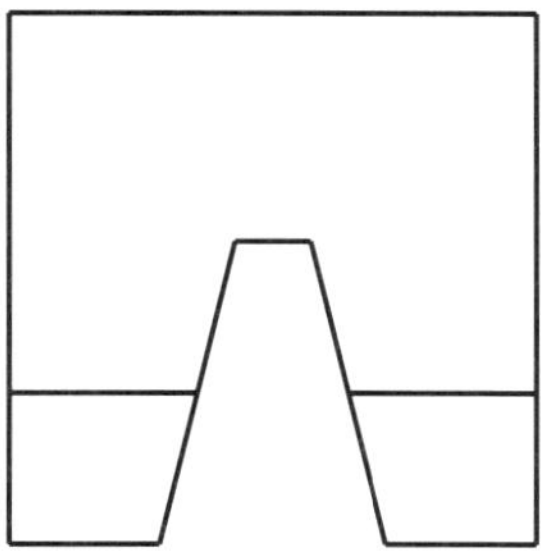
8

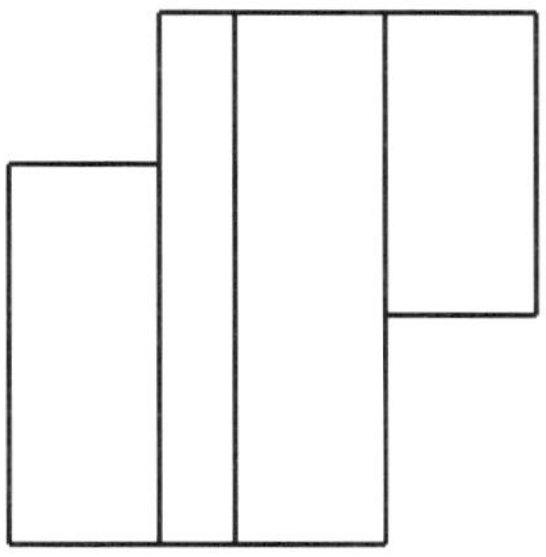
9

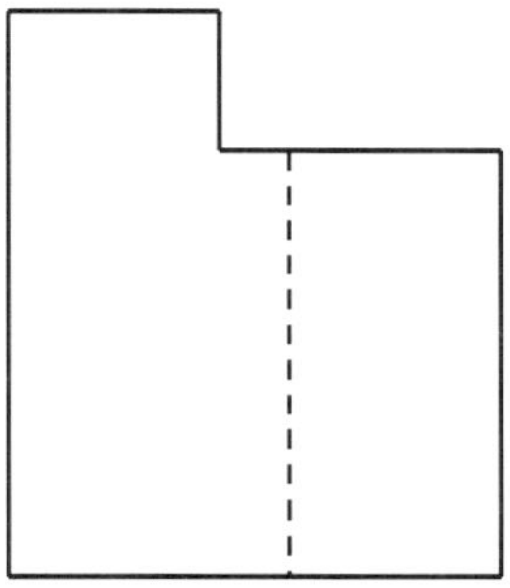
10

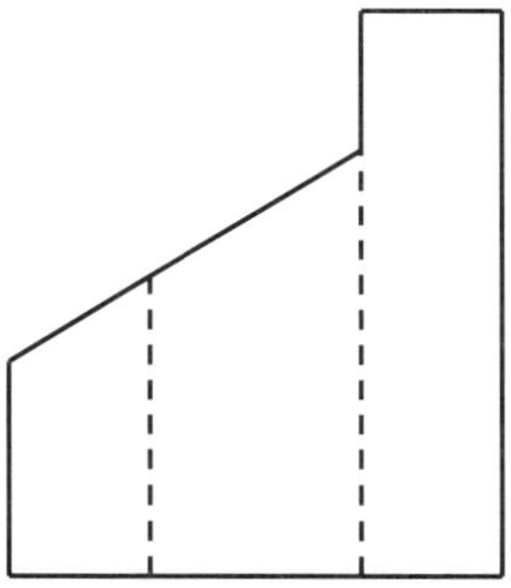
11

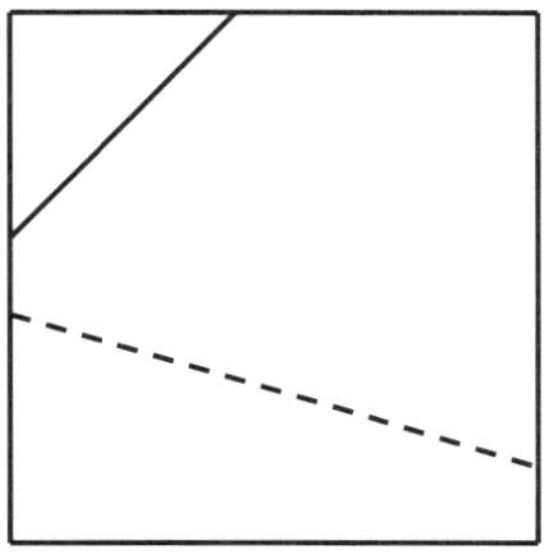
12

D'après ASM

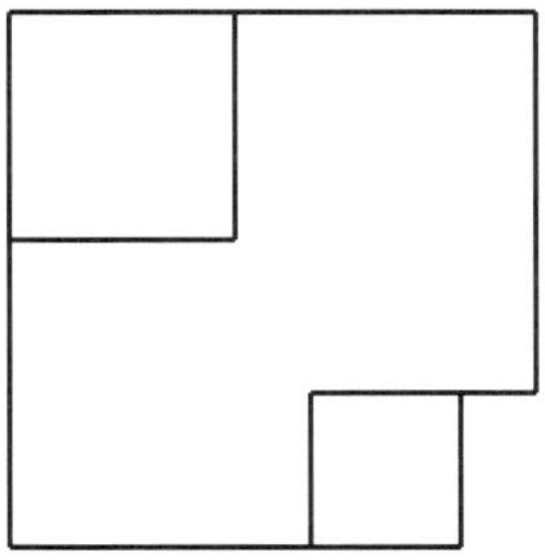
13

Pièce	*VF*	*VG*	*VD*
A	11		
B	5	14	
C			
D	15		
E			9

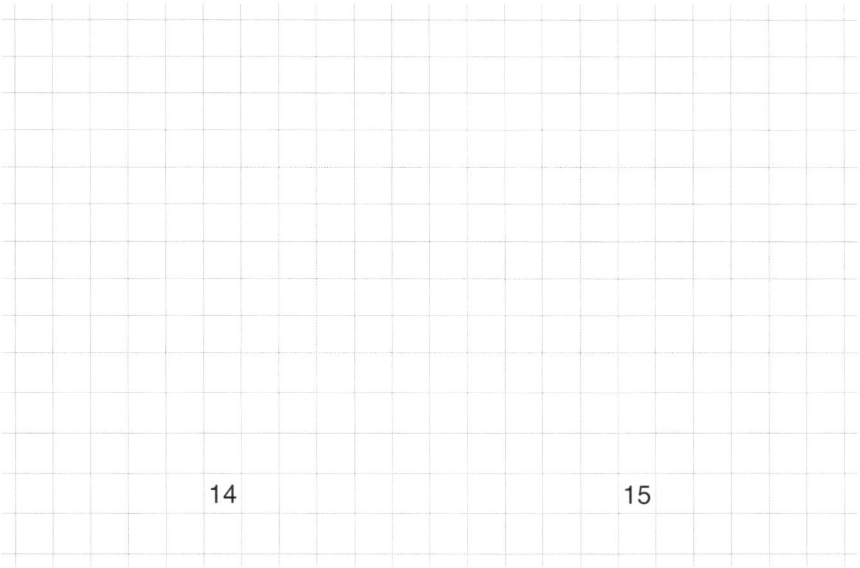

Exercice 6

Pour chaque vue, déterminer le genre de vue et la perspective correspondante, par exemple : vue de face B, notée ***VF B***.
Tracer les diagonales des surfaces fraisées.

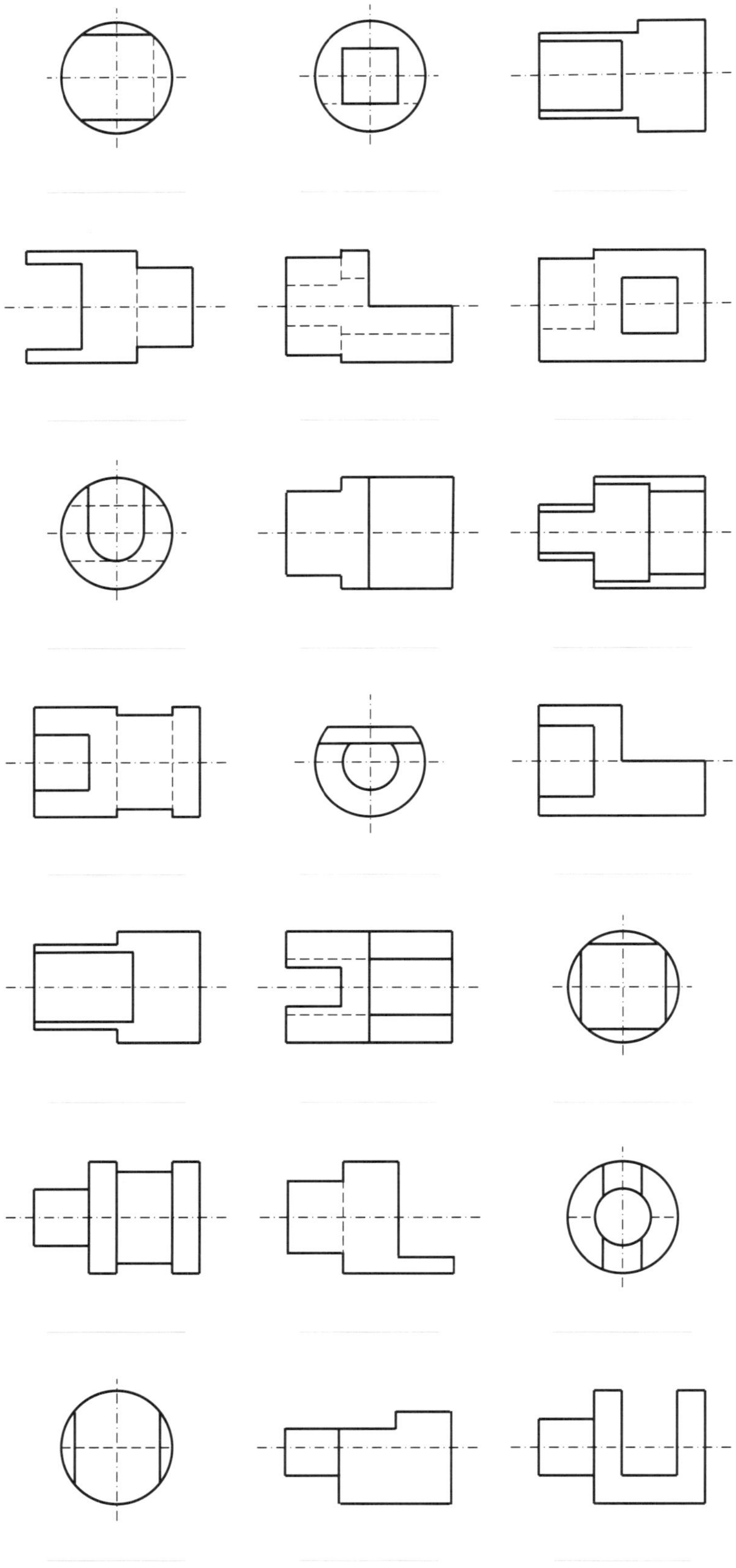

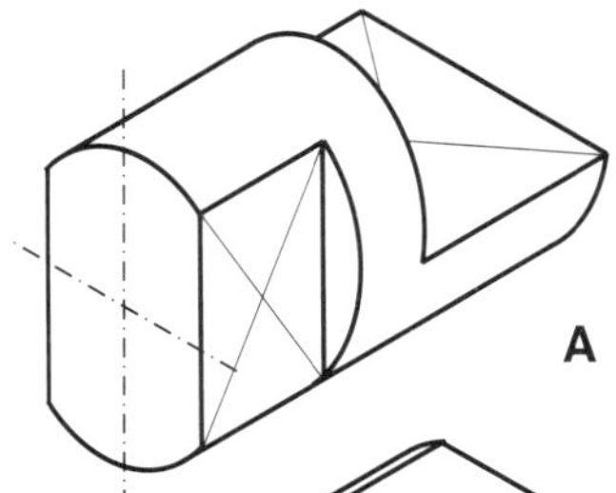

A

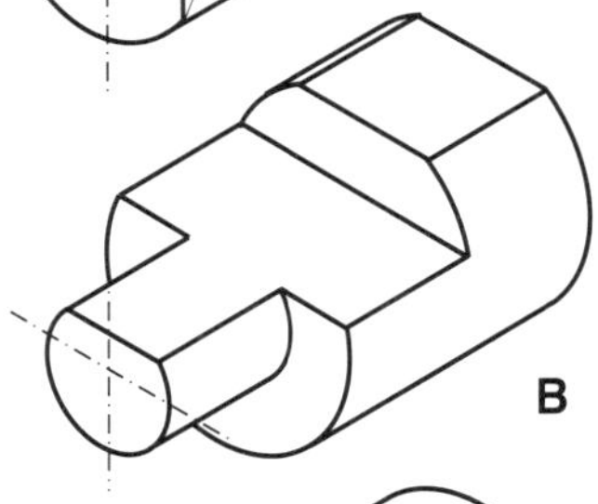

B

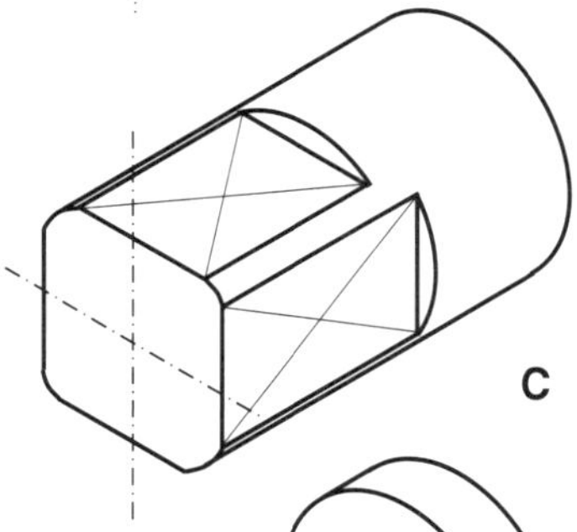

C

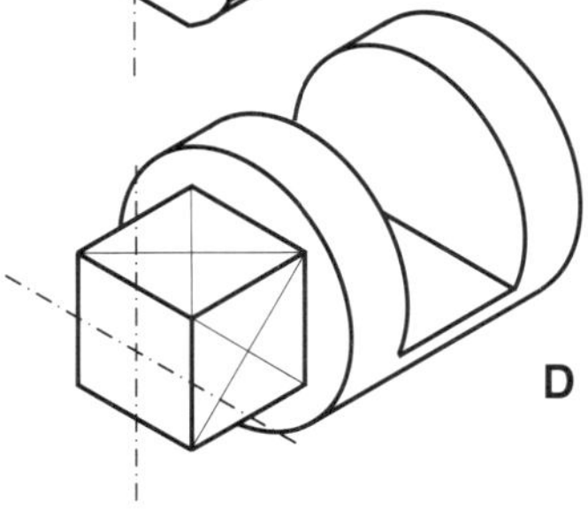

D

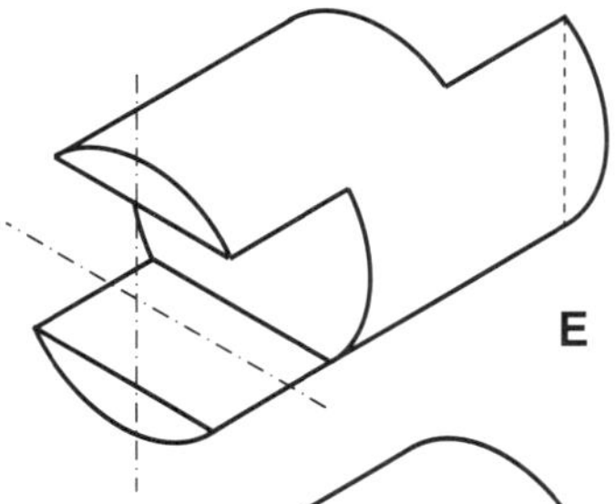

E

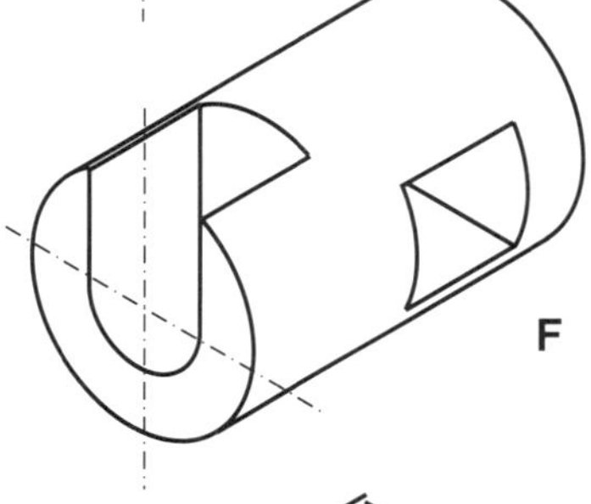

F

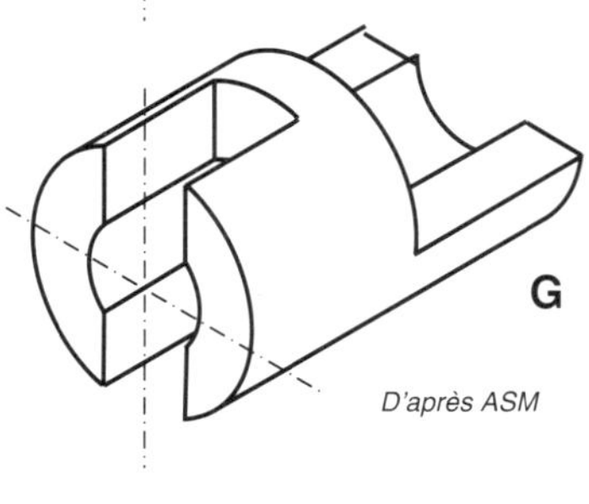

G

D'après ASM

10.3 Exercices sur les coupes

Comme vu précédemment, les coupes représentées sur des dessins de pièces en vue de leur fabrication sont destinées d'une part à simplifier la compréhension de l'usinage et d'autre part à donner un éclairage ne laissant plus de doute sur le profil de la pièce étudiée.

Les questions qui se posent sont de savoir s'il y a nécessité ou pas de faire une coupe, et dans ce cas quel type de coupe choisir et dans quel endroit la représenter. Premièrement, il faut être acquis au principe même de la coupe qui est utilisée pour permettre de comprendre comment effectuer un usinage et de pouvoir le réaliser sans ambiguïté.

Une pièce usinée par tournage à l'intérieur de laquelle sont effectués cône, alésage, rayons de raccordement, chambrage, taraudage (filetage intérieur) et chanfrein doit être présentée en coupe, même partielle afin d'éviter une cotation sur des arêtes cachées, ce qui n'est pas normalisé.

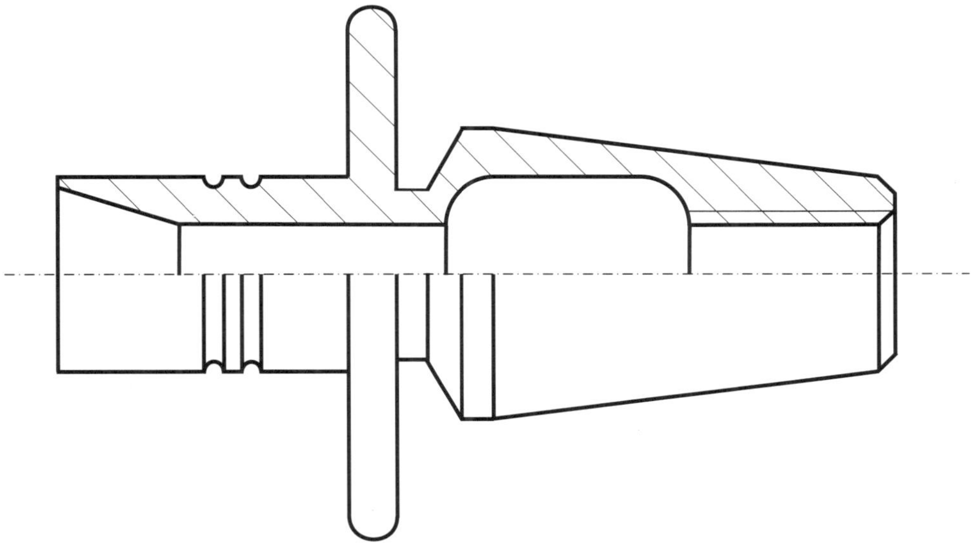

En voyant quel est le profil intérieur d'une telle pièce, on se rend bien compte qu'il serait hasardeux d'improviser son usinage sans informations précises. La visualisation de l'intérieur ne laisse aucun doute sur les usinages à effectuer. Il manque sur cette représentation la cotation complète, avec tolérances, signes d'usinage et états de surface.

Dans la mesure du possible, pour ce type de représentation, on va privilégier le choix de la demi-coupe. L'avantage est de produire un seul dessin pour une pièce dont on représente l'extérieur et l'intérieur sur la même projection.

Rappel

Comme cette pièce ne possède pas d'indexage, de rainure de clavette, de perçage sur la collerette ou d'autres particularités, une seule vue est suffisante pour permettre sa fabrication. Rappelons également que le but premier d'un dessin de pièce sert à fabriquer la pièce en question. Il faut éviter la production de dessins de pièces simples dont les trois vues sont données ; c'est une perte de temps et une redondance d'informations inutile.

Exercice 7

Effectuer la représentation de cette pièce tournée en demi-coupe. La partie supérieure est en coupe et la partie inférieure donne la vue extérieure de la pièce. Cette pièce comporte un maneton excentré (principe du vilebrequin) raison pour laquelle il y a un deuxième trait d'axe.

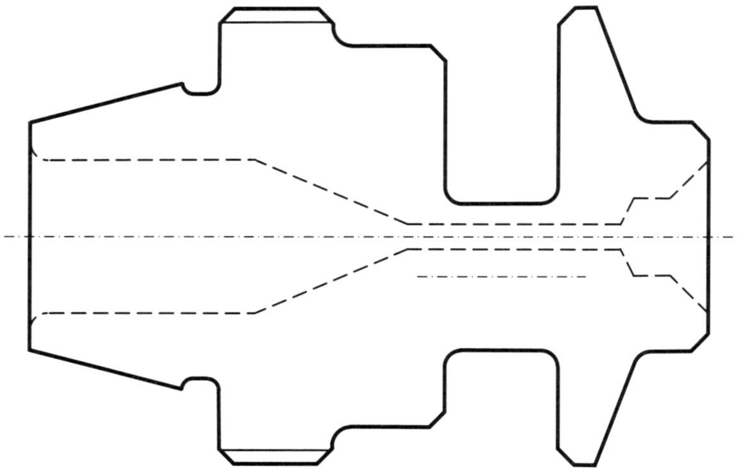

Exercice 8

Représenter la vue de face en demi-coupe de cette pièce selon le gabarit proposé. Ne représenter que la demi-vue de gauche.

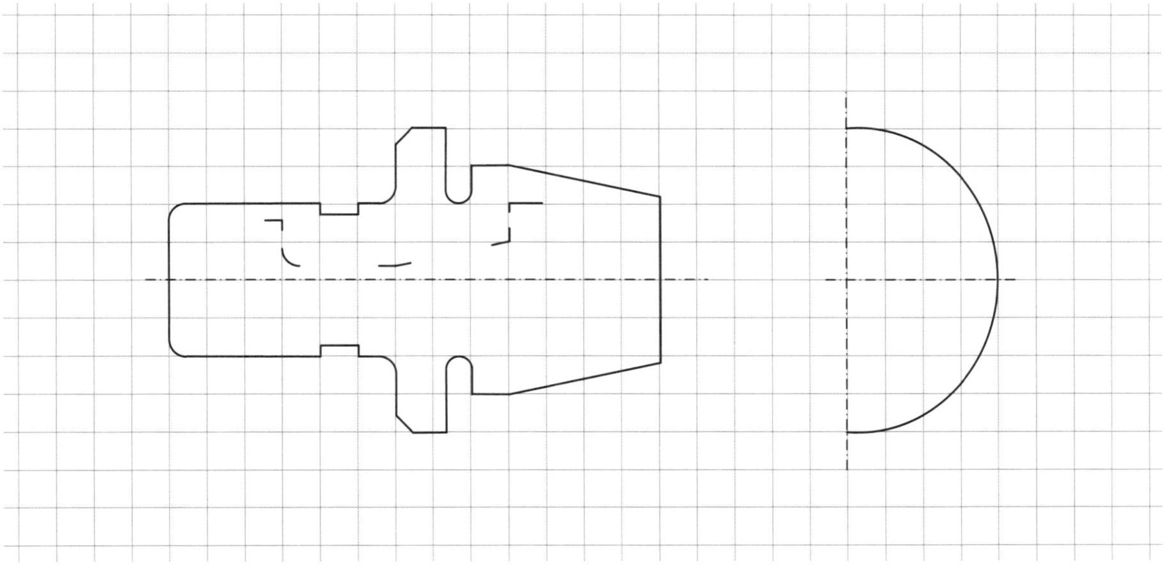

Exercice 9

Représenter cette pièce en mi-coupe en doublant l'échelle.

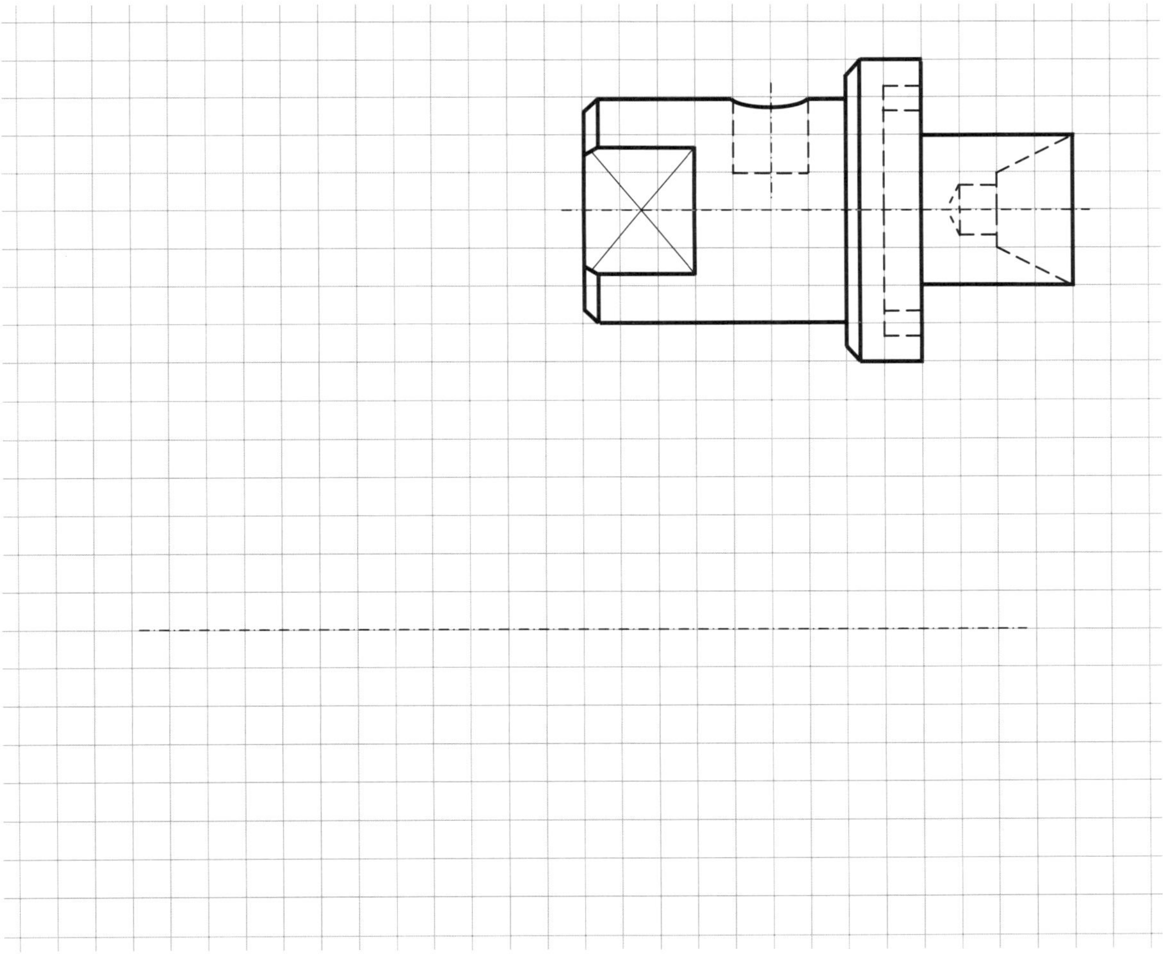

10.4 Exercices sur la mise en plans

L'étape importante de la réalisation d'un dessin technique permettant la fabrication d'une pièce est la mise en plans. Les informations et les données préalables peuvent se présenter sous plusieurs formes différentes, comme un croquis à main levée, une représentation en perspective ou encore des données littérales.

Dans tous les cas il est nécessaire de comprendre quel est le profil de la pièce lorsqu'elle est vue selon les trois points d'observation principaux : la vue de face VF, la vue de dessus VD et la vue de gauche VG. Le sens d'observation est indispensable et la compétence de la vision dans l'espace prend ici toute son importance. Au fur et à mesure de l'élaboration des différents plans, la comparaison et/ou la vérification est (sont) possible(s) et confirme(nt) l'exactitude de la retranscription.

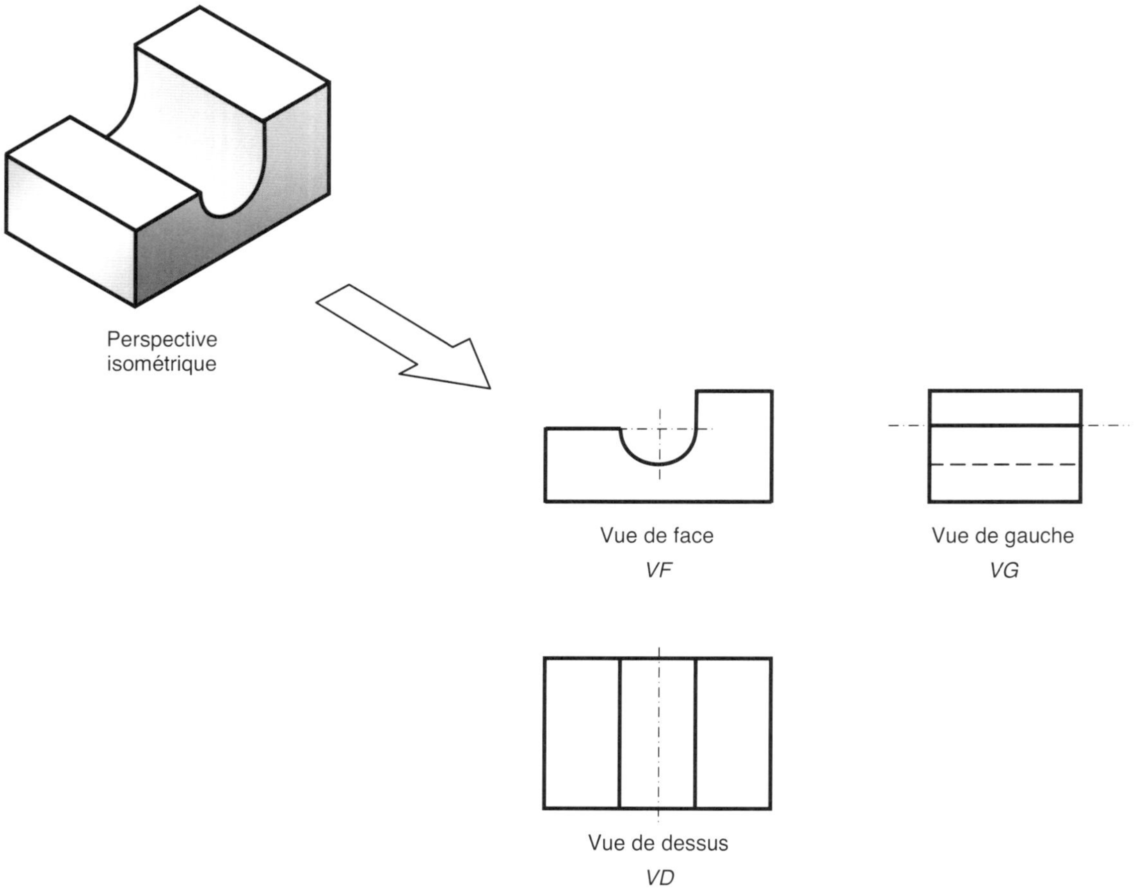

La mise en plans d'une pièce ne nécessite pas obligatoirement la réalisation des trois vues principales. Elles sont nécessaires lorsque la pièce est complexe ou présente des difficultés de compréhension. Pour un axe simple, une rondelle, une tôle découpée et usinée, une seule vue suffit. Les pièces simples usinées par tournage ne nécessitent également que la vue de face.

Rappel

Les vues doivent obligatoirement être alignées les unes par rapport aux autres. Même par commodité il n'est pas accepté de disposer les différentes vues d'une pièce de manière fantaisiste. Les axes sont au même niveau et les rotations sont de 90° pour passer d'une vue à l'autre. Le type de projection choisie est la projection européenne (symbole représenté dans le cartouche de chaque feuille de dessin). La cotation se fait sur la vue de face pour une pièce comportant des diamètres (pièce tournée) et non pas sur la vue de gauche.

Exercice 10

Représenter les trois vues de cette pièce prismatique selon les flèches indiquées. Échelle 1:1. Les cotes hors tout sont 70 x 50 x 30 mm. Les dimensions en profondeur sont représentées à la moitié de leur vraie valeur à cause de la perspective.

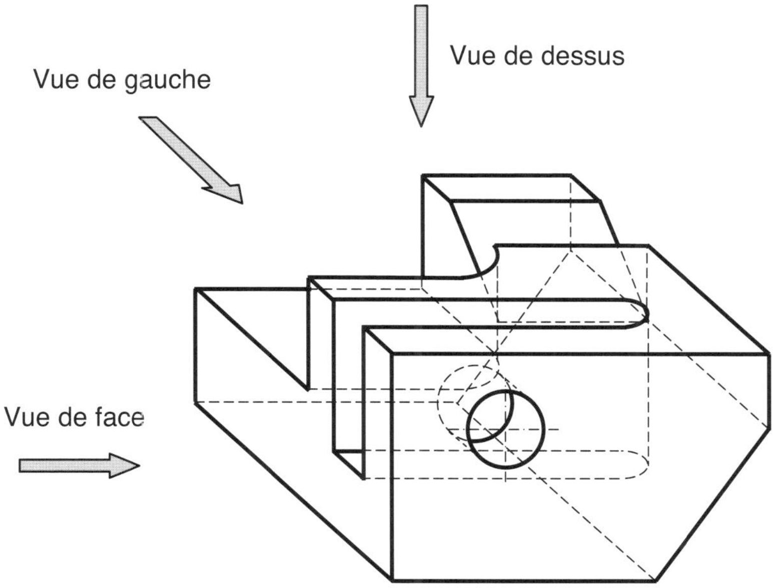

Exercice 11

Représenter à l'échelle 1:1 les trois vues *A*, *B* et *C* de ce bloc prismatique en perspective. Les dimensions en profondeur sont représentées à la moitié de leur dimension réelle, dû à la perspective.

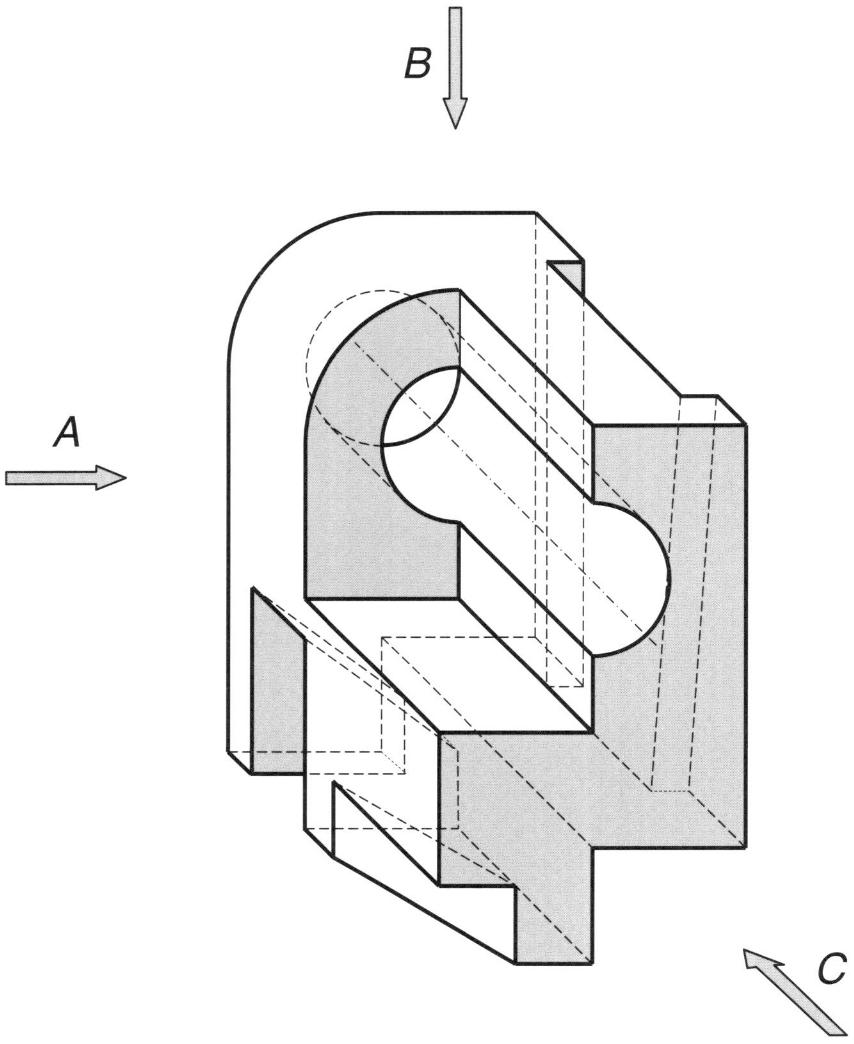

Exercice 12

Représenter la vue de gauche en fonction de la vue de face et de la vue de dessus.

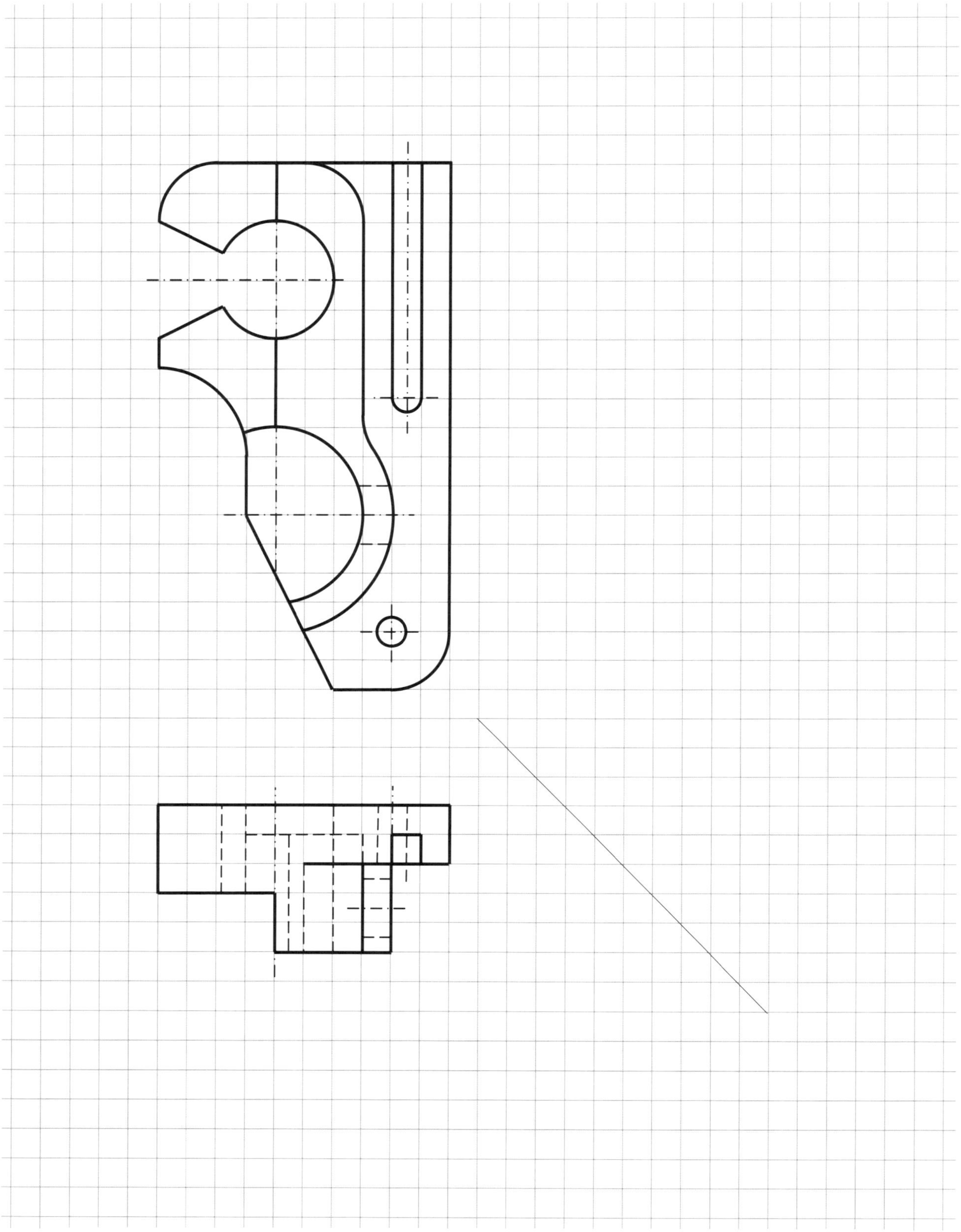

Exercice 13

Représenter la vue de face en fonction de la vue de gauche et de la vue de dessus.

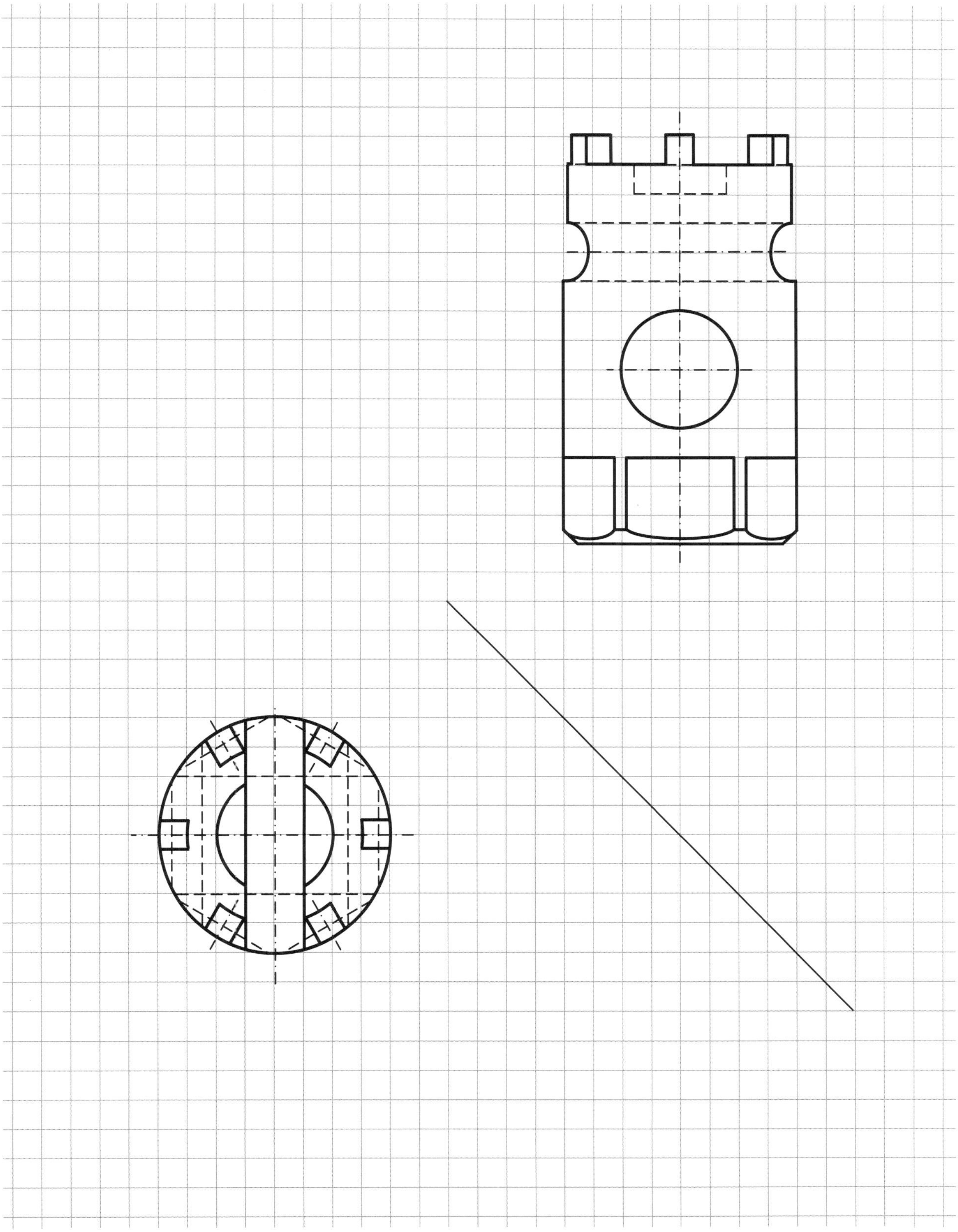

10.5 Exercices sur la cotation

Basiquement la cotation d'un dessin donne une information sur le dimensionnement d'une pièce en vue de sa réalisation. Elle doit être cohérente, facilement lisible et utile. La surcotation n'est pas péjorante mais elle va surcharger inutilement un document. Les cotes redondantes obtenues par addition de cotes sont à proscrire.

Lorsqu'une pièce comporte un angle, un cône ou un plan incliné, la valeur angulaire de la pente doit être inscrite. Cette recommandation n'est pas préconisée par les normes, sauf pour les pièces de profil circulaire (tournage). La valeur de l'angle correspond à l'inclinaison d'un chariot de tour, d'une tête de fraiseuse ou plus simplement d'un étau. Pour une inclinaison indicative (notée entre parenthèses) sa notation est très utile pour la réalisation de la pièce, en plus des cathètes du triangle rectangle, ceci afin d'éviter une erreur lors du calcul de la pente.

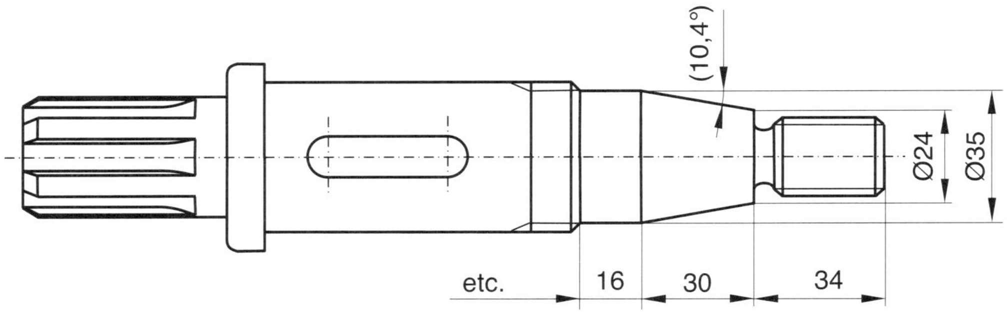

Le réalisateur de la pièce à partir d'un dessin ne doit en aucun cas être amené à effectuer des calculs pour trouver la valeur d'une cote. Une erreur courante est la longueur totale d'une pièce s'obtenant par addition de plusieurs cotes successives. Les dimensions hors tout doivent figurer clairement sur le document.

Exercice 14

Effectuer la cotation des différentes pièces représentées.

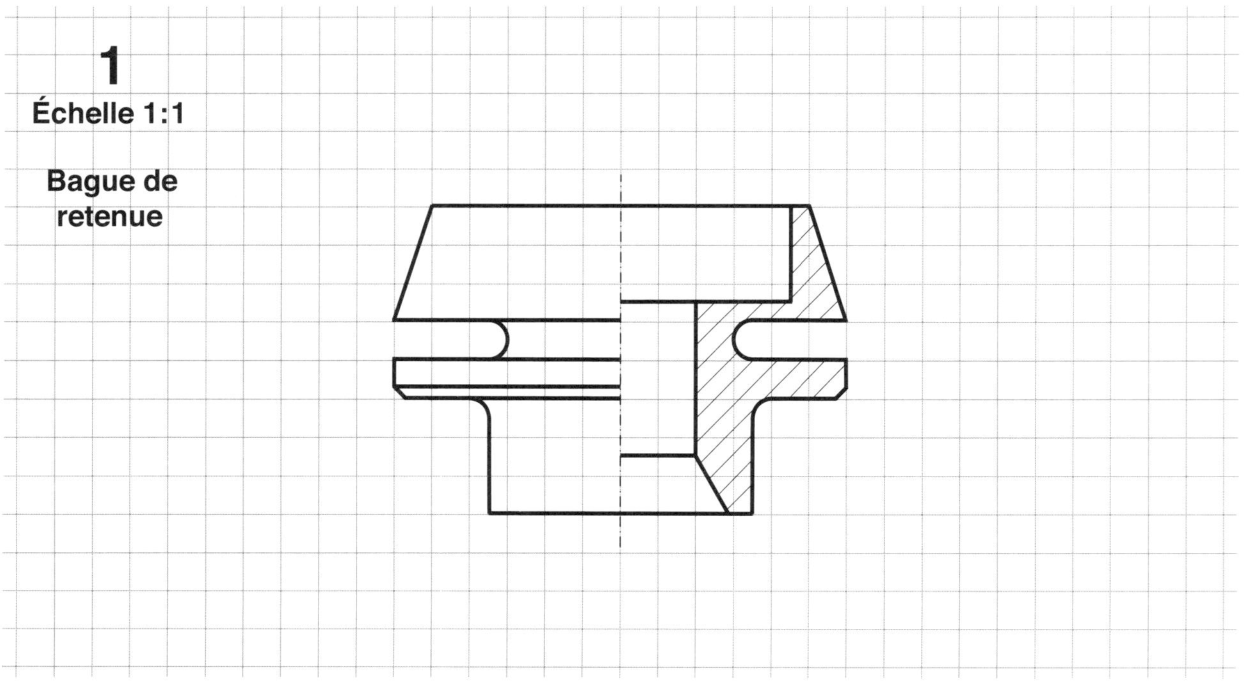

2

Échelle 1:2

Disque séquentiel

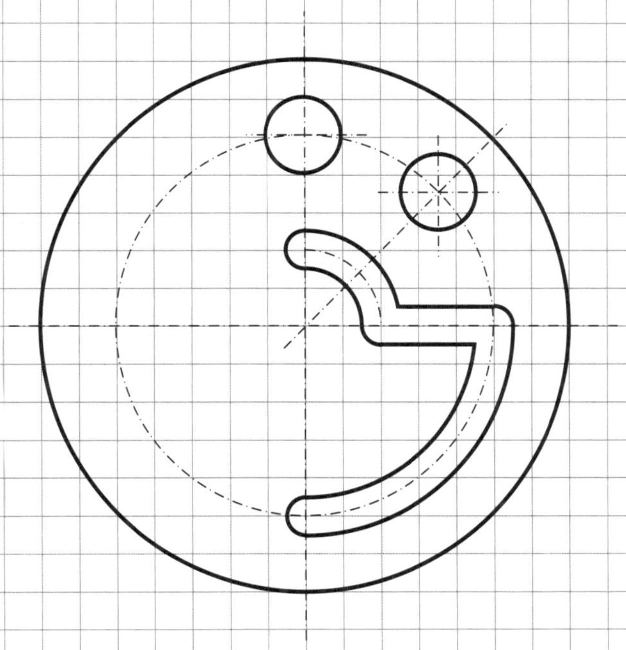

3

Échelle 5:1

Embout de filière MF8

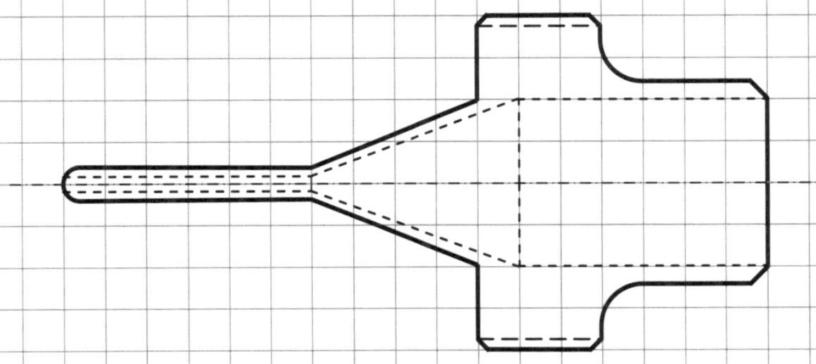

Exercice 15

Effectuer la mise en plan de cette pièce en perspective. Ses dimensions hors tout sont : Ø40 x 65. Choisir le nombre de vues et leur positionnement. Effectuer la cotation complète. Le carré d'entraînement mesure SW15. Échelle 1:1.

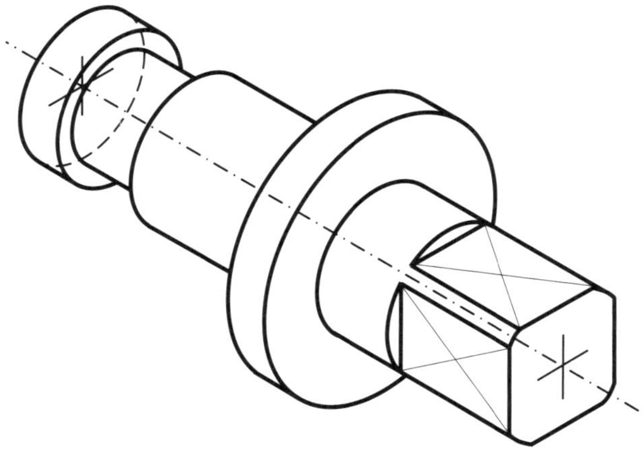

Exercice 16

Effectuer la mise en plan et la cotation de cette pièce. Dimensions hors tout : Ø50 x 50. Échelle 1:1

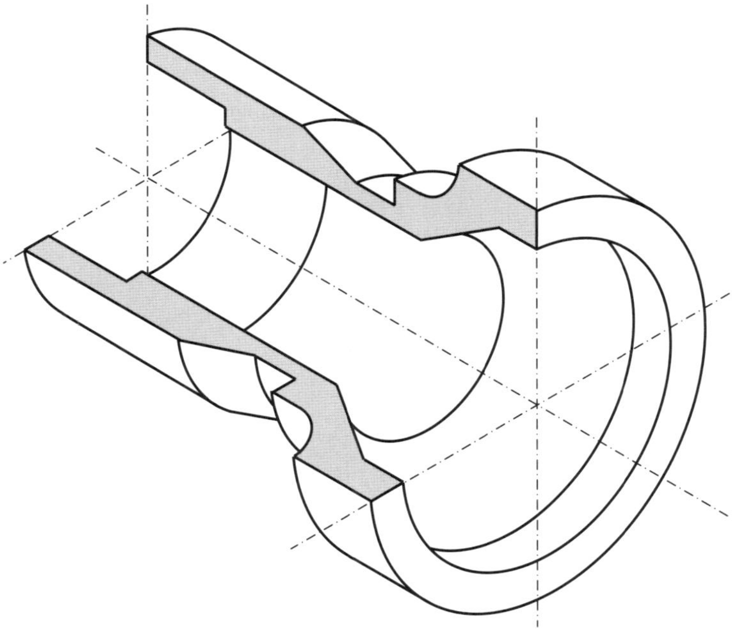

Exercice 17

Distributeur à air comprimé. Représenter la vue de face en coupe de ce distributeur de circuit à air comprimé. Coter entièrement pour la fabrication. Un axe rectifié Ø6h5 étant prévu dans l'alésage de Ø6 ; coter ce dernier pour un jeu compris entre 4 et 21 μm. Dans la rainure large de 6 mm vient une pièce tolérancée js6. Coter la rainure afin d'avoir un serrage entre 8 et 20 μm.

(D'après ASM)

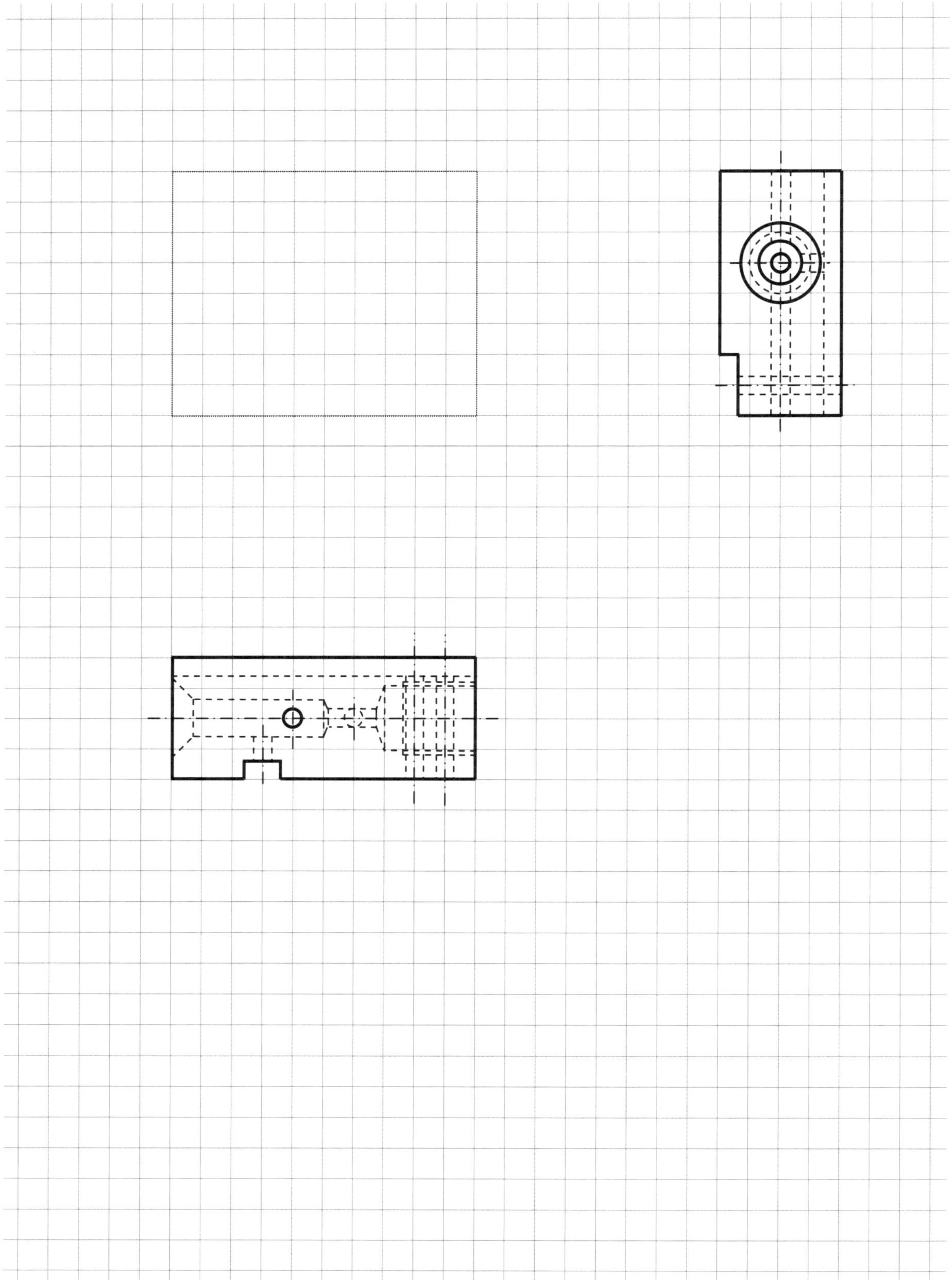

Exercice 18

Palier à roulement. Créer sur un support annexe le dessin de la douille 2 permettant la fabrication. Tenir compte des tolérances nécessaires pour le montage des différents éléments. Tolérances générales ISO 2768-m. L'usinage est de qualité N10 (sauf précision supplémentaire). La face plane extérieure est tournée finement au diamant, stries circulaires. Le roulement DIN 625-1 type 6205 utilisé a un logement rectifié finement en plongée et une tolérance de battement radial de 0,02 par rapport à la portée Ø80. Prévoir un joint radial pour arbre DIN 3760, des circlips DIN 471 et 472. Prévoir également une étanchéité sur le diamètre de 80 avec un joint torique (*O-Ring*) DIN 3771 dont d_2 = 3,55.

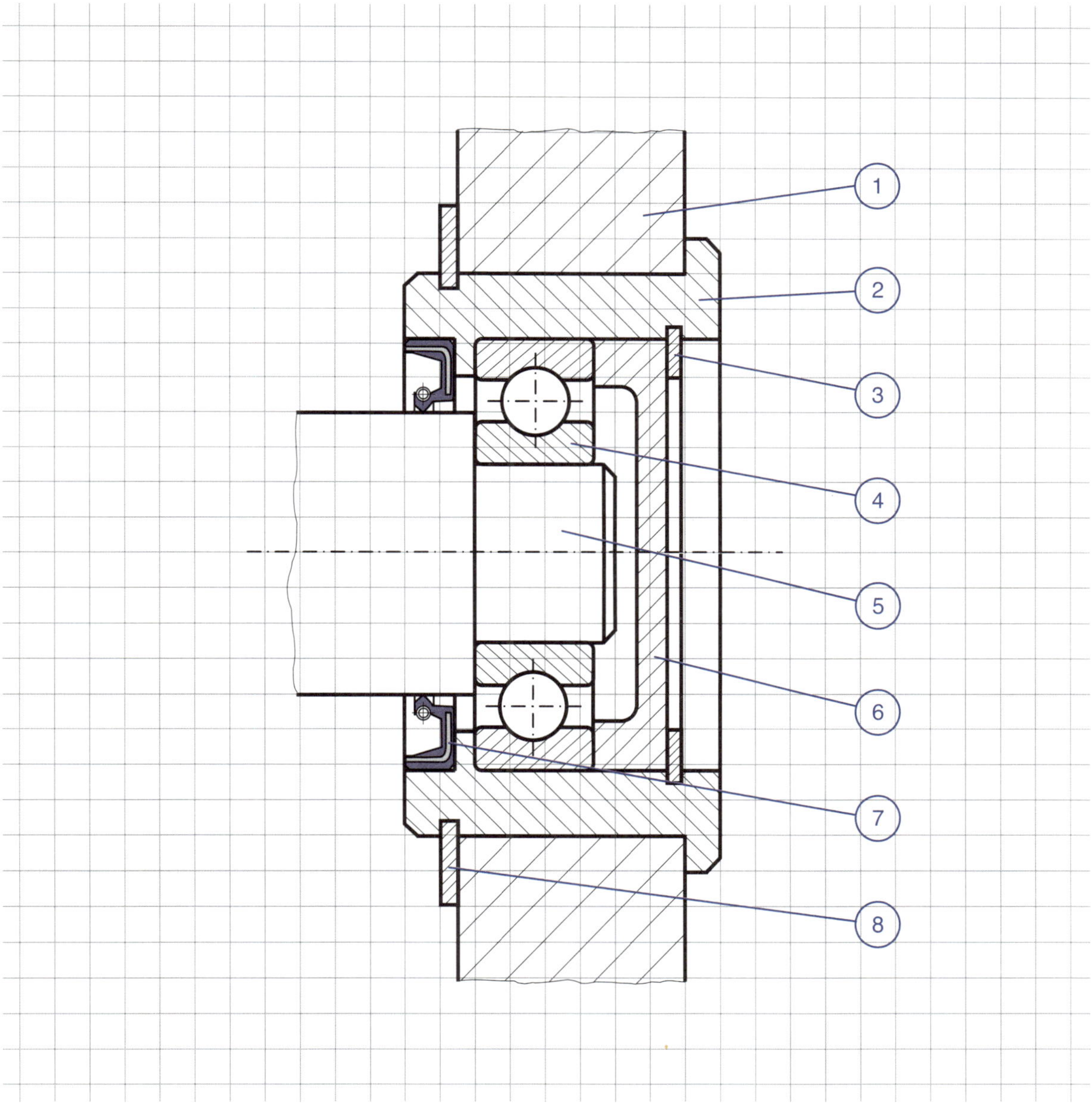

10.6 EXEMPLES DE TESTS (AVEC RÉPONSES)

Voici des exemples de test des années précédentes, donnant une idée concrète de ce qui est demandé comme connaissances à maîtriser. L'en-tête de l'épreuve est identique chaque année.

ÉCOLE POLYTECHNIQUE FÉDÉRALE DE LAUSANNE

ÉLÉMENTS DE CONSTRUCTION
(MICRO 100)
TEST du 14.12.1012

Nom: ....
Prénom: ....
No sciper: ....
Note:

<u>Matériel autorisé</u>: Extrait de Normes, Support de cours, exercices, notes personnelles, dictionnaire, calculatrice, matériel de dessin, papier quadrillé.

<u>Matériel non autorisé</u>: Ordinateur et téléphone portable (de tous types).

Toutes les réponses sont à produire sur le présent document. **<u>Aucun document annexe n'est récupéré.</u>**

1) Un assemblage comprend une vis à tête hexagonale ISO 4014 M3x20-8.8. Donner le diamètre maximal du trou de passage ISO 273 gamme moyenne.

3,58 mm

2) Compléter le symbole représenté ci-contre en fonction des indications suivantes: Rectification sur tout le contour de la pièce. Spécification bilatérale N8 et N6. Stries d'usinage parallèles au plan de projection de la vue sur laquelle figure le symbole.

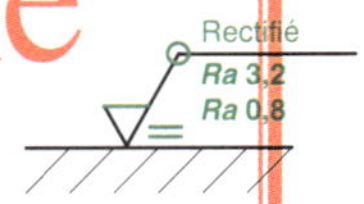

3) Le diamètre d'un axe est noté ø18k8 et celui d'un alésage est noté ø18H4. Quel jeu maximal donnera l'assemblage de ces deux éléments?

Ø18k8 : +0,028 +0,001 Ø18H4 : +0,005 0 Jeu max.: 0,005 – 0,001 = **0,004 mm**

4) Pour le montage de l'élément: Fil Rap DIN 8140-A M6x12-A2, quel est le diamètre de perçage? **Ø6,3 mm**

5) Citer l'avantage principal de l'utilisation de la bague d'arrêt DIN 705-A. **Pas d'entaille dans l'arbre**

6) Quel élément principal justifie le choix de l'échelle lors d'une mise en plan?

Possibilité de représenter le plus petit détail

7) Quelles instances ou personnes peuvent demander la création d'une norme?

Les professionnels, les pouvoirs publics, les consommateurs

8) Créer le schéma de liaison cinématique de l'assemblage représenté ci-dessous.

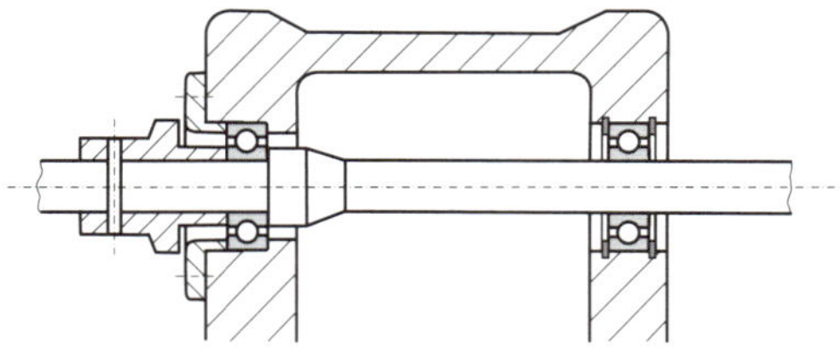

Schéma de liaison

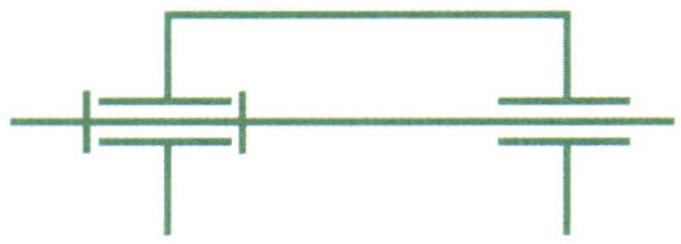

9) Une vis ISO 7048 au nominal 5 est utilisée pour un assemblage. Il y a un lamage cylindrique pour noyer la tête de la vis. Le montage est prévu sans rondelle. Calculer la profondeur maximale du lamage. Indiquer le profil de l'outil utilisé pour le serrage de la vis.

$t_2 = k_{max}$ + ajout z t_2 = 3,3 max + 0,4 = **3,7 max** **Cruciforme Z (Pozidriv)**

10) Quelle est la cote nominale d'un Seg arb ext DIN 6799 qui vient monté sur un axe ø19? **15 mm**

11) Que signifie UNEF relativement à un élément normalisé? **Unified National Extra Fine**

12) Une vis à tête hexagonale ISO 4014 est montée sans rondelle au fond d'un lamage profond. Elle est serrée avec une douille 6 pans de 13 mm. Quel est le diamètre du lamage? **24 mm**

13) Pour quel procédé de fabrication utilise-t-on la cotation en coordonnées? **CNC**

14) Trouver les dimensions maximale et minimale de la portée rectifiée d'une vis d'ajustement à épaulement si son diamètre nominal est de 30 mm. **29,980 et 29,928 mm**

15) Trouver la vue de gauche correspondant aux deux vues indiquées ci-dessous.

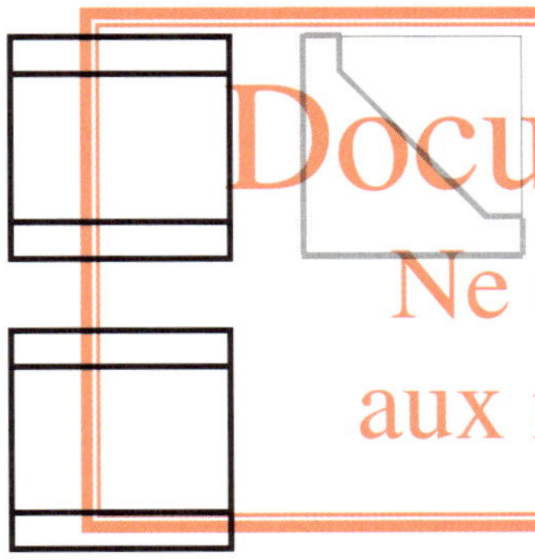

16) Représenter la vue de gauche en coupe A-A.

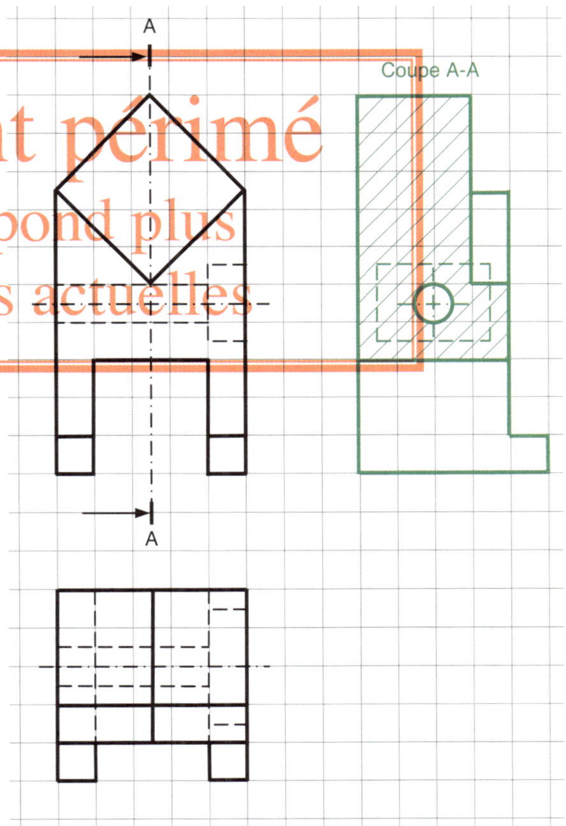

17) Quelle vue de gauche est correcte? **F**

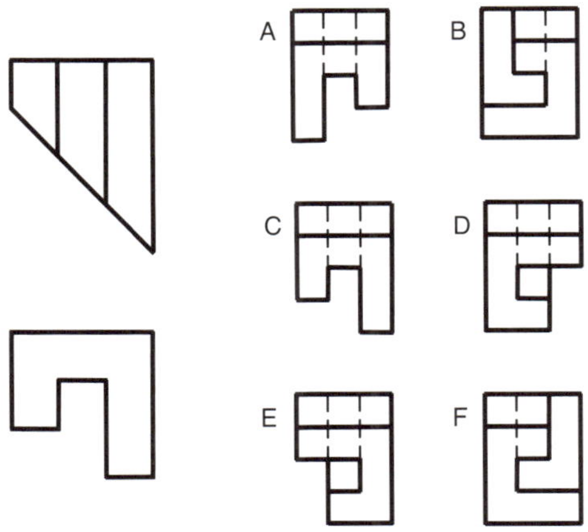

18) Les 2 portées d'une pièce tournée sont décalées de 80 µm. Quel est ce défaut de forme? **Coaxialité**

19) Un filetage possède la désignation abrégée E33. Que signifie E? **Électrique**

20) Représenter le symbole de la méthode de projection utilisée en Suisse et en Europe.

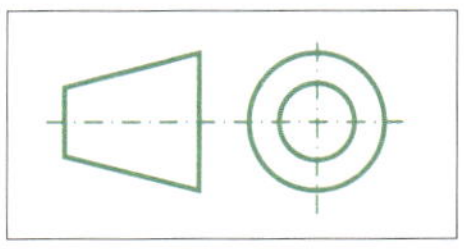

21) Comment écrit-on la cote d'un angle de 15 degrés avec une tolérance de +30 secondes/0? $15°^{+0°0'30''}_{0}$

22) L'étanchéité d'un boitier de disque dur est assurée par une rainure pouvant recevoir un joint torique (O-Ring) DIN 3771 dont la section a un diamètre de 1,8.
Donner la largeur minimale de la rainure. 2,4 mm

23) Pour quelle raison un filetage ISO 7-1, ISO 228-1 est-il étanche? Le filetage est conique

24) Un arbre tolérancé h6 est monté avec un alésage. L'appairage doit être mobile sous légère pression. Donner la tolérance de l'alésage pour satisfaire ce montage. JS7

25) Une vis à tête conique et filetage métrique est serrée avec une clé Allen (imbus) de 6 mm. Quel est le nominal de la vis? M10

26) Représenter en plan le schéma de liaison cinématique ***guidon – roue*** d'un vélo.

27) Citer l'abréviation de l'instance américaine de normalisation active dans le milieu de l'automobile. SAE

28) Quel outil permet de garantir un couple de serrage à une valeur donnée? Clé dynamométrique

29) Que signifie LH pour un filetage? Filetage à gauche

30) Effectuer la notation des tolérances de forme relatives à la pièce de tournage ci-contre:
Pour une révolution autour du cylindre Ø10,
Le battement axial de la face de droite ne doit pas être plus grand que 0,05 mm.

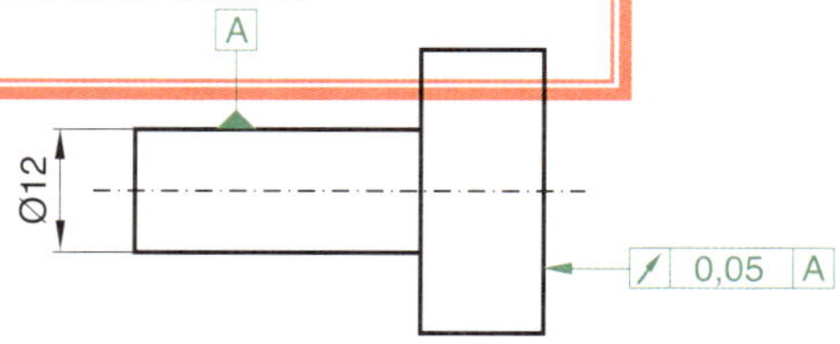

31) Donner le diamètre minimal et maximal d'un arbre au nominal 720 tolérancé js10. 719,84 720,16

32) Que signifie SW associé à une cote? Schlüssel Weite (ouverture de clé)

33) Donner la notation d'une tige filetée au nominal 10 et pas de 1 utilisée dans l'aéronautique. MJ10x1

34) Que signifie l'abréviation DIN? Deutsche Institut für Normung

35) Citer 3 critères desquels dépendent les tolérances générales.
Le nominal, la mise en œuvre, la pratique d'atelier

36) Quels procédés d'usinage donnent un état de surface de qualité N1?
a) par enlèvement de matière. b) sans enlèvement de matière. a) Polissage b) Brunissage

37) Une tige possède un filetage UNF4-48 à une extrémité et un filetage M4x0,5 à l'autre extrémité. Sur chaque filetage est monté l'écrou correspondant. Les deux filetages sont à droite. Calculer la variation de distance entre les écrous (qui ne peuvent se déplacer qu'axialement) lorsque la tige effectue trois tours.

$\Delta d = 3 \cdot (25{,}4/48 - 0{,}5) = 0{,}0875$ mm ou **87,5 μm**

38) Compléter le dessin selon les informations données.

a) Tolérance de cylindricité de la portée de droite 0,01.

b) Tolérance de parallélisme des surfaces de base des rainures sur le carré 0,04, et …

c) Tolérance de symétrie de ces mêmes surfaces par rapport à l'axe de l'arbre 0,06.

d) Tolérance de symétrie de la rainure de clavette par rapport à l'axe de l'arbre 0,05.

e) Battement axial des surfaces frontales intérieures des calottes sphériques 0,02.

f) Tolérance de forme des deux Calottes sphériques 0,015.

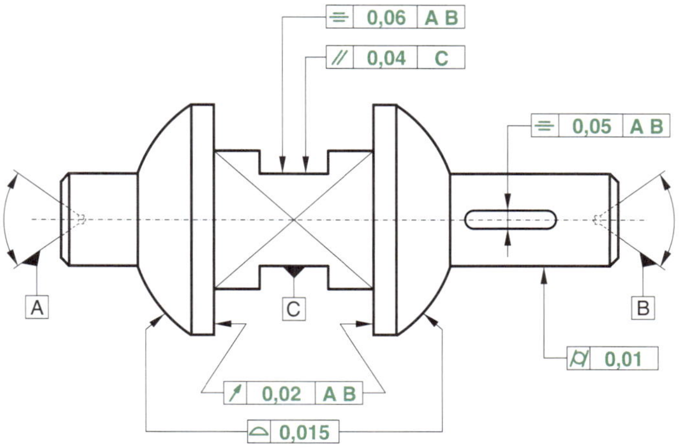

39) Quelle qualité minimale doit-on choisir pour une vis M6x0,75 soumise à une traction de 23 kN? $A_s = 22$ mm^2 $\sigma = 23000/A_s = 1045$ N mm^{-2} Choix: **12.9**

40) Les éléments S_1 et S_2 ci-dessous doivent être assemblés et maintenus à l'aide d'un Clip arb ext DIN 471. Réaliser le dessin à l'échelle 1:1 de la pièce S_2 en mi-coupe. Coter entièrement la pièce S_2. L'arbre possède une cote tolérancée Ø20h6. Choisir la tolérance normalisée pour l'alésage afin d'obtenir un jeu non perceptible (glissière de précision).

S_1

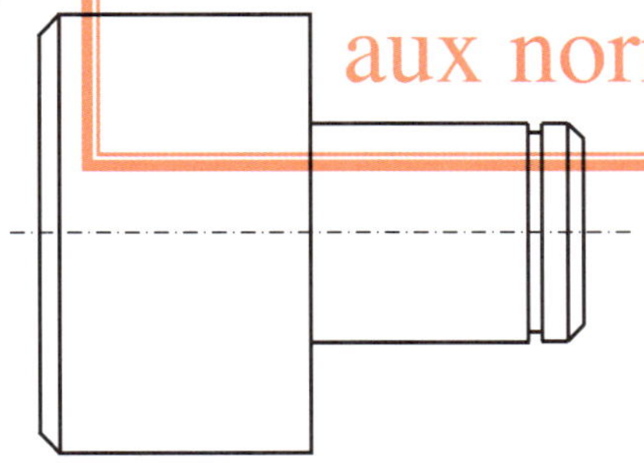

S_2

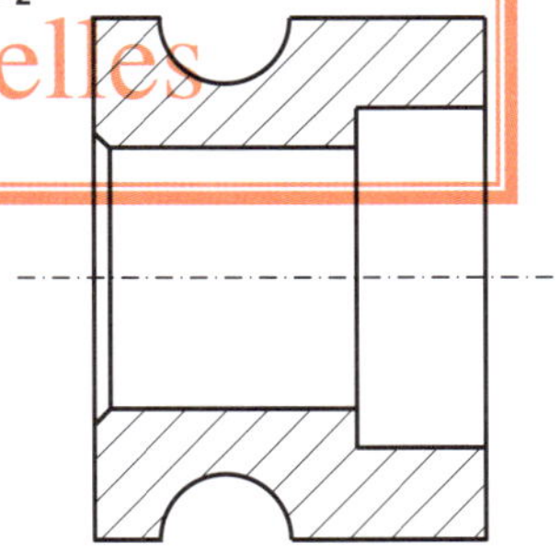

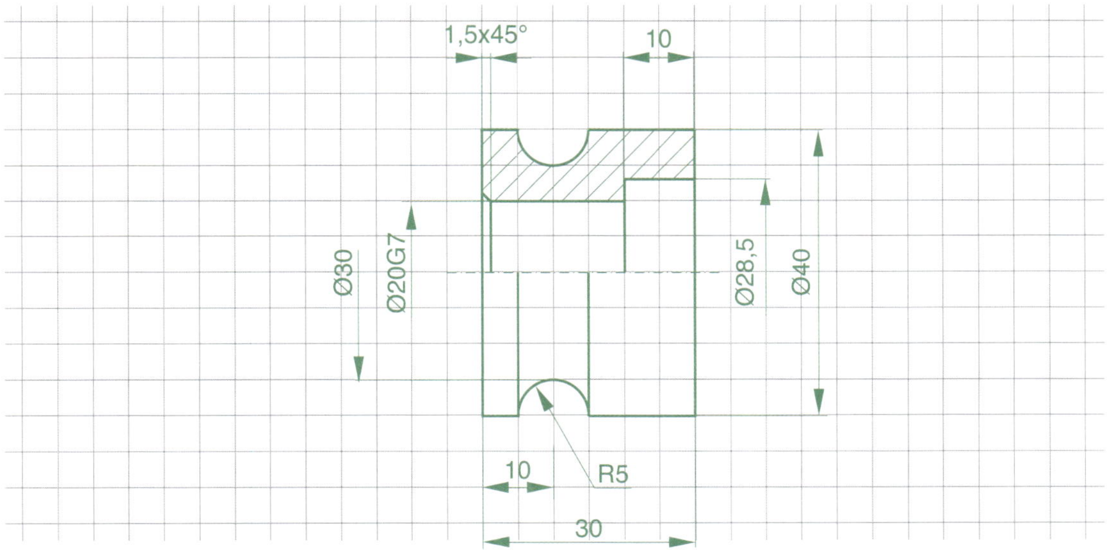

ÉCOLE POLYTECHNIQUE FÉDÉRALE DE LAUSANNE

CONSTRUCTION MÉCANIQUE
(ME 101)

Test du 13.12.2013

Nom: ....
Prénom: ....
N° sciper: ....
Note:

Matériel autorisé: Extrait de Normes, support de cours, exercices, notes personnelles, dictionnaire, calculatrice, matériel de dessin, papier quadrillé.

Matériel non autorisé: Ordinateur, téléphone portable et tous moyens électroniques de communication.

Toutes les réponses sont à produire sur le présent document. **Aucun document annexe n'est récupéré.**

1) Une tige possède un filetage M10 à une extrémité et un filetage à gauche M8x0,75 à l'autre extrémité. Sur chaque filetage est monté l'écrou correspondant. Calculer la variation de distance entre les écrous lorsque la tige effectue cinq tours.

5 x (1,5 + 0,75) = 11,25 mm

2) Citer le principal facteur limitatif des démontages fréquents d'un écrou DIN 985.

L'usure de la bague de polyamide ne garantit plus le blocage

3) Créer le schéma de liaison cinématique de l'assemblage représenté ci-contre.

Schéma de liaison

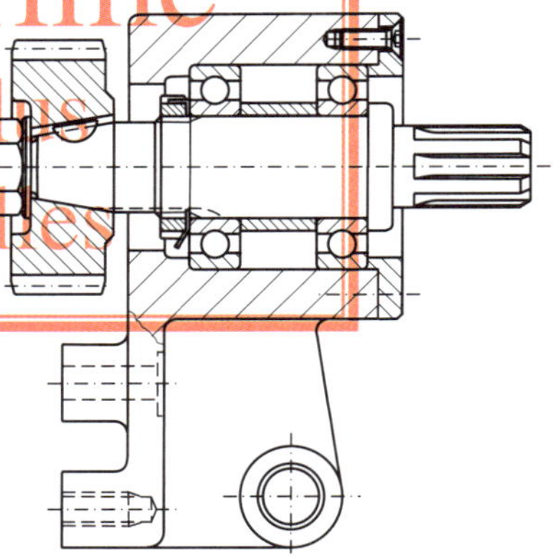

4) Dans un assemblage démontable avec vis, donner 2 raisons déterminantes pour le choix d'une tête de vis.

a) **Force à transmettre** b) **Accès pour l'outil (latéral ou dessus)**

5) Un axe en aluminium de Ø70 a une tolérance n6. Calculer la valeur du maximum de sa plage de tolérance si sa température est abaissée de 30° C, sachant que le coefficient de dilatation de l'aluminium vaut 23 · 10^{-6} °C^{-1}.

À chaud : Ø70,039 Variation : –0,048 À froid : 69,991

6) Une perceuse est utilisée pour visser des vis tête 6 pans dont le filetage est: UNC $^{7}/_{16}$" – 14. La longueur des vis est de 3,5". Elles sont entièrement filetées. Évaluer le nombre de tours que la perceuse doit effectuer pour visser chacune de ces vis.

3,5 x 14 = 49 tours

7) Citer le matériau utilisé pour la fabrication d'une rondelle élastique DIN 128A.

Acier à ressort

8) Quel artifice est prévu sur une goupille conique pour faciliter son extraction?

Un filetage ou un taraudage

9) On désire monter une vis ISO 7379 M12 sur une pièce de telle manière à ce que la tête soit noyée et vienne au ras de la pièce. Spécifier la profondeur du logement à usiner. **10 mm**

10) Représenter la vue de gauche de cette pièce dont on dispose de la vue de face et de la vue de dessus.

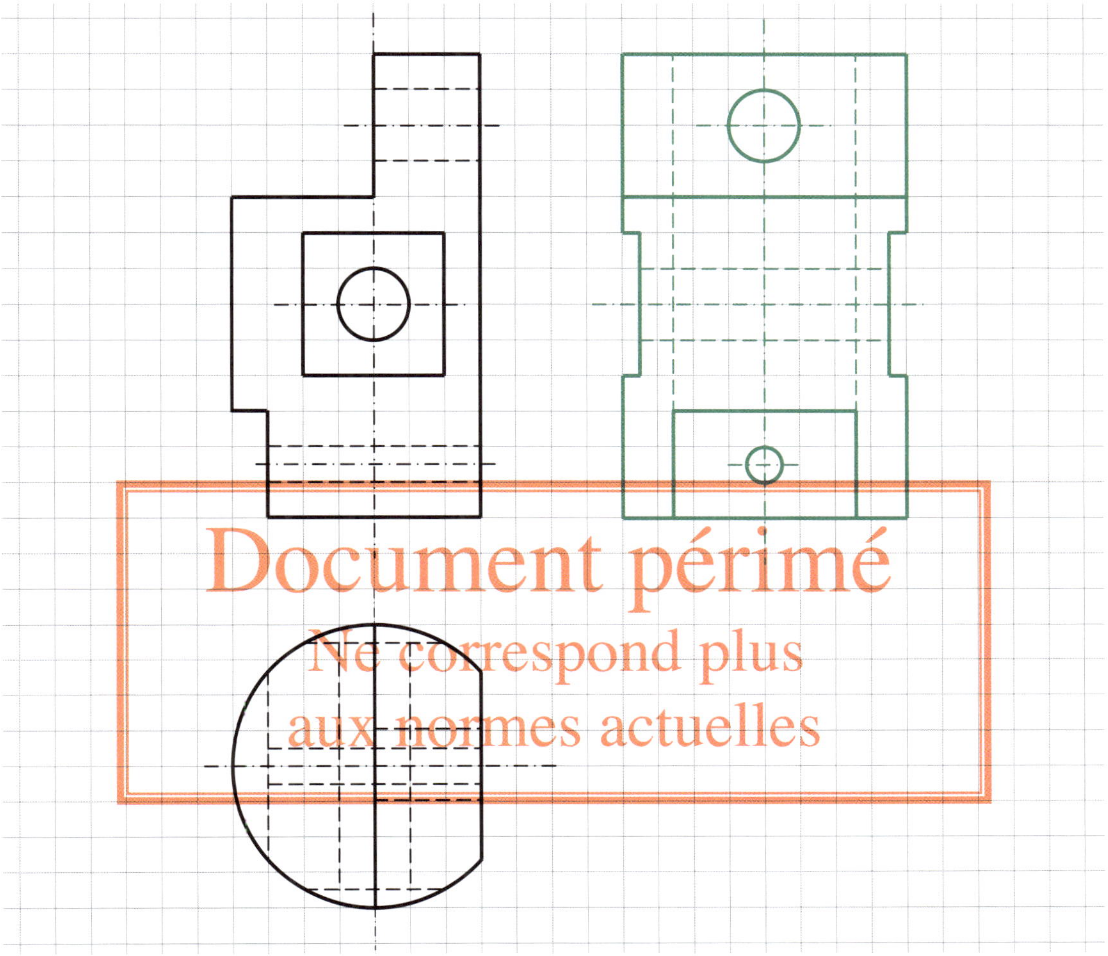

11) À quoi doit-on veiller lors du montage d'une clavette Woodruff ?

Laisser quelques dixièmes de mm de jeu entre le haut de la clavette et le logement du moyeu

12) Citer la raison pour laquelle les nervures de renfort ne sont pas hachurées dans la coupe d'une pièce.

Le dessin serait chargé inutilement, sans apporter d'information supplémentaire

13) Quel élément principal justifie le choix de l'échelle lors d'une mise en plan ?

Possibilité de représenter le plus petit détail sans faire d'agrandissement.

14) Un assemblage comprend une vis à tête hexagonale ISO 4014 M3x20-8.8. Donner le diamètre maximal du trou de passage ISO 273 gamme moyenne. **Ø3,58**

15) Quel élément d'assemblage est désigné par Heli-Coil ®? **Filet rapporté**

16) Une tige partiellement filetée M10 a une gorge de fin de filetage. Indiquer la cote minimale de la plage de tolérance du diamètre de la gorge de fin de filetage. **7,480**

17) Compléter le symbole représenté ci-contre en fonction des indications suivantes: Lamage grossier de la surface. Surépaisseur résiduelle après usinage de deux dixièmes de millimètre. Stries d'usinage parallèles au plan de projection de la vue sur laquelle figure le symbole.

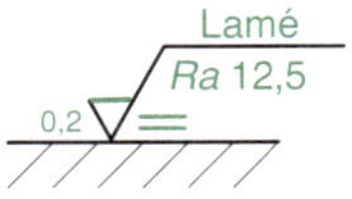

18) Représenter le schéma de liaison cinématique du couvercle d'un ordinateur portable.

Schéma cinématique de liaison

19) Quel outil permet de garantir un couple de serrage à une valeur donnée?

Clé dynamométrique

20) Qu'est-ce qui différencie une vis utilisée dans le spatial d'une vis ordinaire?

Rayon de fond de filet

21) Une bague vient montée sur un axe. Il y a trop de serrage. Comment faire pour le montage sans retoucher les pièces?

Chauffer la bague et/ou refroidir l'axe

22) Coter cette pièce tournée en vue de sa fabrication. Prendre la mesure des cotes sur le dessin. Ajouter des modifications au dessin si nécessaire. La gorge est prévue pour un circlip DIN 471. Échelle 1: 2.

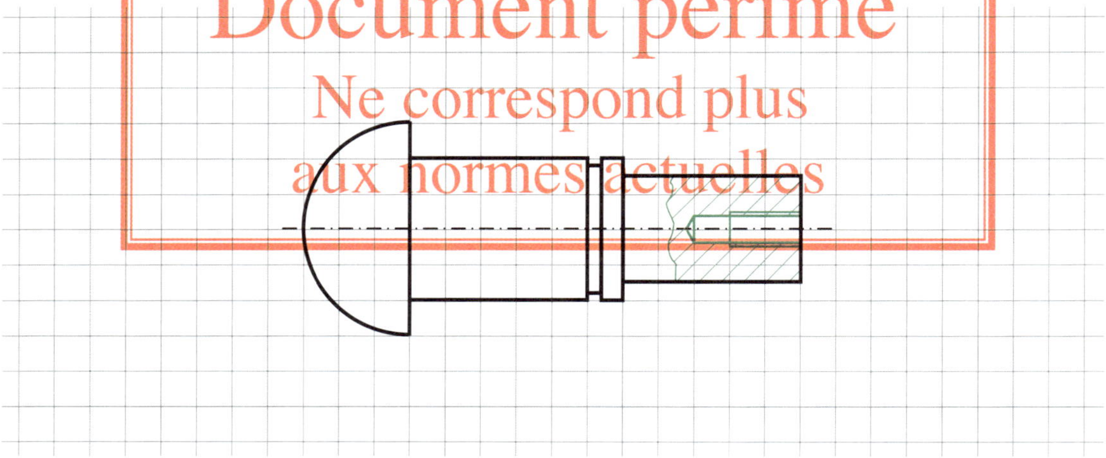

23) On considère une clavette inclinée DIN 6886-B 25x14x240. Son épaisseur est au minimum de la tolérance. Calculer son épaisseur exacte à l'autre extrémité. **11,490**

24) Effectuer la notation des tolérances de forme de cette pièce de tournage, par rapport au cylindre de Ø10:
Battement axial de la face de droite 0,08.
Planéité de la face de droite 0,05.
Coaxialité de la grande portée 0,03
Perpendicularité de la grande face de gauche 0,04

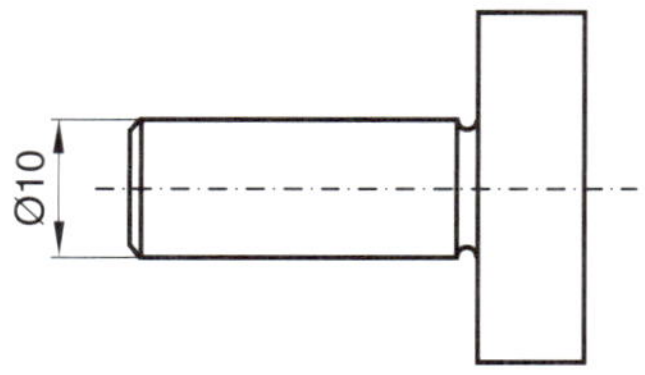

25) Donner le diamètre maximal d'une cote notée: Ø380D8 **380,299**

26) Une plaque est fixée avec 5 vis t cy ISO 4762 – M8x60-10.9. Calculer la charge axiale admissible appliquée à cette plaque pour atteindre la charge de rupture nominale. **183 kN**

28) Une vis ISO 4014 M16 est montée sans rondelle et de manière à avoir la tête noyée. Indiquer le diamètre du lamage pour pouvoir utiliser une clé à douille **Ø40**

27) Quelle meilleure classe de rugosité est-il possible d'obtenir lors d'un étirage à froid? ....N5..........

29) Donner le longueur du filetage d'une vis t cy ISO 4762-M16x150-12.9. ....44..........

30) Représenter la vue de gauche.

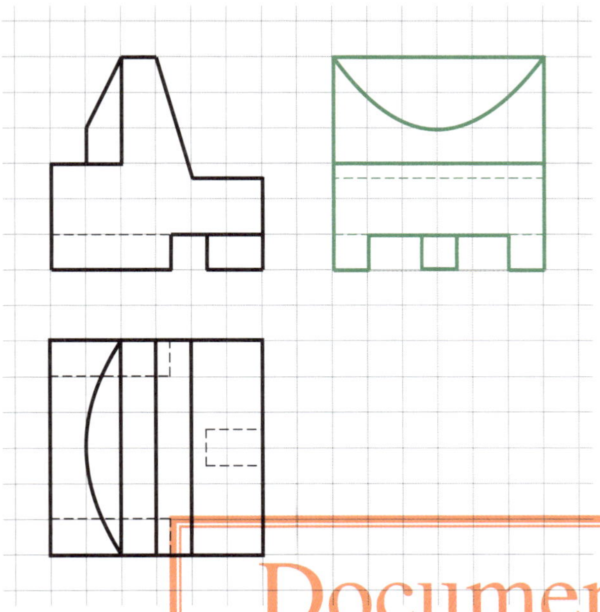

31) Trouver quelle vue de dessus est correcte.

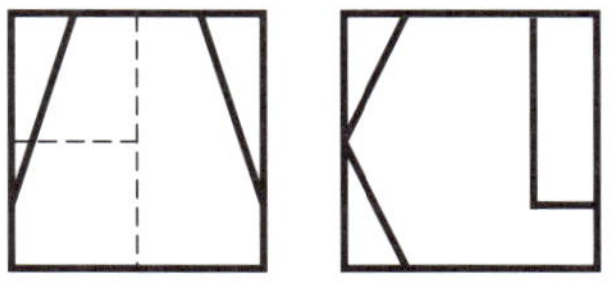

La vue correcte est la vue ....C....

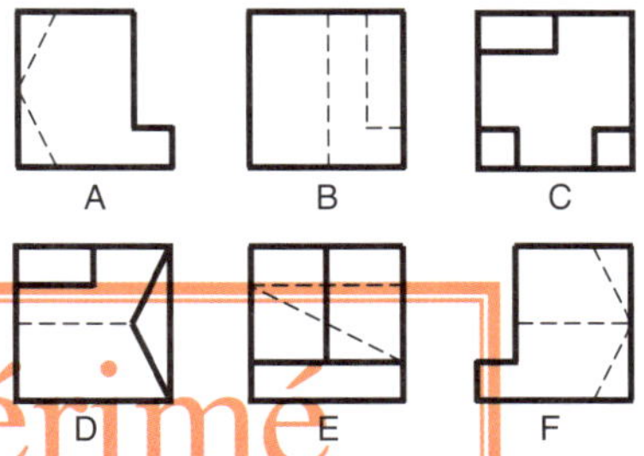

32) Concernant les outils à plaquette en métal dur utilisés pour le tournage, un type de fixation consiste à visser la plaquette. Quel est l'autre type de fixation? ....Plaquette brasée..........

33) Citer le procédé d'usinage permettant de couper du métal jusqu'à de grandes épaisseurs, avec toutefois une qualité de coupe médiocre. ....L'oxycoupage..........

34) Donner la cote du diamètre maximal d'un arbre recevant un roulement à billes au nominal 120, prévu pour des charges faibles et variables. ....120,025..........

35) Donner la dimension nominale de la clé permettant le serrage d'une vis BN 1206 M10. ....5..........

36) Un arbre de transmission est au nominal 860 tolérancé js9. Donner son diamètre minimal. ....859,885..........

37) Donner la dénomination d'un joint torique en NBR, dureté 70, monté sur un arbre au nominal 30, dans une gorge large de 3,5 pour un montage immobile. ....Joint torique DIN 3771-25x2,65-N-NBR-70..........

38) Une pièce tournée possède plusieurs portées différentes. Combien y a-t-il de possibilités de coter les longueurs?

..........$7^{7-2} = 7^5 = 16807$..........

....

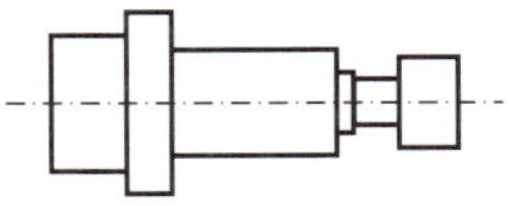

39) Une vis ISO10642 est serrée avec une clé imbus de 8 mm. Donner le nominal de la vis. ....12..........

40) En tournage, quel outil est utilisé pour usiner une gorge pour circlip? ....Burin à tronçonner..........

ÉCOLE POLYTECHNIQUE
FÉDÉRALE DE LAUSANNE

CONSTRUCTION MÉCANIQUE

(ME 101)

Test du 12.12.2014

Nom: ....

Prénom: ....

N° sciper: ....

Note:

Matériel autorisé: Extrait de Normes, support de cours, exercices, notes personnelles, dictionnaire, calculatrice, matériel de dessin, papier quadrillé.

Matériel non autorisé: Ordinateur, téléphone portable et tous moyens électroniques de communication.

Durée: 90 min. Une seule réponse est correcte. **Aucun document annexe n'est récupéré.**

---

1) Un écrou monté sur une tige filetée de $^{7}/_{16}$" UNF subit une rotation de 3,5 tours. Quel est son déplacement axial?

- [ ] 1,270 mm
- [ ] 2,221 mm
- [ ] 3,750 mm
- [x] 4,445 mm
- [ ] 6,357 mm

2) Le montage d'une vis ISO 7379 s'effectue au moyen d'une clé. Quel est le type de clé à utiliser?

- [ ] clé à fourche
- [x] clé imbus
- [ ] clé polygonale
- [ ] clé à 6 lobes internes
- [ ] clé Allen à 12 pans

3) Le diamètre d'un axe est coté : Ø250f10. Quelle est sa cote minimale?

- [ ] 249,735 mm
- [x] 249,765 mm
- [ ] 249,740 mm
- [ ] 250,125 mm
- [ ] 250,185 mm

4) Quel est l'organisme officiel de normalisation en Suisse?

- [ ] TÜV
- [x] SNV
- [ ] DIN
- [ ] ASA
- [ ] SAE

5) Qu'est-ce qui n'est pas admis, selon les Normes, lors de la réalisation d'un dessin technique:

- [ ] donner le texte en allemand
- [ ] ne dessiner qu'une seule vue
- [ ] avoir des échelles différentes
- [ ] créer des coupes obliques
- [x] hachurer une nervure

6) Une pièce subit un sablage à la granaille particulièrement soigné. À quelle rugosité correspond l'état de surface obtenu?

- [x] 3,2 μm
- [ ] 1,6 μm
- [ ] 0,8 μm
- [ ] 0,4 μm
- [ ] 0,2 μm

7) Une vis t 6p ISO 4017 M6x30-10.9 est sollicitée en traction. Quelle est La force maximale supportable dans la zone élastique?

- [ ] 15,7 kN
- [ ] 10,8 kN
- [ ] 13,4 kN
- [x] 18,1 kN
- [ ] 11,5 kN

8) Quel procédé d'usinage ne permet pas de réaliser un logement pour clavette sur un arbre?

- [ ] le fraisage
- [x] le tournage
- [ ] le limage (travail à la lime)
- [ ] l'électroérosion
- [ ] le mortaisage

9) Un axe mesurant Ø2,65d7 vient monté dans un alésage mesurant Ø2,65M6. Quel est le jeu maximal de ce montage?

- [ ] 14 µm
- [ ] 19 µm
- [x] 28 µm
- [ ] 30 µm
- [ ] 41 µm

10) Une pièce en acier (densité 7,85) mesurant 100 x 50 x 12 est usinée sur la grande face de la manière suivante: 3 perçages traversants Ø26 et 2 chambrages Ø21 d'une profondeur de 7. Quelle est la masse restante?

- [x] 282,9 g
- [ ] 311,8 g
- [ ] 319,5 g
- [ ] 353,0 g
- [ ] 372,2 g

11) Laquelle de ces pièces normalisées est fabriquée en acier à ressort?

- [ ] Vis s t 6p c ISO 4026
- [ ] Clavette parallèle DIN 6885
- [x] Rond él cuv DIN 6797
- [ ] Éc cyl DIN 547
- [ ] Gp ca ISO 8740

12) À quoi se rapporte l'appellation tri-wing?

- [ ] système de normalisation
- [ ] procédé d'usinage
- [ ] traitement thermique
- [ ] qualité d'état de surface
- [x] type d'entrainement

13) Combien de degrés de liaison possède votre coude?

- [ ] 1
- [ ] 2
- [ ] 3
- [ ] 4
- [x] 5

14) Vous avez construit un assemblage dont l'arbre a une tolérance h6. Pour que le montage puisse s'assembler sans force importante, quelle tolérance donnez-vous à l'alésage?

- [ ] F7
- [x] K7
- [ ] M7
- [ ] N7
- [ ] P7

15) Dans quel cas une vis à tête cylindrique, type ISO 4762 ne doit jamais être montée?

- [ ] sans lubrifiant
- [ ] sans rondelle plate
- [x] sur un plan incliné
- [ ] sur une pièce en plastique
- [ ] avec la tête dépassant la pièce

16) Une plaque de fermeture circulaire, utilisée dans le domaine médical, mesure ø41 x 4,00. L'étanchéité due à la pression interne est assurée par un joint torique DIN 3601-1B. Le diamètre extérieur du logement du joint dans la plaque est fixé à 38,6. Quel joint choisir?

- [ ] B0280x2,65-N-NBR 70
- [x] B0325x2,65-N-NBR 70
- [ ] C0265x3,55-N-NBR 70
- [ ] C0280x3,55-N-NBR 70
- [ ] C0300x3,55-N-NBR 70

17) Un alésage de Ø40G8 est au maximum de sa tolérance. Un axe en acier, dont le coefficient de dilatation vaut $11 \cdot 10^{-6}$ °C^{-1}, mesure Ø40,053 à 20 °C. On modifie la température de l'axe pour eff ectuer le montage. À partir de quelle température le montage sera-t-il possible?

- [ ] –9 °C
- [ ] 28 °C
- [ ] 9 °C
- [x] 4 °C
- [ ] –5 °C

18) Pour des couples d'ajustement proposés, de même cote nominale, quel système de tolérances donne un serrage garanti?

- [ ] Ø 70 F7 / m5
- [ ] Ø 12 JS7 / k6
- [ ] Ø 32 H7 / g6
- [ ] Ø 2,65 H10 / js8
- [x] Ø 300 H4 / m5

19) Lors du réglage de son ouverture, combien de degrés de liberté comptent au total les différentes pièces constitutives d'une clé à molette?

- [ ] 1
- [x] 2
- [ ] 3
- [ ] 4
- [ ] 5

20) Quel espace de montage maximal faut-il prévoir pour le montage d'un circlip DIN 472-90x3?

- [x] 71,9
- [ ] 108,5
- [ ] 92,7
- [ ] 100,6
- [ ] 95,5

21) Une clavette parallèle DIN 6885-A est utilisée pour assurer la liaison entre un arbre et un moyeu de Ø36. On désire un clavetage serré sur l'arbre et le moyeu. Quel est le serrage minimal de ce montage?

- [x] 0 μm
- [ ] 15 μm
- [ ] 21 μm
- [ ] 36 μm
- [ ] 51 μm

22) Quel organisme ou groupement de personnes est en mesure de déposer un projet de norme?

- [ ] les bureaux techniques
- [x] la Commission de normalisation
- [ ] les pouvoirs publics
- [ ] l'organisation ISO elle-même
- [ ] les artisans indépendants

23) Sur la représentation d'une pièce en coupe, il y a un taraudage borgne entièrement coté. Quelle cote est non fonctionnelle?

- [x] la profondeur du perçage
- [ ] le diamètre nominal
- [ ] le chanfrein d'entrée
- [ ] la profondeur du taraudage
- [ ] l'angle du chanfrein d'entrée

24) Sur une mise en plan, en quoi consiste la projection de type américaine?

- [ ] noter les tolérances selon ANSI
- [ ] hachurer les coupes partielles
- [ ] ne représenter que 2 vues
- [ ] noter les cotes fonctionnelles
- [x] inverser la rotation des vues

25) Un cylindre en aluminium (ρ = 2700 kg/m^3) mesurant Ø32 x 120 est usiné afin d'obtenir un carré d'entrainement SW20 sur une longueur de 50. Un perçage axial traversant Ø8,5 est aussi pratiqué. Quelle est la masse du cylindre entièrement usiné?

- [ ] 231 g
- [x] 188 g
- [ ] 199 g
- [ ] 214 g
- [ ] 163 g

26) À quoi s'applique la gamme de tolérances fondamentales IT12?

- [ ] aux structures
- [ ] aux instruments de mesure
- [ ] à la fabrication de jauges
- [ ] aux ajustements de précision
- [x] aux produits semi-finis

27) L'assemblage d'un arbre et d'un alésage débouche sur un assemblage encore mobile sous légère pression. Quel est le choix correct?

- [ ] H7/g6
- [x] JS7/h6
- [ ] H6/n7
- [ ] F8/h9
- [ ] G7/h6

28) Une vis M2,5 de qualité 8.8 est testée en rupture. Quelle tension peut-elle supporter?

- [x] 16600 N
- [ ] 6400 N
- [ ] 12880 N
- [ ] 7565 N
- [ ] 11780 N

29) Quel élément ne peut pas être choisi comme référence pour préciser une tolérance géométrique?

- [ ] une surface plane
- [ ] l'enveloppe d'un cylindre
- [x] un axe de symétrie
- [ ] une surface sphérique
- [ ] un plan incliné

30) La rondelle Grower (DIN 127A) est prévue pour éviter le desserement de l'écrou. Quel est son principe de fonctionnement?

- ☐ par écrasement
- ☐ par pression élevée
- ■ par obstacle
- ☐ par déformation permanente
- ☐ par appui réparti circulairement

31) Les goupilles cylindriques sont produites avec un état de surface *Ra* 0,8 et un diamètre tolérancé m6. Quelle est la raison de cette tolérance?

- ☐ assurer le jeu de montage
- ☐ faciliter l'extraction
- ■ appairer avec un alésage H
- ☐ garantir l'interchangeabilité
- ☐ standardiser selon ISO

32) Un circilp DIN 472, pour un alésage Ø45, a une épaisseur au maximum de sa tolérance. La rainure dans laquelle le circlip vient monté est au minimum de sa tolérance. Quel est le jeu de ce montage?

- ☐ 0 μm
- ☐ 60 μm
- ☐ 80 μm
- ■ 100 μm
- ☐ 140 μm

33) Une pièce mécanique est un cylindre Ø20 et longueur 70. Un chanfrein 3 x 45° est usiné à chaque extrémité. Sur une des faces, il y a un trou borgne Ø6 x 30. Quelle est la mise en plan correcte de cette pièce?

- ■ 1 vue (VF)
- ☐ 1 vue (VG)
- ☐ 2 vues (VF + VG)
- ☐ 2 vues (VF + VD)
- ☐ 3 vues (VF + VD + VG)

34) Quel est le dernier nombre normal d'une décade sachant que deux nombres contigus de cette décade sont 4642 et 5995?

- ☐ 7526
- ■ 7742
- ☐ 7955
- ☐ 8360
- ☐ 8847

35) La vue de face d'un solide est un carré avec une diagonale joignant l'angle supérieur droite à l'angle inférieur gauche. La vue de dessus est un carré avec une diagonale joignant l'angle supérieur gauche à l'angle inférieur droite. La vue de gauche est également un carré. Que contient-il?

- ☐ 2 diagonales en traits forts
- ■ 1 diagonale en trait fort
- ☐ 1 droite horizontale à mi-hauteur
- ☐ 1 droite verticale à mi-largeur
- ☐ 1 diagonale en trait interrompu

36) Une vis à tête cylindrique ISO 14580 M6x20 doit être serrée. Quel type d'outil faut-il utiliser?

- ☐ tournevis Philips (H) de 3
- ☐ clé imbus de 5
- ☐ clé à ergots de 6
- ☐ tournevis Pozidriv (Z) de 4
- ■ clé Torx T30

37) Une pièce tournée possède 3 portées de diamètres différents. La portée centrale a un profil hors tolérance en plusieurs endroits de sa longueur. Quel est ce type de défaut?

- ☐ symétrie
- ☐ circularité
- ☐ battement circulaire
- ■ cylindricité
- ☐ coaxialité

38) Initialement une pièce a été tronçonnée grossièrement à la meule. Le dernier usinage subi est un superfinish fin. Combien de classes de rugosité ont été ainsi gagnées?

- ☐ 3
- ☐ 5
- ☐ 6
- ☐ 7
- ■ 9

39) Quelle technique est utilisée dans la grande production pour usiner le filetage sur une vis partiellement filetée?

- ☐ le matriçage
- ☐ le mortaisage
- ☐ le filetage
- ■ le roulage
- ☐ le tréfilage

40) Quelle est la fonction d'une mèche à centrer?

- ☐ positionner un centrage
- ☐ sauver un perçage défectueux
- ☐ faire un chanfrein pour tarauder
- ☐ agrandir un petit diamètre
- ■ faire un avant-trou pour perçage

Glossaire

Les termes utilisés ou cités dans le présent ouvrage sont donnés ci-après, de manière non exhaustive. Une traduction en anglais aide à la compréhension de certains documents techniques.

La définition sommaire permet de comprendre correctement le sens du terme cité, sans autre forme d'approfondissement.

Français	English	Définition
Accouplement	Coupling	Montage de deux éléments utilisés dans une transmission.
Ajustement	Loose fit	Qualité de l'assemblage de deux éléments mécaniques.
Alésage	Drilling	Trou circulaire de haute qualité de finition dont le diamètre est tolérancé.
Alésoir	Reamer	Outil permettant de réaliser un alésage.
Allen	Allen	Désignation US du profil 6 pans creux. Nom utilisé parfois pour le 12 pans.
Alliage	Alloy	Métal élaboré à partir d'au minimum deux métaux purs.
Angle dépouille	Clearance angle	Angle donné à un outil de tournage ou fraisage pour éviter le talonnement.
Arbre	Shaft	Élément de transmission, de forme cylindrique, souvent à plusieurs portées.
Assemblage	Jointing	Montage comprenant plusieurs éléments créant un ensemble.
Axe	Axle	Pièce de profil circulaire servant à lier les éléments de machine.
Bielle	Rod	Élément mécanique servant de liaison entre deux pièces ou ensembles.
Brasage	Soldering	Procédé d'assemblage indémontable obtenu par chauffe et métal d'apport.
Broche	Spindle	Axe sur lequel se fixent les porte-outils sur une machine pour usinage.
Brunissage	Blackening	Procédé d'usinage sans enlèvement de matière, pour obtenir une surface sombre.
Burin	Turning tool	Outil utilisé en tournage pour usiner une pièce, selon un profil donné.
Boulon	Bolt	Ensemble constitué d'une vis (6 pans) d'une rondelle et d'un écrou.
CAO	Com ass design	Abréviation désignant la construction assistée par ordinateur.
Capteur	Sensor	Élément prélevant une grandeur physique (pression, température, etc.).
Carter	Sump	Élément mécanique servant de liaison et/ou élément de fermeture.
Cémentation	Carburizing	Traitement par absorption de carbone en surface pour augmenter la dureté.
Centre d'usinage	Machining center	Machine destinée aux usinages multiples, avec plusieurs degrés de liberté.
Cermets	Cermets	Abréviation de ceramique-métal. Métal dur à base de carbure de titane.
Circlip	Circlip	Segment d'arrêt (anneau élastique) pour arbre ou alésage DIN 471-472.
Chambrage	Recess	Évidement cylindrique, par exemple le logement d'une tête de vis.
Chanfreinage	Creasing	Enlèvement des bavures suite à l'usinage sur la tranche d'une pièce.
Clavette	Key	Élément de liaison DIN 6885 entre un arbre et un moyeu.
CNC	NC technology	Abréviation désignant un centre d'usinage, soit une machine polyvalente.
Copeaux	Chips	Débris de matière produits lors de l'usinage.
Cote	Dimension	Valeur donnée à une dimension.
Courroie	Belt	Élément de transmission entre des poulies. De type: plate, crantée, en V, poly-V.
Culasse	Header	Pièce de fermeture d'un cylindre. Terme utilisé en construction automobile.
Cylindre	Cylinder	Solide géométrique. Cavité de forme cylindrique dont le volume peut varier.
DAO	CA drawing	Abréviation désignant le dessin assisté par ordinateur.
Douille	Sleeve	Cylindre creux servant d'entretoise. Outil utilisé avec un rochet, pour visser.
Ductilité	Ductility	Propriété d'un matériau se mettant facilement en forme. Contraire: rigidité.
Dynamométrique	Torque wrench	Outil assurant un serrage à une valeur spécifiée en Nm. Clé dynamométrique.
Effet d'entaille	Notch effect	Fragilisation d'une pièce due à l'usinage d'une gorge sans rayon de raccordement.
Électroérosion	Electroerosion	Enlèvement de matière par une électrode en cuivre, dans un bain de mazout.
Emboutissage	Deep-drawing	Mise en forme d'une tôle afin d'obtenir un corps creux (casserole en aluminium).
Engrenage	Gear	Élément de transmission de rotation (pignons) ou de translation (crémaillère).

Entretoise	Spacer	Élément mécanique utilisé pour donner une épaisseur à un montage.
Étampage	Cutting-tool	Usinage par découpage entre un poinçon et une matrice (fourchette ou cuillère).
Filetage	Screw threads	Filet hélicoïdal réalisé sur un cylindre. Pas de vis extérieur.
Filets rapportés	Threads inserts	Filet hélicoïdal ressemblant à un ressort et vient remplacer un taraudage usé.
Filière	Die	Outil utilisé pour réaliser un filetage. Outil donnant la forme à un profilé.
Flasque	Flange	Élément généralement circulaire utilisé pour fixer un ou d'autres éléments.
Formage	Forming	Modification de la forme d'une pièce par déformation plastique.
Fraise	Milling tool	Outil utilisé sur une fraiseuse fonctionnant par enlèvement de matière.
Frettage	Shrinking	Montage d'une bague à la presse, donnant un assemblage indémontable.
Frittage	Sintering	Réalisation de pièces à partir de poudres métalliques pressées à haute température.
Goujon	Stud	Tige filetée de haute résistance à la traction (fixation de roue ou de culasse).
Goupille	Pin, dowel	Élément de positionnement ou de fixation, de forme cylindrique ou conique.
Heilcoil®	Helicoil®	Nom commercial d'un type du filet rapporté DIN 8140.
Honage	Honing	Usinage de finition avec pierres abrasives assurant la rétention de l'huile (cylindres).
HSC	HSC	Usinage à grande vitesse: plaquettes céramique ou diamant. High Speed Cutting.
Imbus	Allen	Désignation courante du profil 6 pans creux. On parle de vis ou clé imbus.
Lamage	Spot facing	Usinage consistant à créer un plan d'appui pour une tête de vis.
Laminage	Calendering	Mise en forme à chaud ou à froid de plaques ou barres pour obtenir le profil désiré.
Mandrin	Lathe chuck	Élément de serrage pour pièce ou outil, sur un tour, une perceuse, une fraiseuse.
Matriçage	Die forging	Usinage consistant à mettre en forme une pièce entre deux poinçons.
Molykote®	Molykote®	Graisse lubrifiante utilisée en construction générale et en mécanique.
Mortaisage	Slotting	Usinage consistant à créer le logement d'une clavette dans un alésage.
Moyeu	Hub	Terme désignant une pièce montée sur un axe (pignon, poulie, levier, etc.).
O-Ring	O-Ring	Nom courant donné au joint torique DIN 3771.
Palier	Bearing	Lieu où se trouve un roulement supportant un axe. Éventuellement palier lisse.
Passivation	Passivation	Effet produit par un traitement thermique permettant une protection à la corrosion.
Philips®	Philips®	Empreinte cruciforme forme H de certaines têtes de vis et outils de serrage.
Pignon	Pinion	Pièce circulaire dont le profil extérieur est denté (roue dentée).
Plasticité	Plasticity	Propriété d'un matériau à conserver la déformation après flexion.
Portée	Stave, scope	Terme désignant une partie cylindrique ou conique sur une pièce tournée.
Poulie	Pulley	Pièce circulaire dont le profil extérieur est lisse pour recevoir une courroie.
Pozidriv	Pozidriv	Empreinte cruciforme forme Z de certaines têtes de vis et outils de serrage.
Rectification	Grinding	Procédé d'usinage pour pièces tolérancées et état de surface de qualité supérieure.
Repoussage	Metal-spinning	Procédé d'usinage d'une tôle circulaire par molette et mandrin (jante de voiture).
Rochet	Wrench	Outil utilisé avec une douille. Désigné également par clé à cliquet.
Rodage	Lapping	Procédé d'usinage par poudre abrasive ne laissant pas de trace.
Simmering®	Simmering®	Nom courant donné au joint radial DIN 3760 pour arbre.
SolidWorks®	SolidWorks®	Logiciel commercial utilisé pour la construction assistée par ordinateur.
Soudage	Welding	Procédé d'assemblage par fusion des métaux en présence.
Soupape	Valve	Élément de fermeture d'une enceinte.
Taraud	Tap	Outil permettant de réaliser un filet hélicoïdal à l'intérieur d'un trou circulaire.
Taraudage	Screw tapping	Filet hélicoïdal réalisé à l'intérieur d'un trou circulaire. Pas de vis intérieur.
Ténacité	Toughness	Propriété qu'a un matériau d'offrir une grande résistance à la déformation.
Tolérance	Tolerance	Plage de variation d'une dimension fixée par des valeurs-limite.
Torx	Torx	Désignation courante du profil 6 lobes internes.
Vérin	Cylinder	Actionneur hydraulique ou pneumatique accomplissant un mouvement rectiligne.
Vis sans fin	Worn drive	Élément de transmission de la rotation par vis une tangentielle sur une roue dentée.
Vis taraudeuse	Drilling screw	Vis à tôle possédant en plus une pointe perceuse pour percer un trou borgne.

Bibliographie

Les éléments constitutifs du présent ouvrage sont tirés de données personnelles ainsi que des ouvrages cités ci-dessous. Ils présentent les notions de base de la construction mécanique. Toutefois, afin de compléter ses connaissances, l'étudiant a, bien évidemment, la possibilité de consulter d'autres ouvrages traitant de la construction mécanique et des sciences apparentées. Les ouvrages cités ci-dessous peuvent apporter un complément appréciable :

Extrait de Normes 2014	*Swissmem*	ISBN 978-3-03709-125-8
Conception des Machines	*Georges Spinnler*	ISBN 2-88074-301-X
Machine Design	*Robert Norton*	ISBN 0-13-148190-8
Machine Design	*Robert Norton*	ISBN 0-13-138438-4
Construction Mécanique	*Francis Esnault*	ISBN 978-2-10-052917-9
Systèmes mécaniques	*Michel Aublin*	ISBN 2-10-004162-2
Lecture de dessins techniques	*ASM Ed. Sauerländer*	ISBN 3-7941-3577-6
Mechanics of Materials	*Roy. R Craig, Jr*	ISBN 0-471-50284-7
Applied Strength of Materials	*Robert L. Mott*	ISBN 0-13-376278-5
Engineering Mechanics Statics	*R.C Hibbler*	ISBN 10-981-06-8134-0

H7 dans p8, ressort carré @?#§.... Je vais bien finir par y arriver !!!